POUR RÉUSSIR MATH 436

Lidia Przybylo
Sylwester Przybylo

POUR RÉUSSIR MATH 436

TRÉCARRÉ
Une compagnie de Quebecor Media

Remerciements

Les Éditions du Trécarré reconnaissent l'aide financière du gouvernement du Canada par l'entremise du Programme d'aide au développement de l'industrie de l'édition (PADIÉ) pour ses activités d'édition.

Couverture :
Cyclone Design
Mise en pages :
Gaétan Lapointe

Collection dirigée par Michel Brindamour

ISBN 978-2-89568-295-0

Dépôt légal – Bibliothèque et Archives nationales du Québec, 2007

Imprimé au Canada

Éditions du Trécarré
Groupe Librex inc.
Une compagnie de Quebecor Media
La Tourelle
1055, boul. René-Lévesque Est
Bureau 800
Montréal (Québec) H2L 4S5
Tél. : 514 849-5259
Téléc. : 514 849-1388

Distribution au Canada
Messageries ADP
2315, rue de la Province
Longueuil (Québec) J4G 1G4
Téléphone : 450 640-1234
Sans frais : 1 800 771-3022

Les problèmes suivis de la mention (E) sont des citations des questions d'examen du ministère de l'Éducation du Québec.

Table des matières

Module I
ALGÈBRE 7

1 Analyse de situations à l'aide des fonctions 8
- 1.1 Notion de fonction 8
- 1.2 Notions de base, propriétés des fonctions 17
- 1.3 Transformations du graphique d'une fonction 24

2 Transformations des expressions algébriques 35
- 2.1 Puissance 35
- 2.2 Lois des exposants 38
- 2.3 Polynômes, opérations sur les polynômes 42
- 2.4 Décomposition d'un polynôme en facteurs 49
- 2.5 Opérations sur les fractions rationnelles 58

3 Fonctions polynomiales 66
- 3.1 Fonctions polynomiales de degré 0 ou 1 66
- 3.2 Fonctions polynomiales de degré 2 74
- 3.3 Équations quadratiques 86
- 3.4 Opérations sur les fonctions polynomiales 91

4 Systèmes d'équations à deux variables 95
- 4.1 Système d'équations de degré 1 à deux variables 95
- 4.2 Différentes méthodes de résolution d'un système d'équations linéaires 99
- 4.3 Systèmes d'équations semi-linéaires 111

5 Géométrie analytique 116
- 5.1 Relations entre les points du plan cartésien 116
- 5.2 Équation d'une droite. Relations entre deux droites. Distance d'un point à une droite 122
- 5.3 Démonstrations en géométrie analytique 128

Vérifiez vos acquis 132

MODULE II

GÉOMÉTRIE 143

1 Figures isométriques 144
1.1 Notion d'isométrie 144
1.2 Triangles isométriques 152

2 Figures semblables 158
2.1 Notion de similitude 158
2.2 Triangles semblables 162
2.3 Rapports de périmètres et d'aires de figures semblables et rapport de volumes de solides semblables 168

3 Trigonométrie 174
3.1 Trigonométrie des triangles rectangles 174
3.2 Trigonométrie des triangles quelconques 179

Vérifiez vos acquis 186

MODULE III

STATISTIQUES 193

1 Collecte de données 194
1.1 Étude statistique 194
1.2 Échantillonnage 199

2 Analyse de données statistiques 202
2.1 Mesures de position, diagramme des quartiles 202
2.2 Mesures de tendance centrale 211

Vérifiez vos acquis 216

CORRIGÉ 219

MODULE I 220
MODULE II 257
MODULE III 268

MODULE I

ALGÈBRE

1. Analyse de situations à l'aide des fonctions
   1.1 Notion de fonction
   1.2 Notions de base, propriétés des fonctions
   1.3 Transformations du graphique d'une fonction

2. Transformations des expressions algébriques
   2.1 Puissance
   2.2 Lois des exposants
   2.3 Polynômes, opérations sur les polynômes
   2.4 Décomposition d'un polynôme en facteurs
   2.5 Opérations sur les fractions rationnelles

3. Fonctions polynomiales
   3.1 Fonctions polynomiales de degré 0 ou 1
   3.2 Fonctions polynomiales de degré 2
   3.3 Équations quadratiques
   3.4 Opérations sur les fonctions polynomiales

4. Systèmes d'équations à deux variables
   4.1 Système d'équations de degré 1 à deux variables
   4.2 Différentes méthodes de résolution d'un système d'équations linéaires
   4.3 Systèmes d'équations semi-linéaires

5. Géométrie analytique
   5.1 Relations entre les points du plan cartésien
   5.2 Équation d'une droite. Relations entre deux droites. Distance d'un point à une droite
   5.3 Démonstrations en géométrie analytique

Vérifiez vos acquis

1 Analyse de situations à l'aide des fonctions

1.1 NOTION DE FONCTION

L'ESSENTIEL

- On appelle une fonction chaque association des éléments d'un **ensemble de départ** à des éléments d'un **ensemble d'arrivée** de sorte que la condition suivante soit respectée : à chaque élément de l'ensemble de départ doit correspondre **au plus** un élément de l'ensemble d'arrivée*.
- Il existe plusieurs façons de décrire une fonction :
  - **verbalement** ;
  - à l'aide d'un **graphique sagittal** ;
  - à l'aide d'une **table des valeurs** ou d'un **graphe** ;
  - à l'aide d'une **règle** ou d'une **équation**.
- La **notation fonctionnelle** d'une fonction

  $f\colon \mathbf{A} \to \mathbf{B}$
  $\quad \boldsymbol{x} \mapsto \boldsymbol{f(x)}$

  met en évidence les trois éléments caractéristiques, l'**ensemble de départ**, A, l'**ensemble d'arrivée**, B, et la **règle** de la fonction, $f(x)$**, ***, ****.

---

* L'expression **au plus** signifie qu'on peut trouver des éléments de l'ensemble de départ auxquels ne correspond aucun élément de l'ensemble d'arrivée.

** Lorsque l'ensemble de départ et l'ensemble d'arrivée d'une fonction sont égaux à $\mathbb{R}$, on définit cette fonction tout simplement par sa règle ou équation : $y = f(x)$.

Attention !

*** Il est important de distinguer le symbole f du symbole $f(x)$. La lettre f représente la fonction, tandis que le symbole $f(x)$ représente la règle de la fonction f.

**** Dans la notation fonctionnelle, il y a deux types de flèches. La flèche $\mapsto$ est placée entre l'ensemble de départ et l'ensemble d'arrivée. La flèche $\mapsto$ est placée entre les variables indépendante et dépendante.

Pour s'entraîner

Problème 1

Lequel des énoncés suivants décrit le mieux la notion de fonction ?

A) Une relation qui associe à chaque élément de l'ensemble de départ un élément de l'ensemble d'arrivée.

B) Une relation qui associe à chaque élément de l'ensemble d'arrivée au plus un élément de l'ensemble de départ.

C) Une relation qui associe à chaque élément de l'ensemble de départ au plus un élément de l'ensemble d'arrivée.

D) La règle de correspondance entre les éléments de l'ensemble de départ et les éléments de l'ensemble d'arrivée.

Solution

Rappel

Une **relation** est constituée d'un ensemble de départ, d'un ensemble d'arrivée et d'une règle de correspondance qui associe aux éléments de l'ensemble de départ des éléments de l'ensemble d'arrivée.

Il y a trois éléments essentiels dans la définition d'une fonction :

1. La fonction fait appel à une **relation**. Autrement dit, la fonction est une relation particulière ;
2. Les éléments de l'**ensemble d'arrivée** sont associés aux éléments de l'**ensemble de départ** ;
3. À chaque élément de l'ensemble de départ doit correspondre **au plus** un élément de l'ensemble d'arrivée.

On trouve ces trois éléments dans les énoncés B et C. Cependant, dans l'énoncé B, les ensembles de départ et d'arrivée sont situés dans le sens contraire, il est donc à rejeter.

Réponse C

Problème 2

Pour chaque couple de relations, déterminez la relation qui est fonctionnelle et celle qui ne l'est pas. Justifiez vos réponses.

a) R_1 : « y est la mère biologique de x » R_2: « y est le fils de x »
où x et y sont des êtres humains.

b) $S_1 = \{(1, 1), (2, -2), (2, 3), (3, -3), (3, 4)\}$
$S_2 = \{(1, 1), (2, 2), (3, 2), (4, -1)\}$

c)

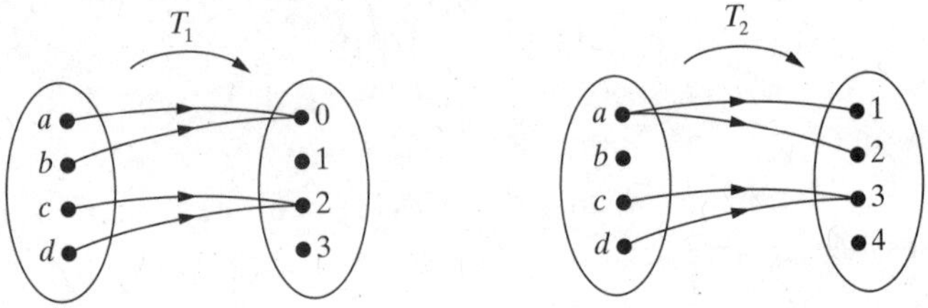

d)

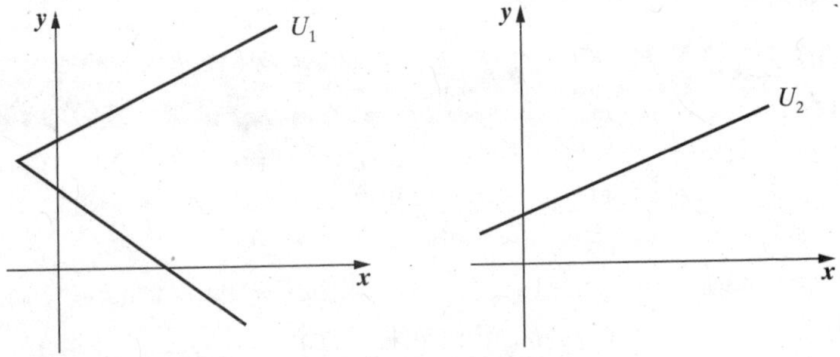

e) $V_1 = \{(x, y) \in \mathrm{N} \times \mathrm{N} \mid x = y^2\}$ $V_2 = \{(x, y) \in \mathrm{Z} \times \mathrm{Z} \mid x = y^2\}$

Solution

a) Chaque être humain ne possède qu'une seule mère biologique. Cependant, une personne peut avoir plusieurs fils. La relation R_1 est donc fonctionnelle, tandis que R_2 ne l'est pas.

b) Les deux relations sont représentées par leur graphe, c'est-à-dire par l'ensemble de tous les couples qui vérifient la relation. Dans le graphe de S_1, le nombre 2 figure comme premier élément dans deux couples distincts. Or, à un élément de l'ensemble de départ, $x = 2$, on associe deux éléments distincts de l'ensemble d'arrivée, soit $y = -2$ et $y = 3$. Cette relation n'est donc pas fonctionnelle. Dans le graphe de S_2, les valeurs de x dans les couples sont différentes. La relation S_2 est donc fonctionnelle.

Remarque

La relation représentée par un graphe est fonctionnelle si les abscisses des couples sont **toutes différentes**.

c) Les deux relations sont représentées par leur graphique sagittal. Dans le graphique T_2, deux flèches sortent de l'élément x = a. Or, à un élément de l'ensemble de départ on associe deux éléments distincts de l'ensemble d'arrivée. Dans le graphique sagittal T_1, de chaque élément de l'ensemble de départ part une seule flèche. La relation T_1 est donc fonctionnelle, et la relation T_2 ne l'est pas.

Remarque

Un graphique sagittal représente une fonction si de chaque élément de l'ensemble de départ part **au plus** une flèche.

d) Les deux relations sont représentées par leur graphique cartésien. Le graphique cartésien représente une fonction, lorsque toute droite verticale coupe le graphique en au plus un point.

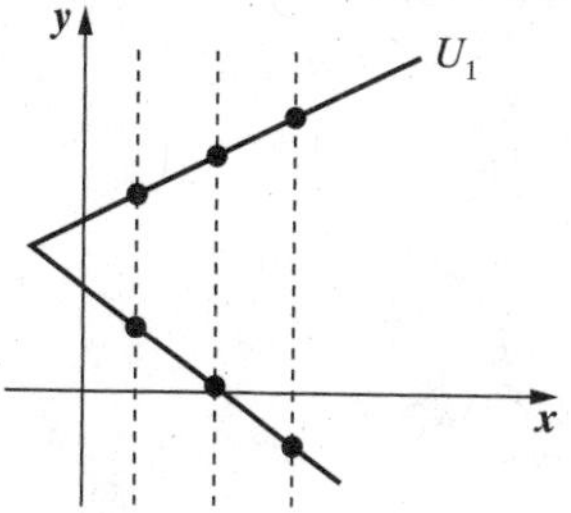

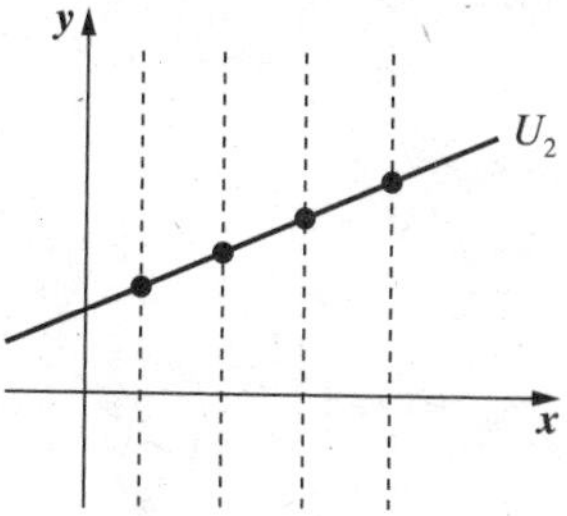

La relation U_1 n'est pas fonctionnelle, tandis que la relation U_2 l'est.

Remarque

Un graphique cartésien représente une fonction si chaque droite verticale rencontre ce graphique en **au plus** un point.

e) Les relations sont données par leur équation. Même si ces équations sont identiques, les relations ne le sont pas, car les ensembles de départ et d'arrivée ne sont pas égaux. En représentant les deux relations par leur graphe, on voit clairement la différence.

$V_1 = \{(0, 0), (1, 1), (4, 2), (9, 3)\ldots\}$

$V_2 = \{\ldots(9, -3), (4, -2), (1, -1), (0, 0), (1, 1), (4, 2), (9, 3),\ldots\}$

Dans le graphe V_1, les abscisses sont toutes différentes. La relation V_1 est donc fonctionnelle. Dans le graphe V_2, les abscisses ne sont pas toutes différentes, cette relation n'est donc pas une fonction.

Remarque

On peut aussi représenter les deux relations par leur graphique cartésien et faire la vérification avec la méthode des droites verticales.

Réponses

a) R_1 est fonctionnelle et R_2 ne l'est pas.

b) S_2 est fonctionnelle et S_1 ne l'est pas.

c) T_1 est fonctionnelle et T_2 ne l'est pas.

d) U_2 est fonctionnelle et U_1 ne l'est pas.

e) V_1 est fonctionnelle et V_2 ne l'est pas.

Problème 3

Les fonctions f, g, h et i sont définies comme suit :

f: y est le nom de la rue x ;

g: graphe $g = \{(0, 1), (1, 2), (2, 3), (3, 4), \ldots\}$;

h:

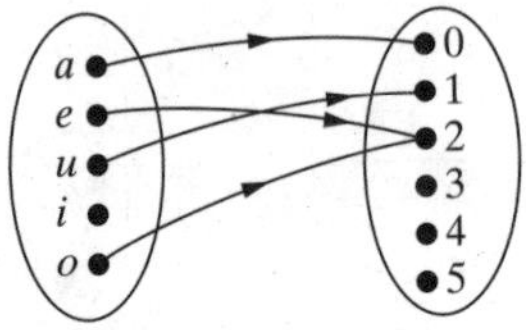

i:

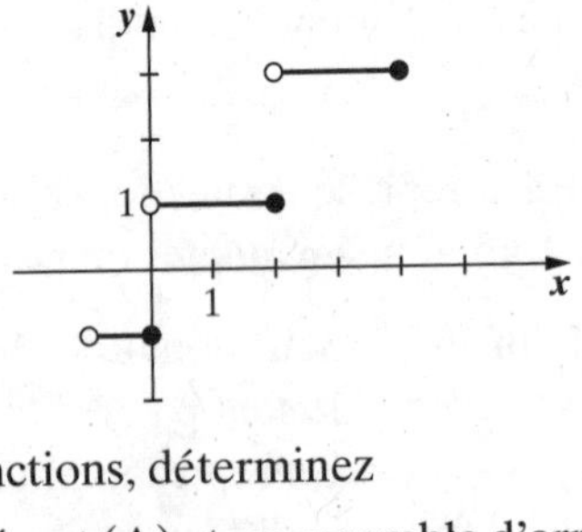

Pour chacune des fonctions, déterminez

a) un ensemble de départ (A) et un ensemble d'arrivée (B), qui pourraient convenir à la fonction définie.

b) un couple qui appartient au graphe de chacune des fonctions définies, ainsi qu'un autre qui n'y appartient pas.

Solution

a) Dans certaines descriptions de la fonction, il y a plusieurs façons de déterminer l'ensemble de départ et l'ensemble d'arrivée. Par exemple, la fonction f peut avoir pour ensemble de départ les rues de Montréal, un quartier de Montréal, ou bien les rues d'une autre ville ; et comme ensemble d'arrivée, l'ensemble des noms de personnes célèbres, l'ensemble des noms de saints ou encore un autre ensemble. En revanche, l'ensemble de départ et celui d'arrivée de la fonction h sont précisés dans le graphique sagittal.

b) Une fois l'ensemble de départ et celui d'arrivée déterminés, on peut chercher un couple qui appartient au graphe de la fonction et un autre qui n'y appartient pas.

Réponses

a) La fonction f peut avoir pour ensemble de départ l'ensemble des rues de Montréal, et pour ensemble d'arrivée, l'ensemble de prénoms.

La fonction g peut avoir l'ensemble des nombres naturels comme ensemble de départ et comme ensemble d'arrivée.

$$h: \mathrm{A} = \{a, e, u, i, o\} \text{ et } \mathrm{B} = \{0, 1, 2, 3, 4, 5\}$$

La fonction i peut avoir l'ensemble des nombres réels pour ensemble de départ et l'ensemble des nombres entiers pour ensemble d'arrivée.

b) Exemple de réponses : (rue Ste-Catherine, Catherine) $\in$ graphe f
(rue Snowdon, Catherine) $\notin$ graphe f
$(2, 3) \in$ graphe g et $(0, 0) \notin$ graphe g
$(a, 0) \in$ graphe h et $(a, 1) \notin$ graphe h
$(0, -1) \in$ graphe i et $(0, 1) \notin$ graphe i

Problème 4

Une même règle, soit $x + y > 5$, définit les quatre relations suivantes :

$R_1: \{0, 1, 2, 3\} \to \{0, 2, 4\}$

$R_2: \mathbb{N} \to \mathbb{N}$

$R_3: \{0, 2, 4\} \to \{0, 1, 2, 3\}$

$R_4: \mathbb{N} \to \mathbb{R}_+$

a) Représentez la relation R_1 par son graphique sagittal, R_2 par son graphique cartésien, R_3 par son graphe et R_4 par son graphique cartésien.

b) Pour chacune des relations, dites si elle est fonctionnelle ou non. Justifiez vos réponses.

Solution

ATTENTION

Une même règle peut définir une relation fonctionnelle ou non fonctionnelle, tout dépendant de l'ensemble de départ et de celui d'arrivée.

Réponses

a) R_1:

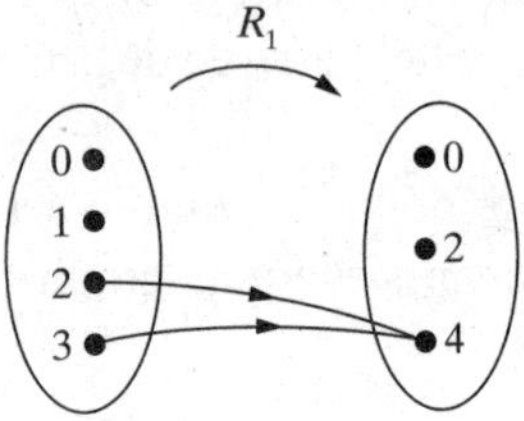

R_2:

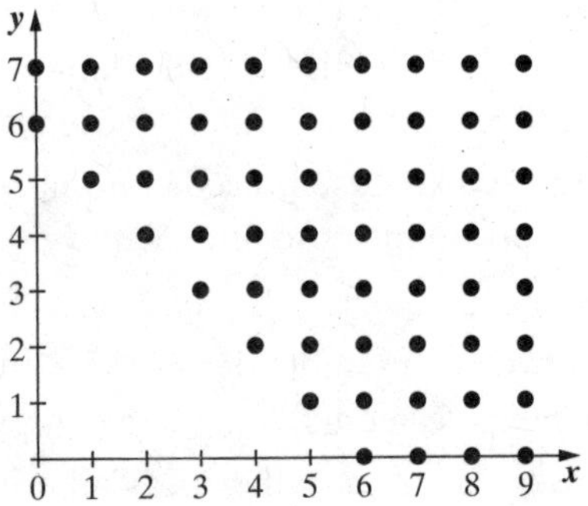

R_3: graphe $R_3 = \{(4, 2), (4, 3)\}$

R_4:

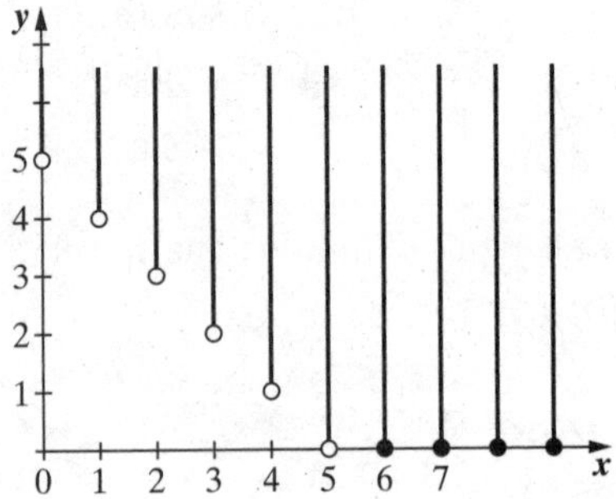

b) R_1 est fonctionnelle. De chaque point de l'ensemble de départ part au plus une flèche.

R_2 n'est pas fonctionnelle. À chaque élément de l'ensemble de départ on associe une infinité d'éléments de l'ensemble d'arrivée.

R_3 n'est pas fonctionnelle. L'abscisse 4 apparaît dans deux couples distincts.

R_4 n'est pas fonctionnelle. Certaines droites verticales rencontrent le graphique en plus qu'en un seul point.

Pour travailler seul

Problème 5

Soit A = {0, 1, 2, 3} l'ensemble de départ et B = {1, 3} l'ensemble d'arrivée des relations définies par les règles :

R_1 : $x + y$ est un nombre pair ;

R_2 : $x + y$ est un nombre premier ;

R_3 : $x + y = 3$.

a) Représentez la relation R_1 par un graphique sagittal, R_2 par un graphique cartésien et R_3 par un graphe.

b) Pour chaque relation, dites si elle est fonctionnelle ou non. Justifiez vos réponses.

Problème 6

Parmi les descriptions ci-dessous, indiquez celles qui représentent une même fonction.

A)

x	0	1	2	3	...
y	0	1	4	9	

B) $f: \mathbb{R} \to \mathbb{R}$

$x \mapsto x^2$

C)

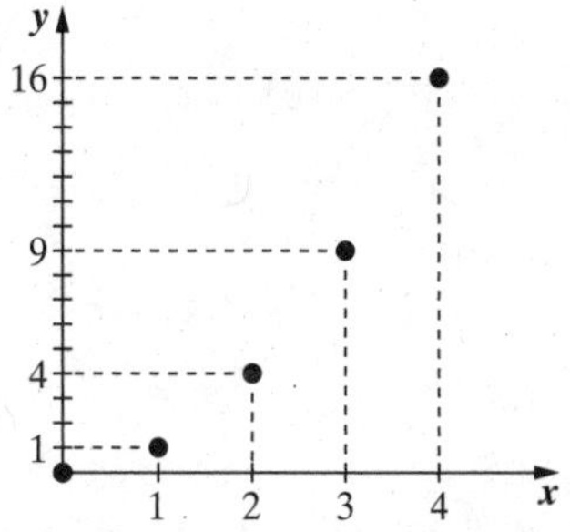

D)

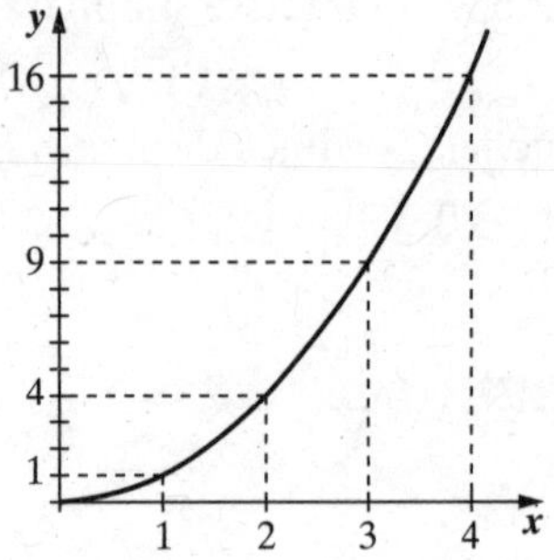

E) $f: \mathbb{N} \rightarrow \mathbb{N}$
$x \mapsto x^2$

F) $f(x) = x^2$

Problème 7

À chaque graphique de la colonne de gauche, associez la règle de correspondance appropriée :

A) 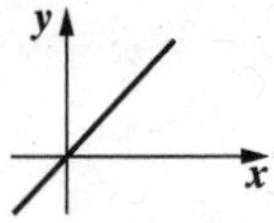

a) $f(x) = x^2$

B) 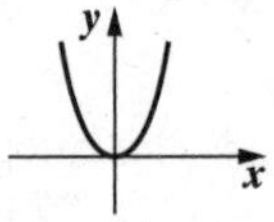

b) $f(x) = x + 1$

C) 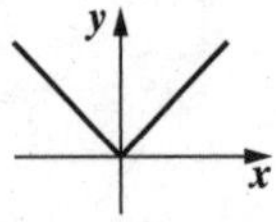

c) $f(x) = \dfrac{1}{x}$

D) 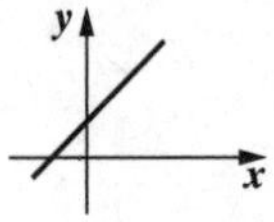

d) $f(x) = x$

E) 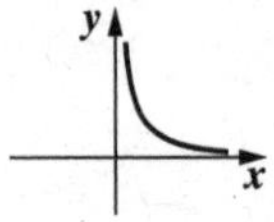

e) $f(x) = |x|$

F) 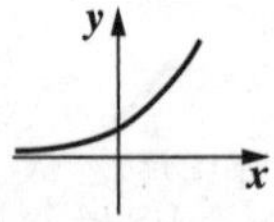

f) $f(x) = 2^x$

Nommez le modèle qui représente chacun de ces graphiques cartésiens.

Problème 8

Pour convertir en degrés Fahrenheit une température en degrés Celsius, il faut la multiplier par $\frac{9}{5}$, puis y ajouter 32.

a) Quelle est la règle de cette fonction ?

b) Construisez une table des valeurs et représentez cette fonction à l'aide d'un graphique cartésien.

c) Le point de fusion et le point d'ébullition de l'eau sont de 0 °C et de 100 °C respectivement. Exprimez ces deux températures en degrés Fahrenheit.

1.2 NOTIONS DE BASE, PROPRIÉTÉS DES FONCTIONS

L'ESSENTIEL

- On appelle **domaine** d'une fonction *f* le sous-ensemble des éléments de l'ensemble de départ qui admettent une image par la fonction f^*.
- On appelle **codomaine** d'une fonction *f* le sous-ensemble des éléments de l'ensemble d'arrivée associés aux éléments du domaine.
- L'image de la valeur 0 par une fonction *f* est appelée **valeur initiale** ou **ordonnée à l'origine** de la fonction f^{**}.
- Le **maximum absolu**, ou le **minimum absolu,** est la plus grande ou la plus petite valeur que peuvent prendre les valeurs de la fonction, si cette valeur existe.

  Symboliquement :

  M est le maximum absolu de la fonction $f \Leftrightarrow \forall x \in \text{dom} f : f(x) \leq \text{M}$

  m est le minimum absolu de la fonction $f \Leftrightarrow \forall x \in \text{dom} f : f(x) \geq \text{m}$
- L'ordonnée de tout point sommet du graphique d'une fonction correspond au **maximum (ou minimum) relatif** de cette fonction.

Attention !

* Il faut savoir faire la distinction entre l'ensemble de départ et le domaine d'une fonction, ainsi qu'entre l'ensemble d'arrivée et l'image d'une fonction.

** Il est important de ne pas confondre la valeur initiale d'une fonction (ordonnée à l'origine) et le point d'intersection du graphique de cette fonction avec l'axe des ordonnées.

- On appelle **zéro** ou **abscisse à l'origine** la valeur de la variable indépendante dont l'image est **0***.
- La fonction f est **croissante** (**strictement croissante**) dans l'intervalle $[a, b]$ du domaine, si et seulement si

$$\forall x_1, x_2 \in [a,b] : x_1 < x_2 \Rightarrow f(x_1 \leq x_2) \quad (f(x_1) < f(x_2)).$$

- La fonction f est **décroissante** (**strictement décroissante**) dans l'intervalle [a, b] du domaine, si et seulement si

$$\forall x_1, x_2 \in [a,b] : x_1 < x_2 \Rightarrow f(x_1 \geq x_2) \quad (f(x_1) > f(x_2)).$$

- La fonction f est constante dans l'intervalle [a, b], si et seulement si

$$\forall x_1, x_2 \in [a,b] : f(x_1) = f(x_2).$$

- La fonction f est **positive** (**strictement positive**) dans l'intervalle $[a, b]$ si et seulement si

$$\forall x \in [a,b] : f(x) \geq 0 \quad (f(x) > 0).$$

- La fonction f est **négative** (**strictement négative**) dans l'intervalle $[a, b]$ si et seulement si

$$\forall x \in [a,b] : f(x) \leq 0 \quad (f(x) < 0).$$

Pour s'entraîner

Problème 9

Durant la saison de ski, soit de novembre à mai, le nombre de skieurs réservant une chambre d'hôtel est représenté par la règle suivante :

$$f(n) = 2n^3 - 21n^2 + 60n + 40$$

où n représente le nombre entier de mois écoulés à partir de novembre.

a) Donnez le domaine et le codomaine de cette fonction.

b) Représentez la fonction par son graphique cartésien.

c) La fonction admet-elle un maximum ? Si oui, quelle est sa valeur ?

Attention !

* Il est important de ne pas confondre le zéro d'une fonction (abscisse à l'origine) et le point d'intersection du graphique de cette fonction avec l'axe des abscisses. Le zéro est un nombre tandis que le point d'intersection est représenté par un couple de nombres.

Solution

a) La variable indépendante ***n*** représente le nombre entier de mois écoulés à partir de novembre (de novembre à mai), on a donc

$$\text{dom } f = \{0, 1, 2, 3, 4, 5, 6\}$$
$$\text{cod } f = \{f(0), f(1), f(2), f(3), f(4), f(5), f(6)\}$$
$$= \{40, 81, 92, 85, 72, 65, 76\}$$

b) Avant de dessiner le graphique cartésien d'une fonction, il est toujours préférable de construire une table de valeurs.

n	0	1	2	3	4	5	6
$f(n)$	40	81	92	85	72	65	76

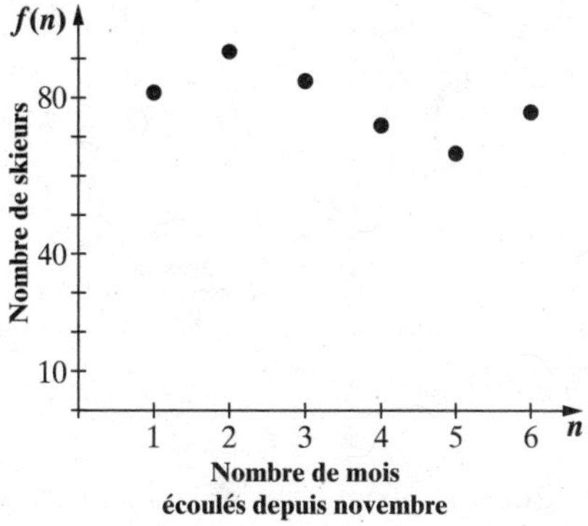

c) La fonction admet un maximum dont la valeur est 92.

Remarque

Lorsque la table de valeurs comprend tous les couples, le maximum est la plus grande valeur parmi les valeurs de la variable dépendante.

Réponses

a) dom $f = \{0, 1, 2, 3, 4, 5, 6\}$, cod $f = \{40, 81, 92, 85, 72, 65, 76\}$

b) Voir la figure dans la solution.

c) Oui, sa valeur est de 92.

Problème 10

Pour dresser le bilan annuel de ses profits, le propriétaire d'un petit kiosque de souvenirs s'est servi du graphique suivant :

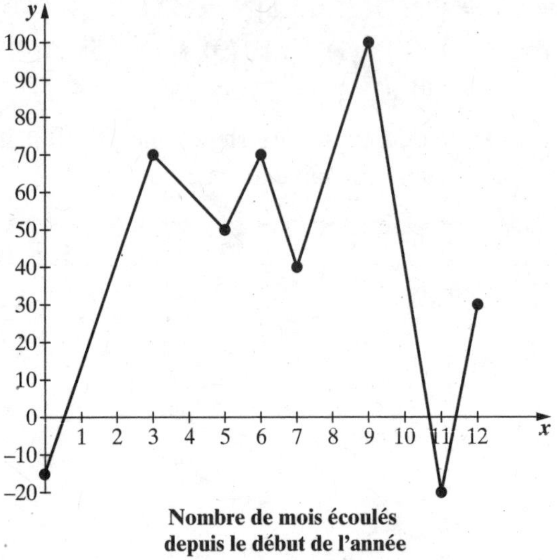

a) Initialement, le petit kiosque a-t-il généré des profits ou des pertes ?

b) À combien le maximum de profits s'est-il établi ? Quand a-t-il été atteint ?

c) Trouvez les maximums et les minimums relatifs.

d) Quels sont les zéros de la fonction ? Que représentent-ils ?

e) Dans quels intervalles de temps l'entreprise a-t-elle augmenté ses profits ?

f) Déterminez quand les profits n'ont été que de 40 000 $.

g) Déterminez les périodes pendant lesquelles l'entreprise a généré des profits et celles pendant lesquelles elle a accusé des pertes.

Solution

a) Pour répondre à cette question, il faut faire appel à la notion de valeur initiale d'une fonction.

La fonction étant donnée par son graphique cartésien, sa valeur initiale correspond à l'ordonnée du point d'intersection du graphique avec l'axe des ordonnées.

Selon le graphique, le kiosque a généré des pertes (–15).

b) Cette question fait référence à la notion de maximum absolu.

On cherche le point situé le plus haut sur le graphique ; ici, c'est le point (9, 100). La valeur 100 000 $ est donc le maximum absolu du profit qui a été ateint 9 mois après le début de l'année.

c) Il y a 4 sommets dont les ordonnées sont des maximums relatifs et 4 sommets dont les ordonnées sont des minimums relatifs.

Maximums relatifs : 70 000, 100 000 et 30 000

Minimums relatifs : –15 000, 50 000, 40 000 et –20 000

d) Les zéros correspondent aux abscisses des points d'intersection du graphique avec l'axe des abscisses. Il y en a trois : 0,5 ; 10,6 ; 11,4.

Les zéros représentent les moments ou les profits du propriétaire ont été nuls.

e) La question fait appel à la notion de croissance d'une fonction.

Si la courbe représentant la fonction monte de gauche à droite, alors la fonction est croissante. Par opposition, si la courbe descend de gauche à droite, alors la fonction est décroissante.

Les intervalles de croissance sont : [0, 3], [5, 6], [7, 9] et [11, 12].

Les profits de l'entreprise ont augmenté au cours des trois premiers mois de l'année, ainsi qu'au cours des sixième, huitième, neuvième et dernier mois.

f) Il faut chercher les abscisses des points dont l'ordonnée est 40.

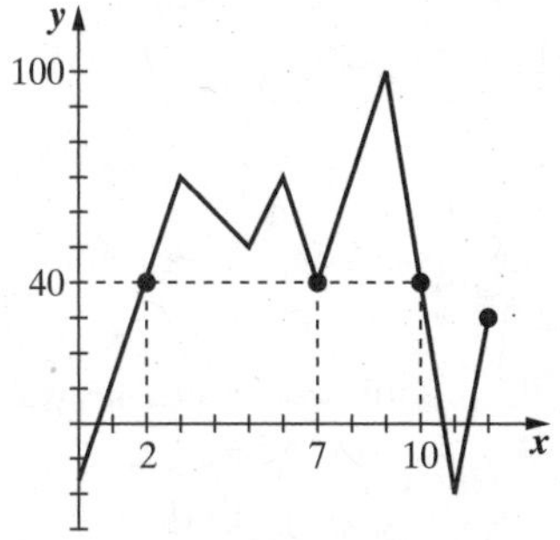

Un profit de 40 000 $ a été atteint à la fin des mois de février ($x = 2$), de juillet ($x = 7$) et d'octobre ($x = 10$).

g) Il faut déterminer les intervalles où la fonction est strictement positive (le graphique se trouve au-dessus de l'axe des abscisses), et les intervalles où la fonction est strictement négative (le graphique se trouve au-dessous de l'axe des abscisses).

Dans les intervalles]0,5; 10,6[et]11,4; 12[, la fonction est strictement positive. L'entreprise a donc fait des profits à partir de la mi-janvier jusqu'à la mi-novembre et au cours de la seconde moitié de décembre.

Dans les intervalles]0; 0,5[et]10,6; 11,4[, la fonction est strictement négative. L'entreprise a donc accusé des pertes au cours de la première moitié du mois de janvier et de la mi-novembre à la mi-décembre.

Réponses

a) L'entreprise a subi des pertes de 15 000 $.

b) Des profits de 100 000 $ ont été générés à la fin de septembre.

c) Maximums relatifs: 70 000, 100 000, 30 000.
Minimums relatifs: –15 000, 50 000, 40 000, –20 000.

d) 0,5; 10,6 et 11,4. Les zéros représentent les moments où les profits du propriétaire étaient nuls.

e) Au cours des trois premiers mois de l'année, et au cours des sixième, huitième, neuvième et dernier mois.

f) À la fin des mois de février, de juillet et d'octobre.

g) L'entreprise a fait des profits à partir de la mi-janvier jusqu'à la mi-novembre et au cours de la seconde moitié de décembre; et elle a accusé des pertes au cours de la première moitié du mois de janvier et de la mi-novembre à la mi-décembre.

Pour travailler seul

Problème 11

La position en mètres d'un objet lancé en air après t secondes est donnée par la règle $h(t) = 32t - 4t^2$.

a) Remplissez la table des valeurs et tracez le graphique cartésien de la fonction h.

b) À quel modèle mathématique associe-t-on cette règle ?

c) En vous référant au graphique de h, complétez le texte suivant:

Après _______ secondes, l'objet atteindra sa hauteur maximale, soit _______ mètres. En montant, l'objet atteindra la hauteur de 39 mètres après _______ secondes. Après _______ secondes, l'objet retombera au sol. Ce temps correspond à une des solutions de l'équation _______________.

Problème 12

La fonction f possède les caractéristiques suivantes :

1. elle est décroissante sur l'intervalle $[0, +\infty$;
2. l'ordonnée à l'origine est le maximum absolu de f ;
3. elle n'est pas décroissante sur l'intervalle $-\infty, 0]$.

Lequel des graphiques cartésiens ci-dessous peut représenter la fonction f ?

A)

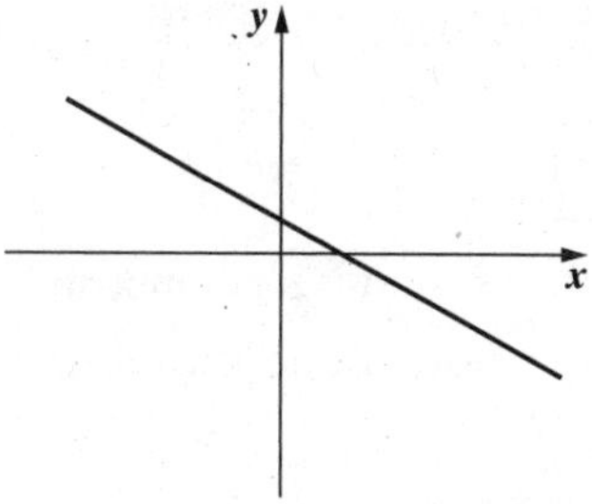

C)

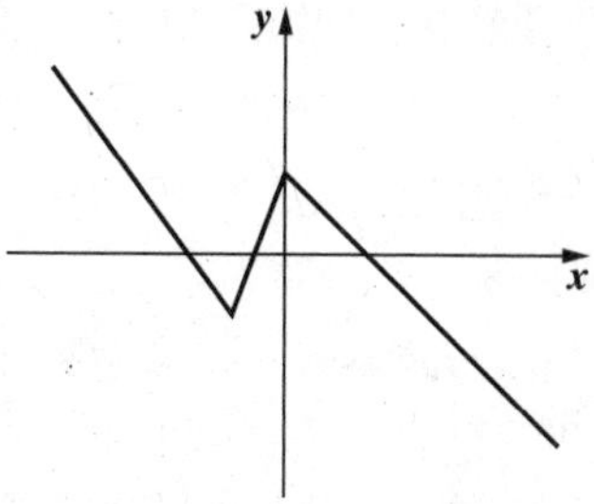

B)

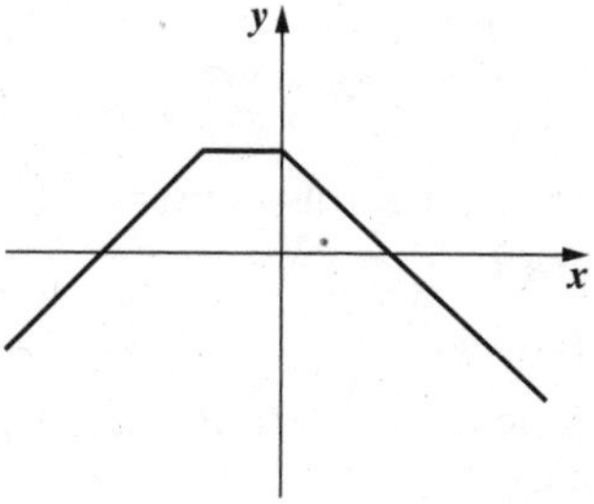

D)

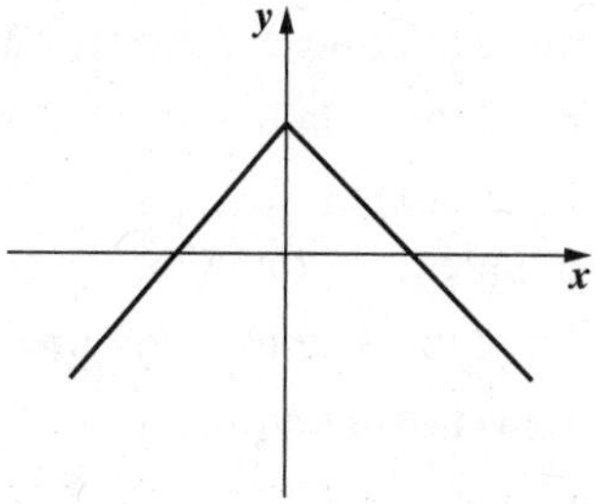

Problème 13

Voici le graphique cartésien de la fonction f.

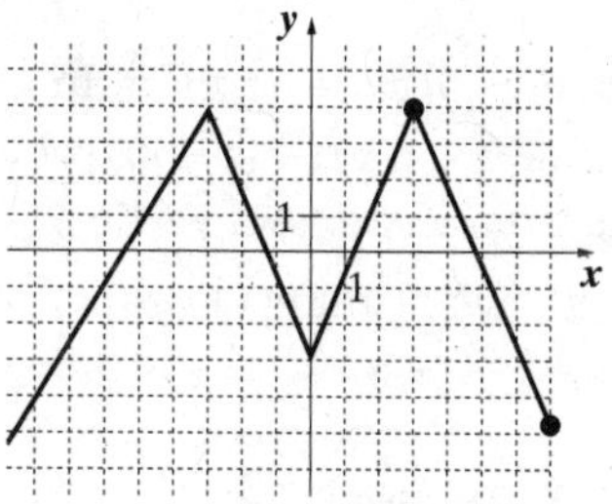

Lesquelles des affirmations suivantes sont vraies ?

A) La valeur initiale de f est -3.

B) f admet deux maximums absolus.

C) Le maximum absolu de f est 4.

D) dom $f = [-10, 7]$

E) -3 et -5 sont deux minimums relatifs de f.

1.3 TRANSFORMATIONS DU GRAPHIQUE D'UNE FONCTION

L'ESSENTIEL

Soit f une fonction et g son image par une transformation géométrique.

- La **translation** $t_{(h,\,0)}: (x, y) \mapsto (x + h, y)$ provoque un **glissement horizontal** du graphique de la fonction f.

  La règle de la fonction image g est $g(x) = f(x - h)$.
- La **translation** $t_{(0,\,k)}: (x, y) \mapsto (x, y + k)$ provoque un **glissement vertical** du graphique de la fonction f.

  La règle de la fonction image g est $g(x) = f(x) + k$.
- La **réflexion** $S_x: (x, y) \mapsto (x, -y)$ provoque un **retournement** du graphique de la fonction f autour de l'axe des x.

  La règle de la fonction image g est $g(x) = -f(x)$.
- La **réflexion** $S_y: (x, y) \mapsto (-x, y)$ provoque un **retournement** du graphique de la fonction f autour de l'axe des y.

  La règle la fonction image g est $g(x) = f(-x)$.
- Le **changement d'échelle**, qui consiste à multiplier la coordonnée x par une constante positive a, $E: (x, y) \mapsto (ax, y)$, provoque un **allongement horizontal** (si $a > 1$) ou un **rétrécissement horizontal** (si $0 < a < 1$).

  La règle de la fonction image g est $g(x) = f\left(\frac{x}{a}\right)$.
- Le **changement d'échelle**, qui consiste à multiplier la coordonnée y par une constante positive a, $E: (x, y) \mapsto (x, ay)$, provoque un **allongement vertical** (si $a > 1$) ou un **rétrécissement vertical** (si $0 < a < 1$).

  La règle de la fonction image g est $g(x) = af(x)$*.

---

* Si la constante ***a*** est négative, cette transformation provoque en plus un retournement.

Pour s'entraîner

Problème 14

Voici le graphique de la fonction f définie par la règle $f(x) = |2x|$.

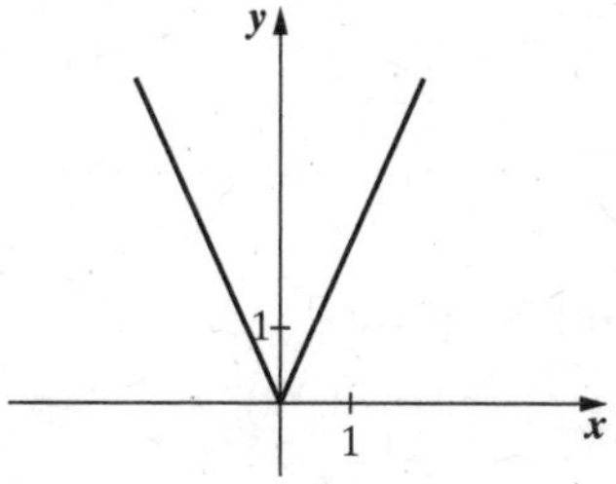

Tracez l'image de la courbe f obtenue par les transformations suivantes.

a) $(x, y) \mapsto (x, y - 3)$

b) $(x, y) \mapsto (-x, y)$

c) $(x, y) \mapsto \left(\frac{1}{2}x, y\right)$

d) $(x, y) \mapsto (x + 2, y - 3)$

Dans chaque cas, décrivez ce qui arrive à la courbe f et donnez la règle de la nouvelle fonction.

Solution et réponses

a) Il s'agit de la translation $t_{(0, -3)}$ qui provoque un glissement vertical de 3 unités vers le bas.

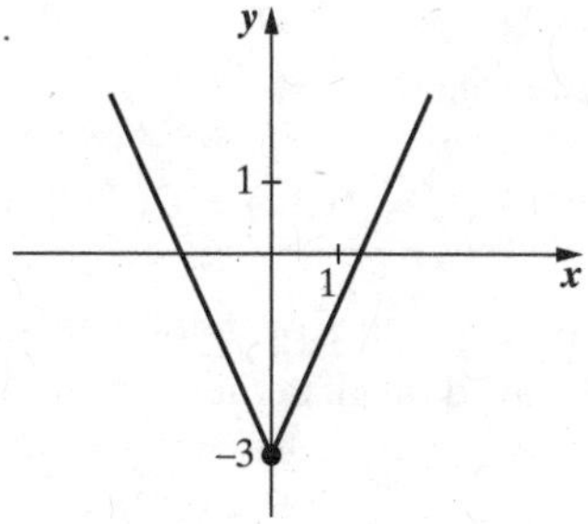

La règle de la fonction image est donc $g(x) = f(x) - 3 = |2x| - 3$.

b) Il s'agit de la symétrie $\boldsymbol{S_y}$ qui provoque un retournement de la courbe f autour de l'axe des y.

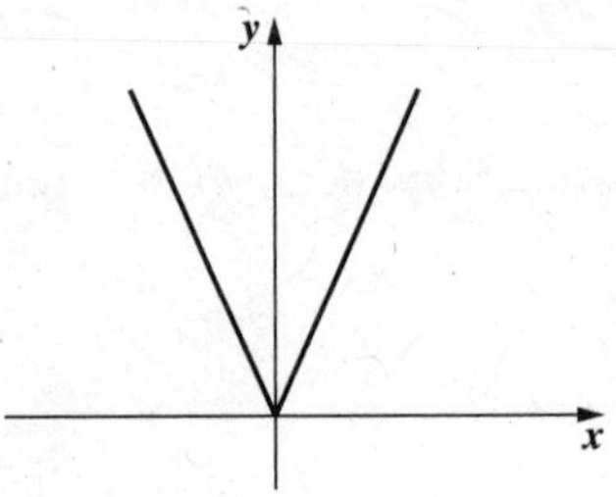

La règle de la fonction image est donc

$$g(x) = f(-x) = |2(-x)| = |-2x| = |2x|.$$

Remarque

Cette transformation ne provoque aucun changement car la courbe f est symétrique par rapport à l'axe des y.

c) Il s'agit d'un changement d'échelle sur l'axe des x (rétrécissement, car $0 < a < 1$).

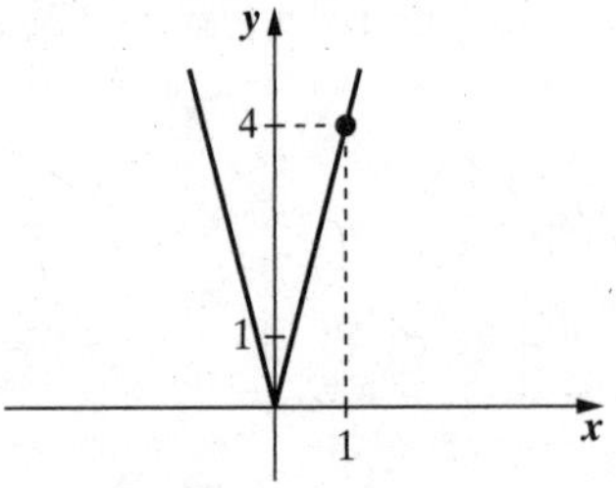

La règle de la nouvelle fonction est

$$g(x) = f\left(\frac{x}{\frac{1}{2}}\right) = f(2x) = |2(2x)| = |4x|$$

d) Il s'agit d'une translation $t_{(2,-3)}$ qui provoque un glissement horizontal de 2 unités vers la droite suivi d'un glissement vertical de 3 unités vers le bas.

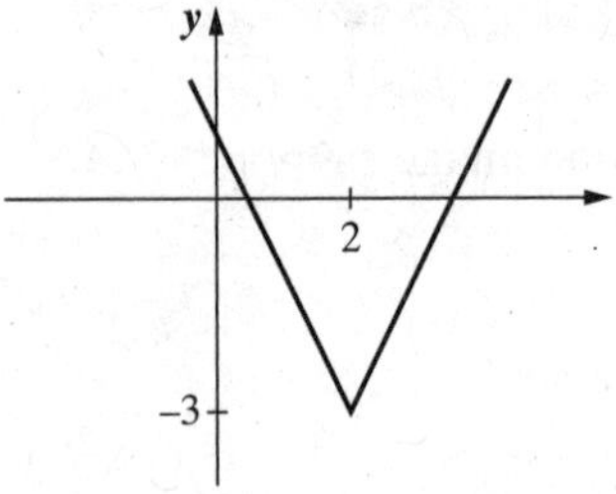

La règle de la nouvelle fonction est

$$g(x) = f(x - 2) - 3 = |2(x - 2| - 3.$$

Problème 15

Soit la fonction *f* définie par $f(x) = \sqrt{2x}$.

Pour chaque fonction image représentée sur les figures ci-dessous, identifiez le type de transformation qu'a subi la courbe *f*, ainsi que la règle de cette fonction image.

a)

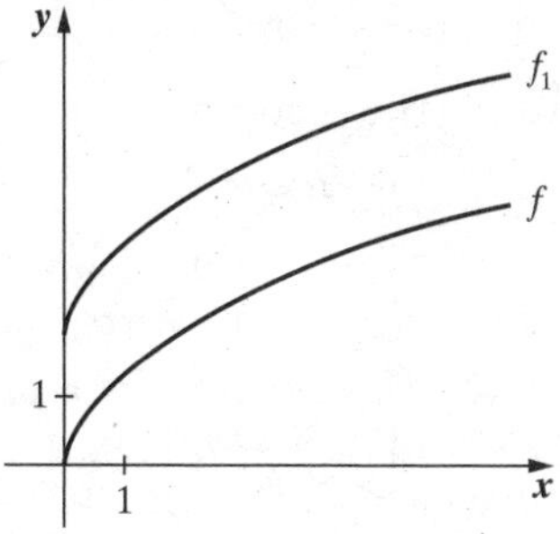

d)

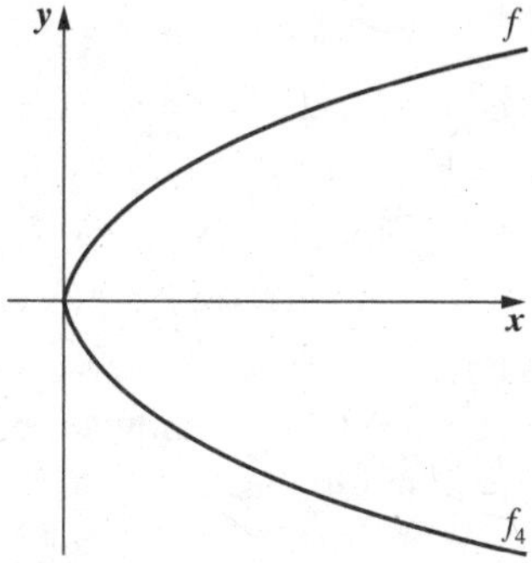

b)

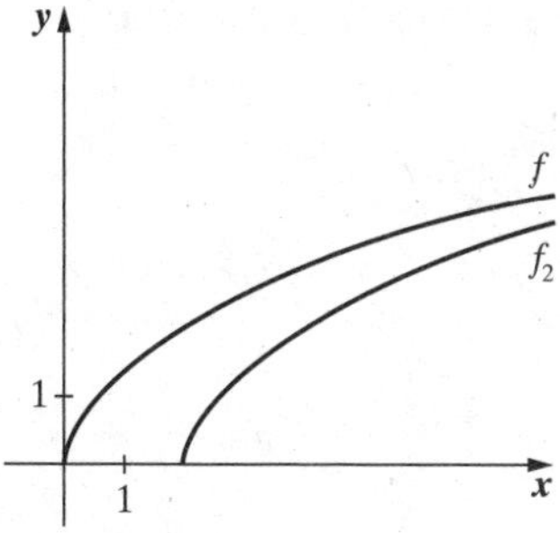

e)

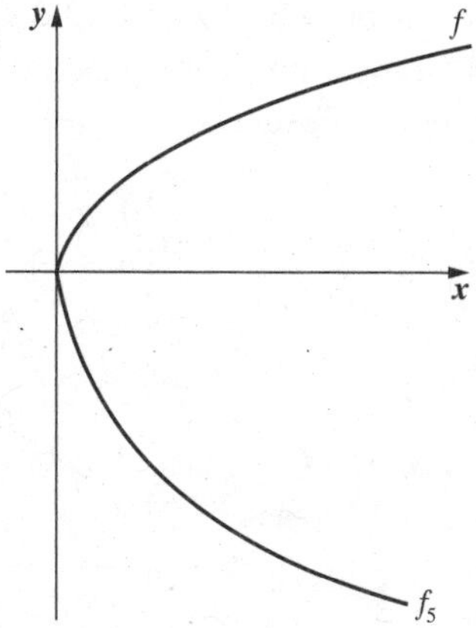

c)

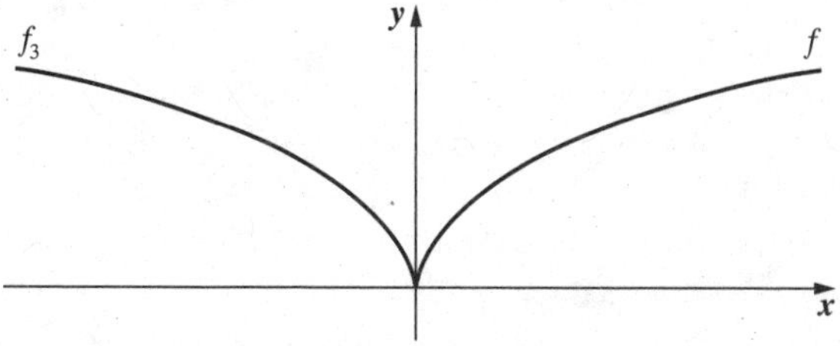

Solution

a) La courbe f_1 est obtenue par un glissement de la courbe f de deux unités vers le haut. C'est le mouvement provoqué par la translation $t_{(0,\,2)}$. La règle de la fonction image est alors

$$f_1(x) = f(x) + 2 = \sqrt{2x} + 2.$$

b) La courbe f_2 est obtenue par un glissement de la courbe f de deux unités vers la droite. C'est le mouvement provoqué par la translation $t_{(2,\,0)}$. La règle de la fonction image est alors

$$f_2(x) = f(x-2) = \sqrt{2(x-2)} = \sqrt{2x-4}.$$

c) La courbe f_3 est obtenue par un retournement de la courbe f autour de l'axe des y. C'est le mouvement provoqué par la symétrie S_y. La règle de la fonction image est alors

$$f_3(x) = f(-x) = \sqrt{2(-x)} = \sqrt{-2x}.$$

d) La courbe f_4 est obtenue par un retournement de la courbe f autour de l'axe des x. C'est le mouvement provoqué par la symétrie S_x. La règle de la fonction image est alors

$$f_4(x) = -f(x) = -\sqrt{2x}.$$

e) La courbe f_5 est le résultat d'une succession de deux transformations: un allongement par rapport à l'axe des y suivi d'un retournement par rapport à l'axe des x.

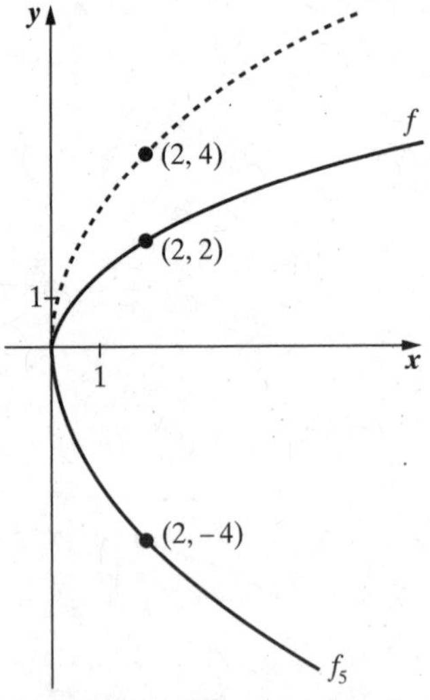

C'est la transformation qui consiste à multiplier la coordonnée y par le paramètre $a = -2$. On la représente algébriquement par :

$$E : (x, y) \mapsto (x, -2y)$$

La règle de la fonction image est alors

$$f_5(x) = -2f(x) = -2\sqrt{2x}.$$

Remarque

Si la fonction f subit une transformation géométrique, la règle de la fonction image est bien déterminée par la nature et les paramètres de cette transformation :

Transformation	Règle de la fonction image g
$t_{(h; 0)} : (x, y) \mapsto (x + h, y)$	$g(x) = f(x - h)$
$t_{(0, k)} : (x, y) \mapsto (x, y + k)$	$g(x) = f(x) + k$
$S_y : (x, y) \mapsto (-x, y)$	$g(x) = f(-x)$
$S_x : (x, y) \mapsto (x, -y)$	$g(x) = -f(x)$
$E : (x, y) \mapsto (ax, y)$	$g(x) = f\left(\frac{x}{a}\right)$
$E : (x, y) \mapsto (x, ay)$	$g(x) = a\,f(x)$

Réponses

a) Translation $t_{(0, 2)}$ $f_1(x) = \sqrt{2x} + 2$

b) Translation $t_{(2, 0)}$ $f_2(x) = \sqrt{2x - 4}$

c) Symétrie S_y $f_3(x) = \sqrt{-2x}$

d) Symétrie S_x $f_4(x) = -\sqrt{2x}$

e) $E : (x, y) \mapsto (x, -2y)$ $f_5(x) = -2\sqrt{2x}$

Problème 16

Le graphique ci-dessous représente la fonction f, définie par la règle $f(x) = 2^x$.

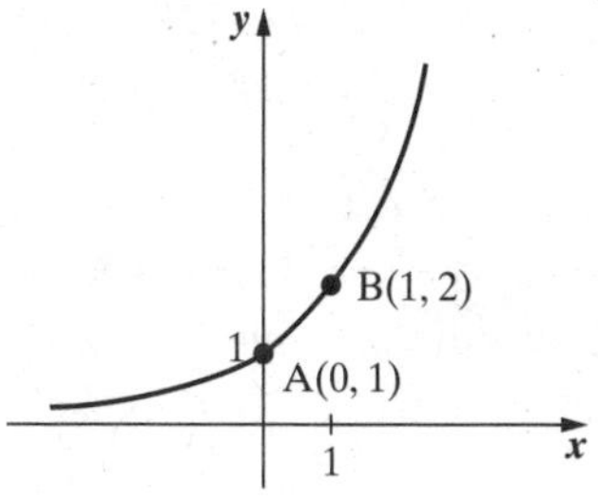

À chacune des règles ci-dessous, associez le graphique cartésien qui lui correspond.

$$f_1(x) = 2^{x+2}, \quad f_2(x) = 2 \times 2^x, \quad f_3(x) = 2^{-x}, \quad f_4(x) = 2^{\frac{1}{2}x}, \quad f_5(x) = 2^x - 2$$

A)

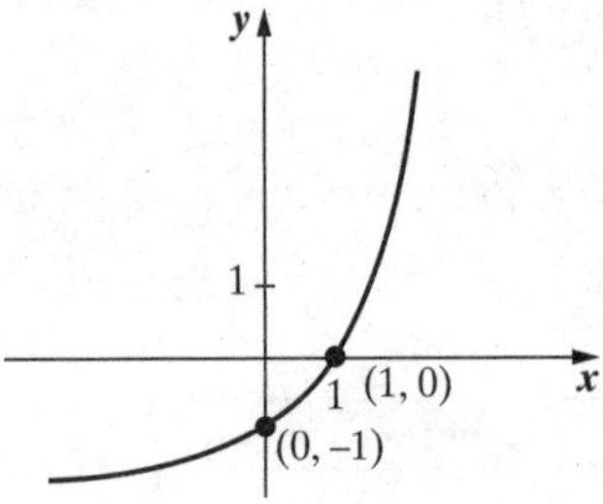

D)

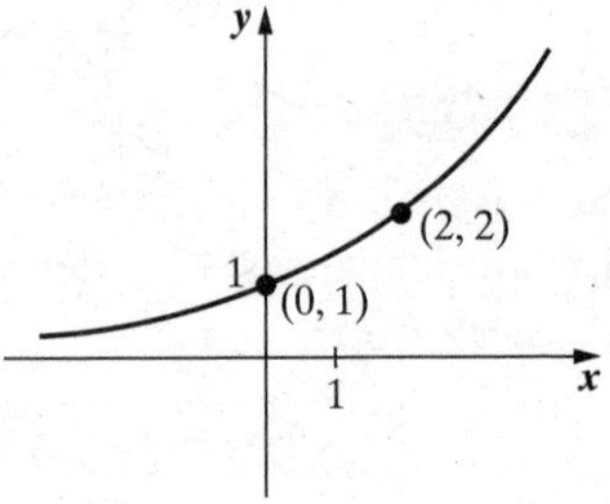

B)

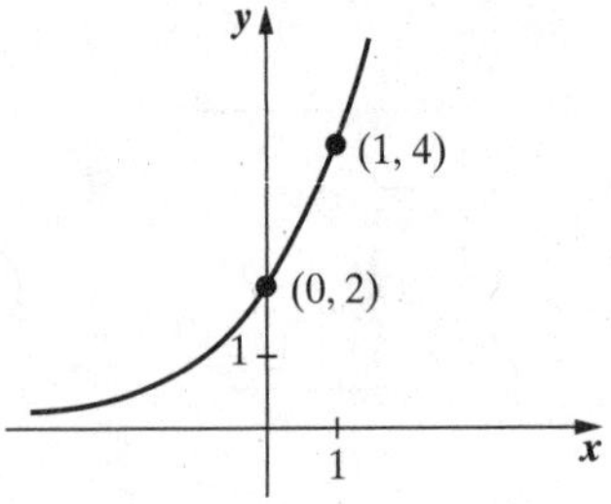

E)

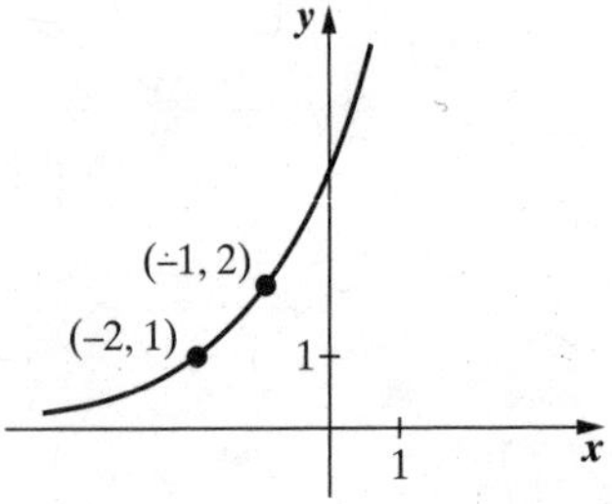

C)

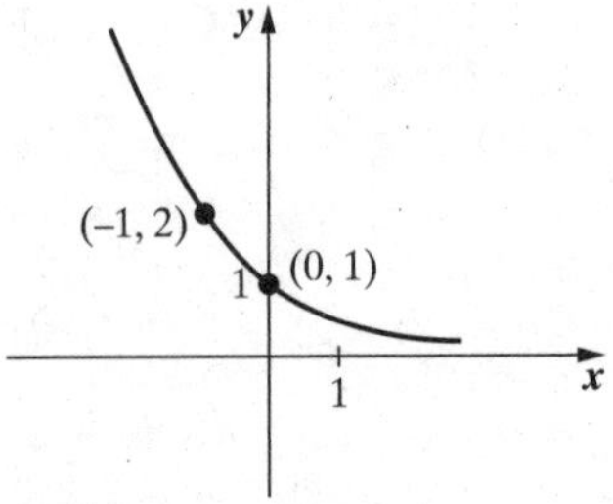

Solution

Conseil

D'après la règle, on peut d'abord identifier la transformation géométrique qu'a subie la fonction f, puis trouver les images de deux points identifiés sur le graphique de f, et ensuite identifier le graphique cartésien qui correspond à cette règle.

$f_1(x) = 2^{x+2}$

On additionne 2 à la variable indépendante x, ce qui provoque un glissement de la courbe f de deux unités vers la gauche. La transformation s'écrit ainsi: $(x, y) \mapsto (x - 2, y)$. Les images des points A et B sont alors

$$(0, 1) \mapsto (-2, 1) \quad (1, 2) \mapsto (-1, 2)$$

Cette règle correspond au graphique en E.

Remarque

Lorsqu'on additionne 2 à la variable indépendante, le glissement horizontal se fait vers la gauche. Lorsqu'on soustrait 2 à la variable indépendante, le glissement se fait vers la droite.

$f_2(x) = 2 \times 2^x$

On multiplie la variable dépendante $f(x)$ par 2, ce qui provoque un allongement vertical. La transformation géométrique s'écrit ainsi: $(x, y) \mapsto (x, 2y)$. Les images des points A et B sont alors

$$(0, 1) \mapsto (0, 2) \text{ et } (1, 2) \mapsto (1, 4).$$

Cette règle correspond au graphique en B.

Remarque

Lorsqu'on multiplie la variable dépendante $f(x)$ par 2, il y a un allongement d'échelle sur l'axe vertical. Lorsqu'on divise la variable dépendante par 2, il y a un rétrécissement.

$f_3(x) = 2^{-x}$

On change le signe de la variable indépendante, ce qui donne la reflexion S_y: $(x, y) \mapsto (-x, y)$, qui transforme les points A et B en

$$(0, 1) \mapsto (0, 1) \text{ et } (1, 2) \mapsto (-1, 2).$$

Cette règle correspond au graphique en C.

Remarque

Un changement de signe de la variable indépendante provoque un retournement du graphique autour de l'axe des y.

$f_4(x) = 2^{½x}$

Lorsqu'on multiplie la variable indépendante par $\frac{1}{2}$, la courbe f subit un étirement. La transformation qui provoque cet allongement s'écrit ainsi : $(x, y) \mapsto (2x, y)$. Les images des points A et B sont alors

$$(0, 1) \mapsto (0, 1) \text{ et } (1, 2) \mapsto (2, 2)$$

Cette règle correspond au graphique en D.

Remarque

Lorsqu'on divise la variable indépendante par 2, il y a un allongement d'échelle sur l'axe horizontal. Lorsqu'on multiplie la variable indépendante par 2, il y a un rétrécissement.

$\boldsymbol{f_5(x) = 2^x - 2}$

On soustrait 2 à la variable dépendante. La courbe f subit un glissement vers le bas. Algébriquement, cette transformation s'écrit ainsi : $(x, y) \mapsto (x, y - 2)$. Les images des points A et B sont alors

$$(0, 1) \mapsto (0, -1) \text{ et } (1, 2) \mapsto (1, 0)$$

Cette règle correspond au graphique en A.

Remarque

Lorsqu'on ajoute 2 à la variable dépendante $f(x)$, on provoque un glissement de la courbe f de deux unités vers le haut. Lorsqu'on soustrait 2 à la variable dépendante $f(x)$, on provoque un glissement vers le bas.

Réponse f_1 et È f_2 et B f_3 et C f_4 et D f_5 et A

Pour travailler seul

Problème 17

Voici le graphique cartésien de la fonction f telle que

$$f(x) = 4 - |x|$$

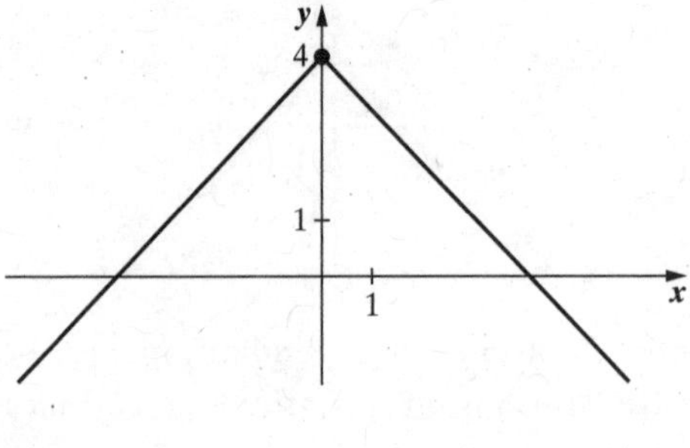

Tracez l'image obtenue par les transformations suivantes :

a) $(x, y) \mapsto (x + 1, y)$

b) $(x, y) \mapsto (x, 2y)$

c) $(x, y) \mapsto (x, -y)$

Décrivez chaque fois les changements qu'a subis la courbe f et donnez la règle de la fonction image.

Problème 18

Le graphique ci-dessous représente la fonction f définie par la règle $f(x) = 3^x$.

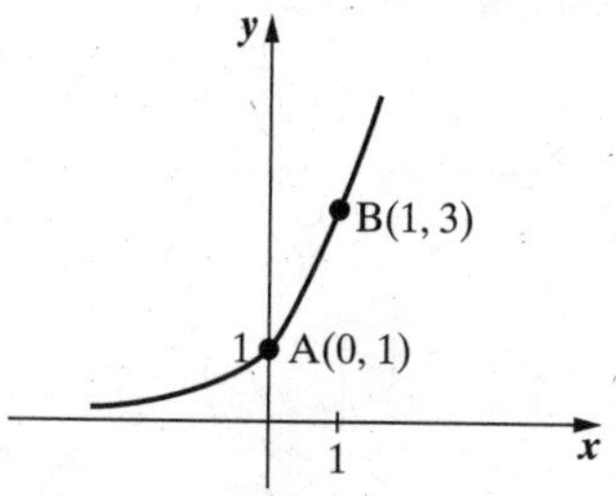

À chacune des règles ci-dessous, associez le graphique cartésien qui lui correspond.

$$f_1(x) = -3^x, \quad f_2(x) = 3^{-x} - 2, \quad f_3(x) = 3^{-x+2}$$

A)

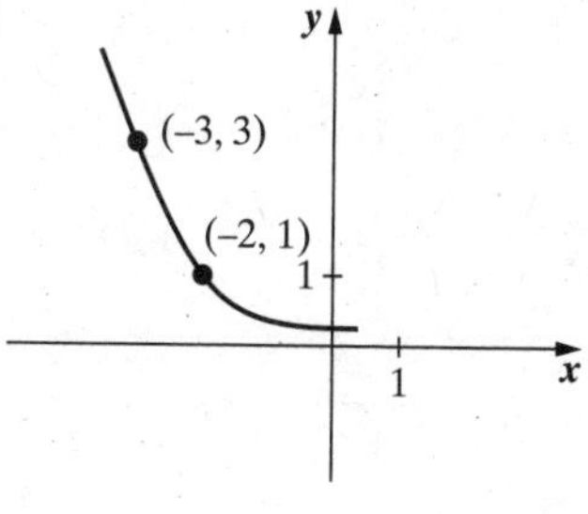

C)

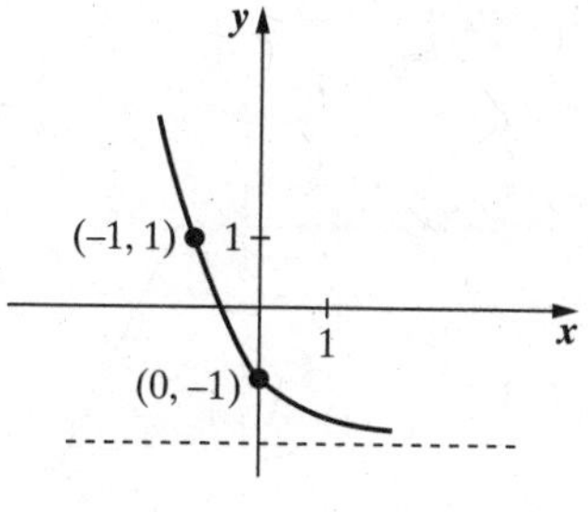

B)

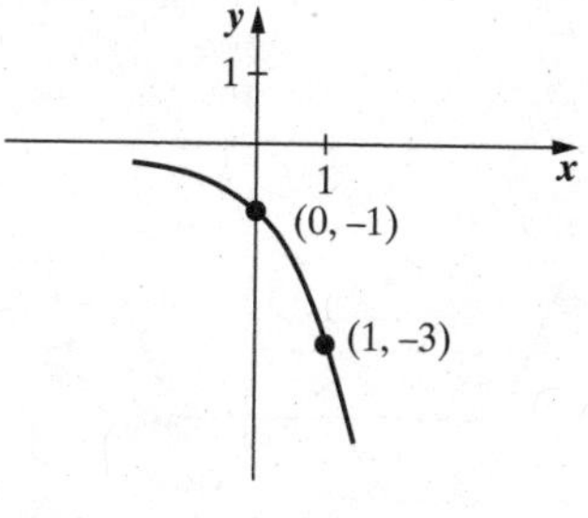

D)

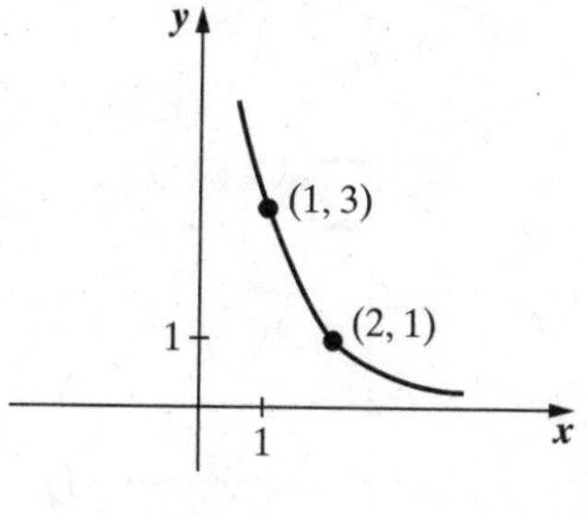

Problème 19

Trouvez la règle de l'image de la fonction f obtenue par la transformation T.

a) $f(x) = 2x - 3$ et $T: (x, y) \mapsto (x - 2, y - 2)$

b) $f(x) = x^2 - 2x - 2$ et $T: (x, y) \mapsto (3x, y)$

c) $f(x) = \sqrt{2x + 3}$ et $T: (x, y) \mapsto (x, 3y)$

d) $f(x) = \frac{1}{x}$ et $T: (x, y) \mapsto (x + 1, y + 2)$

Problème 20

Voici le graphique cartésien d'une fonction f.

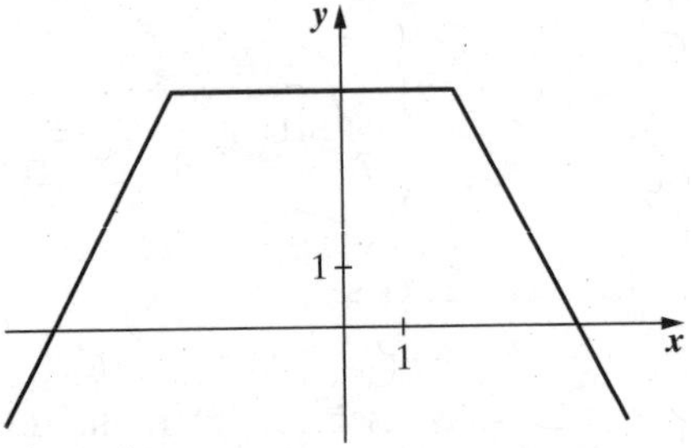

On définit une nouvelle fonction par la règle $g(x) = -f(x - 1) + 3$.

Lequel des graphiques ci-dessous représente la fonction g ?

A)

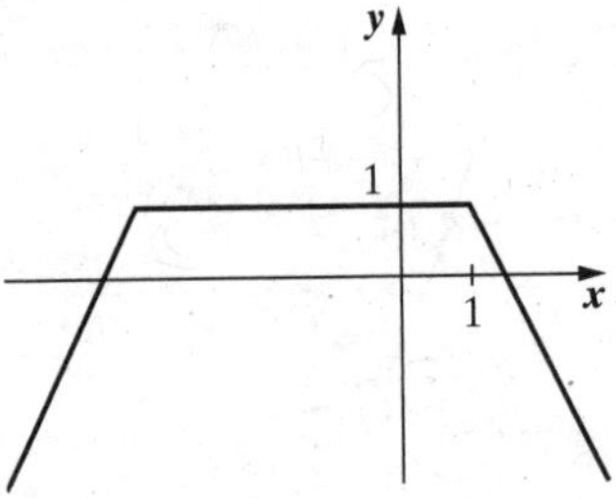

C)

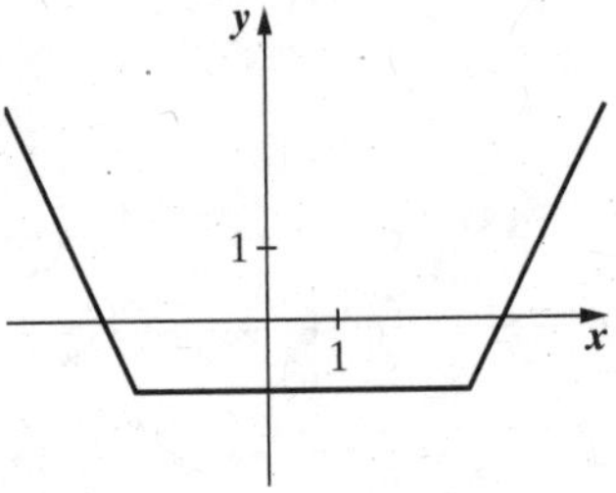

B)

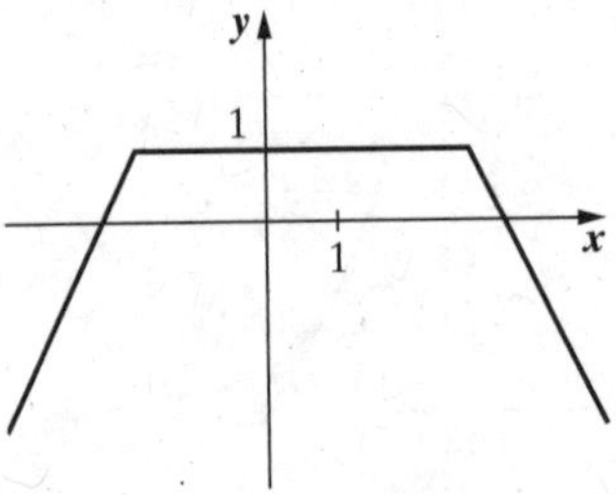

D)

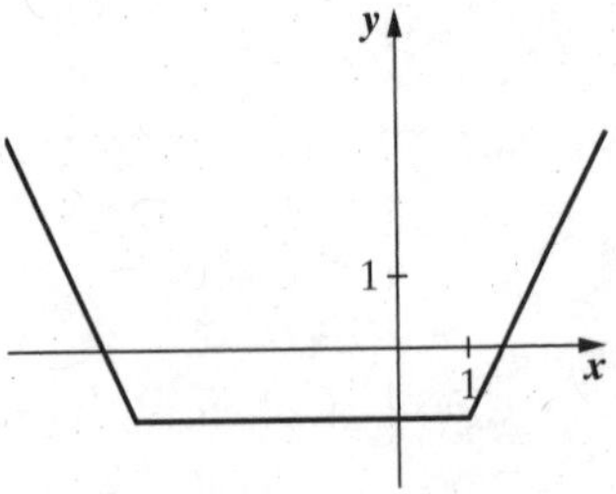

2 Transformations des expressions algébriques

2.1 PUISSANCE

L'ESSENTIEL

- On définit l'exposant entier positif d'un nombre a par :

$$a^m = \begin{cases} \underbrace{a \times a \times \ldots a}_{m \text{ fois}} & \text{pour } m > 1 \\ a & \text{pour } m = 1 \\ 1 & \text{pour } m = 0 \text{ et } a \neq 0 \end{cases}$$

- On définit l'exposant entier négatif d'un nombre $a \neq 0$ par :

$$a^{-m} = \frac{1}{a^m}.$$

- On définit l'exposant fractionnaire d'un nombre $a > 0$ par :

$$a^{\frac{m}{n}} = \sqrt[n]{a^m}\,^{*}.$$

Pour s'entraîner

Problème 21

Vrai ou faux ? Justifiez la réponse.

a) $(-2)^4 = -2^4$

b) $(-3)^5 = -3^5$

c) $(-2)^{\frac{3}{4}} = \sqrt[4]{(-2)^3}$

d) $(-2)^{\frac{2}{3}} = \sqrt[3]{4}$

e) $\left(-\frac{1}{2}\right)^{-2} = \left(\frac{1}{2}\right)^2$

f) $8^{-\frac{1}{3}} = (-8)^{\frac{1}{3}}$

---

* Lorsque le dénominateur de l'exposant $\frac{m}{n}$ est un nombre impair, la puissance $a^{\frac{m}{n}} = \sqrt[n]{a^m}$ est définie aussi pour $a < 0$.

Attention !

Pour $a < 0$ et n pair, la puissance $a^{\frac{1}{n}}$ n'est pas définie dans $\mathbb{R}$.

Solution et réponses

a) Faux. Par définition, $(-2)^4 = (-2) \times (-2) \times (-2) \times (-2) = 16$ tandis que $-2^4 = -(2 \times 2 \times 2 \times 2) = -16$

ATTENTION

Il importe de faire la distinction entre la puissance d'un nombre négatif $(-2)^4$ et l'expression -2^4, où la puissance d'un nombre positif est précédée du signe (–).

b) Vrai. Le produit d'un nombre impair de facteurs négatifs étant négatif, on a $(-3)^5 = (-3) \times (-3) \times (-3) \times (-3) \times (-3) = -243$ et

$$-3^5 = -(3 \times 3 \times 3 \times 3 \times 3) = -243$$

Remarque

La puissance à base **négative** d'un exposant impair est **négative**, et celle d'un exposant pair est **positive**.

c) Faux. Ni la puissance ni le radical ne sont définis dans $\mathbb{R}$.

ATTENTION

Le dénominateur de l'exposant est un nombre pair alors la puissance d'un nombre négatif n'est pas définie dans $\mathbb{R}$.

d) Vrai. On a

$$(-2)^{\frac{2}{3}} = \sqrt[3]{(-2)^2} = \sqrt[3]{4}$$

e) Faux. En effet:

$$\left(-\frac{1}{2}\right)^{-2} = \frac{1}{(-\frac{1}{2})^2} = \frac{1}{(-\frac{1}{2}) \times (-\frac{1}{2})} = \frac{1}{\frac{1}{4}} = 4$$

et

$$\left(\frac{1}{2}\right)^2 = \left(\frac{1}{2}\right) \times \left(\frac{1}{2}\right) = \frac{1}{4}$$

f) Faux.

On a $8^{-\frac{1}{3}} = \frac{1}{8^{\frac{1}{3}}} = \frac{1}{\sqrt[3]{8}} = \frac{1}{2}$ et $(-8)^{\frac{1}{3}} = \sqrt[3]{-8} = -2$.

Problème 22

En 2000, la population des villages A et B était respectivement 10 000 et 8 000 habitants. Depuis, le village A perd 3 % de ces habitants chaque année, et le village B en gagne 2 %. Les règles

$$A(i) = 10\,000\,(1 - 0{,}03)^{\,t} \text{ et } B(t) = 8\,000\,(\,1 + 0{,}02)^{\,t}$$

représentent donc les populations des deux villages après t années écoulées depuis l'an 2000.

a) Quelle était la population du village A en 2003 ? Faites le calcul de deux façons.

b) Combien d'années la population du village B est-elle restée inférieure à celle du village A ?

c) Quel modèle mathématique décrit cette situation ?

Solution

a) **Première façon :**

Chaque année, la population baisse de 3 %, alors au bout d'un an elle était :

$$10\,000 - 3\ \% \times 10\,000 = 10\,000 - 300 = 9\,700,$$

au bout de deux ans, elle était :

$$9\,700 - 3\ \% \times 9\,700 = 9\,409$$

et au bout de trois ans, elle était :

$$9\,409 - 3\ \% \times 9\,409 = 9\,126{,}73 \approx 9\,127.$$

Deuxième façon :

D'après la règle, au bout de trois ans ($t = 3$), la population du village A était :

$$A(3) = 10\,000\,(1 - 0{,}03)^3 = 10\,000\,(0{,}97)^3 = 10\,000 \times 0{,}912\,673$$
$$= 9\,126{,}73 \approx 9\,127.$$

b) En comparant les tables de valeurs des deux fonctions, on voit pendant quelle période la population du village B est restée inférieure à celle du village A.

T	0	1	2	3	4	5	6
$A(t)$	10 000	9 700	9 409	9 127	8 853	8 587	8 330
$B(t)$	**8 000**	**8 160**	**8 323**	**8 490**	**8 659**	8 833	9 009

Pendant quatre ans, la population du village B était inférieure à celle du village A.

c) Modèle de variation exponentielle.

Réponses

a) 9 127

b) Pendant quatre ans.

c) Modèle de variation exponentielle.

Pour travailler seul

Problème 23

La fonction f est définie par la règle suivante : $f(x) = \frac{1}{2} \times 4^x - 2$.

a) Quel modèle mathématique représente cette règle ?

b) Remplissez la table de valeurs de la fonction f et tracez ensuite son graphique cartésien.

x	-2	$-\frac{3}{2}$	-1	$-\frac{1}{2}$	0	$\frac{1}{2}$	1	$\frac{3}{2}$	2
$f(x)$									

2.2 LOIS DES EXPOSANTS

L'ESSENTIEL

- Le **produit** de puissances de même base : $a^n \times a^m = a^{n+m}$.
- Le **quotient** de puissances de même base : $\frac{a^n}{a^m} = a^{n-m} (a \neq 0)$.
- La **puissance d'un produit** : $(a \times b)^n = a^n \times b^n$.
- La **puissance d'un quotient** : $\left(\frac{a}{b}\right)^n = \frac{a^n}{b^n} (b \neq 0)$.
- La **puissance d'une puissance** : $(a^n)^m = a^{n \times m}$

Pour s'entraîner

Problème 24

Simplifiez l'expression

$$\left(\frac{\sqrt[4]{x^2}}{\sqrt[3]{xy}}(x\sqrt{y^5})^2 \div (y\sqrt{x})\right)^3$$

où x et y représentent des nombres strictement positifs.

Justifiez chaque étape de votre démarche en citant la loi ou la définition appliquée.

Solution et réponse

Voici une des démarches possibles.

$$\left(\frac{\sqrt[4]{x^2}}{\sqrt[3]{xy}}(x\sqrt{y^5})^2 \div (y\sqrt{x})\right)^3$$

$$= \left(\frac{x^{\frac{1}{2}}}{(xy)^{\frac{1}{3}}}\left(xy^{\frac{5}{2}}\right)^2 \div \left(yx^{\frac{1}{2}}\right)\right)^3$$ Définition de la puissance d'exposant fractionnaire

$$= \left(\frac{x^{\frac{1}{2}}}{x^{\frac{1}{3}}y^{\frac{1}{3}}}\left(x^2\left(y^{\frac{5}{2}}\right)^2\right) \div \left(yx^{\frac{1}{2}}\right)\right)^3$$ Loi : puissance d'un produit

$$= \left(\frac{x^{\frac{1}{2}}}{x^{\frac{1}{3}}y^{\frac{1}{3}}}(x^2y^5) \div \left(yx^{\frac{1}{2}}\right)\right)^3$$ Loi : puissance d'une puissance

$$= \left(\frac{x^{\frac{1}{2}}x^2y^5}{x^{\frac{1}{3}}y^{\frac{1}{3}}yx^{\frac{1}{2}}}\right)^3$$ Dans cette étape, aucune loi des exposants n'a été appliquée.

$$= \left(\frac{x^{\frac{5}{2}}y^5}{x^{\frac{5}{6}}y^{\frac{4}{3}}}\right)^3$$ Loi : produit de puissances de même base.

$$= \left(x^{\frac{5}{3}}y^{\frac{11}{3}}\right)^3$$ Loi : quotient de puissances de même base.

$$= \left(x^{\frac{5}{3}}\right)^3\left(y^{\frac{11}{3}}\right)^3$$ Loi : puissance d'un produit.

$$= x^5y^{11}$$ Loi : puissance d'une puissance.

Problème 25

Mettre en ordre croissant les valeurs des expressions suivantes.

$$2(9 \times 4)^{-\frac{1}{2}}; \quad \left(0{,}001 \times \frac{1}{27}\right)^{-\frac{1}{3}}; \quad \left(\frac{1}{8} \times \frac{27^{-1}}{3^0}\right)^{\frac{1}{3}};$$

$$\sqrt[4]{5\frac{1}{6} \times 0{,}0001}; \quad \frac{2\sqrt{12} - 3\sqrt{27} + 4\sqrt{3}}{2\sqrt{3}}$$

Solution

En appliquant les lois des exposants ou les définitions, selon le cas, on transforme chaque expression en sa forme la plus simple.

$$2(9 \times 4)^{-\frac{1}{2}} = 2 \times \frac{1}{(9 \times 4)^{\frac{1}{2}}} = 2 \times \frac{1}{9^{\frac{1}{2}} \times 4^{\frac{1}{2}}} = 2 \times \frac{1}{\sqrt{9} \times \sqrt{4}} = 2 \times \frac{1}{3 \times 2} = \mathbf{\frac{1}{3}}$$

$$\left(0{,}001 \times \frac{1}{27}\right)^{-\frac{1}{3}} = \frac{1}{(0{,}001 \times \frac{1}{27})^{\frac{1}{3}}} = \frac{1}{0{,}001^{\frac{1}{3}} \times \left(\frac{1}{27}\right)^{\frac{1}{3}}} = \frac{\sqrt[3]{27}}{\sqrt[3]{0{,}001}} = \frac{3}{0{,}1} = \mathbf{30}$$

$$\left(\frac{1}{8} \times \frac{27^{-1}}{3^0}\right)^{\frac{1}{3}} = \left(\frac{1}{2^3}\right)^{\frac{1}{3}}\left(\frac{(3^3)^{-1}}{1}\right)^{\frac{1}{3}} = \frac{1}{2} \times \frac{1}{3} = \mathbf{\frac{1}{6}}$$

$$\sqrt[4]{5\tfrac{1}{16} \times 0{,}0001} = \left(\frac{81}{16} \times 0{,}0001\right)^{\frac{1}{4}} = \left(\frac{3^4}{2^4} \times (0{,}1)^4\right)^{\frac{1}{4}} = \frac{3}{2} \times 0{,}1 = \mathbf{\frac{3}{20}}$$

$$\frac{2\sqrt{12} - 3\sqrt{27} + 4\sqrt{3}}{2\sqrt{3}} = \sqrt{4} - \frac{3}{2} \times 3 + 2 = 2 - \frac{9}{2} + 2 = -\mathbf{\frac{1}{2}}$$

Réponse

$$\frac{2\sqrt{12} - 3\sqrt{27} + 4\sqrt{3}}{2\sqrt{3}} < \sqrt[4]{5\tfrac{1}{16} \times 0{,}0001} < \left(\frac{1}{8} \times \frac{27^{-1}}{3^0}\right)^{\frac{1}{3}}$$

$$< 2(9 \times 4)^{-\frac{1}{2}} < \left(0{,}001 \times \frac{1}{27}\right)^{-\frac{1}{3}}$$

Pour travailler seul

Problème 26

Après chaque étape de la démarche ci-dessous, citez la loi ou la définition, selon le cas, qui justifie la transformation effectuée.

$$\left(\frac{3}{2}\right)^3 \sqrt[3]{\left(\frac{3^4}{2^4}\right)^{-\frac{1}{2}}\left(\frac{2}{3}\right)^7}$$

$$= \left(\frac{3}{2}\right)^3 \sqrt[3]{\left(\left(\frac{3}{2}\right)^4\right)^{-\frac{1}{2}}\left(\frac{2}{3}\right)^7}$$ ______________________________

$$= \left(\frac{3}{2}\right)^3 \sqrt[3]{\left(\frac{3}{2}\right)^{-2}\left(\frac{2}{3}\right)^7}$$ ______________________________

$$= \left(\frac{3}{2}\right)^3 \sqrt[3]{\left(\frac{2}{3}\right)^{2}\left(\frac{2}{3}\right)^7}$$ ______________________________

$$= \left(\frac{3}{2}\right)^3 \sqrt[3]{\left(\frac{2}{3}\right)^{9}}$$ ______________________________

$$= \left(\frac{3}{2}\right)^3 \left(\frac{2}{3}\right)^3$$ ______________________________

$$= \left(\frac{3}{2}\right)^3 \left(\frac{3}{2}\right)^{-3}$$ ______________________________

$= 1$ ______________________________

Problème 27

Si a représente un nombre réel supérieur à 1 et n, un entier non nul, laquelle des expressions suivantes est équivalente à $(a^{-3})^n$?

A) a^{-3+n} B) $\frac{1^n}{a^3}$ C) $\frac{1}{a^{3n}}$ D) $\sqrt[3]{a^n}$

2.3 POLYNÔMES, OPÉRATIONS SUR LES POLYNÔMES

L'ESSENTIEL

- On appelle **monôme** le produit d'un nombre et d'une ou de plusieurs variables affectées d'exposants entiers positifs*.
- Le nombre qui précède les variables est dit **coefficient,** et la somme des exposants des variables est dite **degré** du monôme**.
- Deux monômes composés des mêmes variables affectées respectivement des mêmes exposants sont **semblables.**
- Un **polynôme** est une expression formée de la somme de plusieurs monômes non semblables, appelés **termes.**
- On **additionne** deux ou plusieurs polynômes en regroupant les monômes semblables, puis en les additionnant entre eux.
- On **soustrait** un polynôme d'un autre en additionnant l'opposé du polynôme à soustraire.
- On **multiplie** deux polynômes en additionnant les produits des termes du premier polynôme par chaque terme du second polynôme.
- En **divisant** un polynôme à une seule variable, $P(x)$, par un autre polynôme à la même variable, $D(x)$, on obtient le quotient $Q(x)$, et le reste $R(x)$, qui est un polynôme de degré inférieur au degré du diviseur $D(x)$. La division s'arrête lorsque le degré du reste est inférieur au degré du diviseur.

  De façon générale, on a : $\dfrac{P(x)}{D(x)} = Q(x) + \dfrac{R(x)}{D(x)}$.
- Si le reste dans la division de deux polynômes $P(x)$ et $D(x)$ est nul, le diviseur $D(x)$, et le quotient $Q(x)$ sont des facteurs du polynôme $P(x)$. On a :

$$P(x) = Q(x) \times D(x).$$

- $x = a$ est le **zéro** d'un polynôme $P(x)$ si et seulement si $P(a) = 0$.
- Le binôme $x = a$ est un facteur du polynôme $P(x)$ si et seulement si $P(a) = 0$.

---

* $3x^2y$, $\sqrt{5}abc^2$, $\frac{3}{5}xz^3$ sont des monômes, car les exposants des variables sont tous entiers positifs.

$\frac{3x}{5z}$, $2\sqrt{x}$, $2x^{\frac{2}{3}}y$ ne sont pas des monômes, car les variables ne sont pas toutes affectées d'exposants entiers positifs.

** Le degré du monôme nul est indéterminé.

Pour s'entraîner

Problème 28

Pour chacun des monômes ci-dessous, déterminez le coefficient, l'exposant de x, l'exposant de y et le degré du monôme.

Monôme	Coefficient	Exposant de x	Exposant de y	Degré du monôme
$-2{,}5x^5y^2$				
x^2y				
$-\frac{2xy}{3}$				
$0{,}5$				
$\sqrt{2}awz$				

Solution et réponse

Monôme	Coefficient	Exposant de x	Exposant de y	Degré du monôme
$-2{,}5x^5y^2$	$-2{,}5$	5	2	7
x^2y	1	2	1	3
$-\frac{2xy}{3}$	$-\frac{2}{3}$	1	1	2
$0{,}5$	$0{,}5$	0	0	0
$\sqrt{2}awz$	$\sqrt{2}$	0	0	3

Problème 29

Parmi les monômes suivants, déterminez lesquels sont semblables.

A) $2x^2yz^3$

D) ax^2yz^3

B) $2a^2bc^3$

E) $2xy^2z^3$

C) yx^2z^3

Réponse A et C

Problème 30

Si A, B et C représentent les polynômes suivants, effectuez les opérations demandées.

$A = 2xy^2 + 3xy - x^2y \quad B = x^2y - 3xy + 2xy^2 + 3 \quad C = xy - 3x,$

a) $(A + B) - (2A - B)$

b) $A \times C$

c) $A - C^2$

Solution

a) $$(A + B) - (2A - B) = [(2xy^2 + 3xy - x^2y) + (x^2y - 3xy + 2xy^2 + 3)] - [2(2xy^2 + 3xy - x^2y) - (x^2y - 3xy + 2xy^2 + 3)]$$

$$= [\underbrace{2xy^2 + 2xy^2}_{4xy^2} \underbrace{+3xy - 3xy}_{0} \underbrace{-x^2y + x^2y}_{0} + 3] - [(4xy^2 + 6xy - 2x^2y) - (x^2y - 3xy + 2xy^2 + 3)]$$

$$= [4xy^2 + 3] - [(4xy^2 + 6xy - 2x^2y) + (-x^2y + 3xy - 2xy^2 - 3)]$$

$$= [4xy^2 + 3] - [\underbrace{4xy^2 - 2xy^2}_{2xy^2} \underbrace{+6xy + 3xy}_{9xy} \underbrace{-2x^2y - x^2y}_{-3x^2y} - 3]$$

$$= [4xy^2 + 3] - [2xy^2 + 9xy - 3x^2y - 3]$$

$$= [4xy^2 + 3] + [-2xy^2 - 9xy + 3x^2y + 3]$$

$$= \underbrace{4xy^2 - 2xy^2}_{2xy^2} \underbrace{+3 + 3}_{6} - 9xy + 3x^2y = 2xy^2 + 6 - 9xy + 3x^2y$$

$$= 3x^2y + 2xy^2 - 9xy + 6.$$

b) $$A \times C = (2xy^2 + 3xy - x^2y) \times (xy - 3x)$$

$$= (2xy^2) \times (xy) + (2xy^2) \times (-3x) + (3xy) \times (xy) + (3xy) \times (-3x) + (-x^2y) \times (xy) + (-x^2y) \times (-3x)$$

$$= 2x^2y^3 \underbrace{-6x^2y^2 + 3x^2y^2}_{-3x^2y^2} - 9x^2y - x^3y^2 + 3x^3y$$

$$= 2x^2y^3 - 3x^2y^2 - 9x^2y - x^3y^2 + 3x^3y.$$

c) $$\begin{aligned}
\mathrm{A} - \mathrm{C}^2 &= (2xy^2 + 3xy - x^2y) - (xy - 3x)^2 \\
&= (2xy^2 + 3xy - x^2y) - (xy - 3x) \times (xy - 3x) \\
&= (2xy^2 + 3xy - x^2y) - [(xy) \times (xy) + (xy) \times (-3x) \\
&\quad + (-3x) \times (xy) \ + (-3x) \times (-3x)] \\
&= (2xy^2 + 3xy - x^2y) - (x^2y^2 \underbrace{- 3x^2y - 3x^2y}_{-6x^2y} + 9x^2) \\
&= (2xy^2 + 3xy - x^2y) - (x^2y^2 - 6x^2y + 9x^2) \\
&= (2xy^2 + 3xy - x^2y) + (-x^2y^2 + 6x^2y - 9x^2) \\
&= 2xy^2 + 3xy \underbrace{- x^2y + 6x^2y}_{5x^2y} - x^2y^2 - 9x^2 \\
&= 2xy^2 + 3xy + 5x^2y - x^2y^2 - 9x^2.
\end{aligned}$$

Réponses

a) $3x^2y + 2xy^2 - 9xy + 6$

b) $2x^2y^3 - 3x^2y^2 - 9x^2y - x^3y^2 + 3x^3y$

c) $2xy^2 + 3xy + 5x^2y - x^2y^2 - 9x^2$

Problème 31

D'après les données contenues dans les figures ci-dessous, trouvez le polynôme qui représente l'aire $A(x)$, le périmètre $P(x)$ ou le côté manquant $C(x)$, selon le cas.

a)

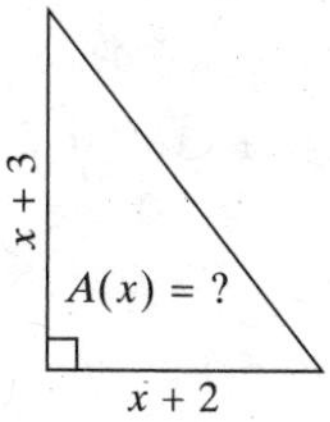

c)

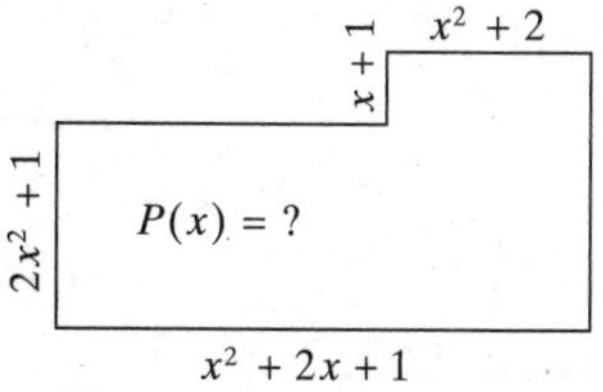

b)

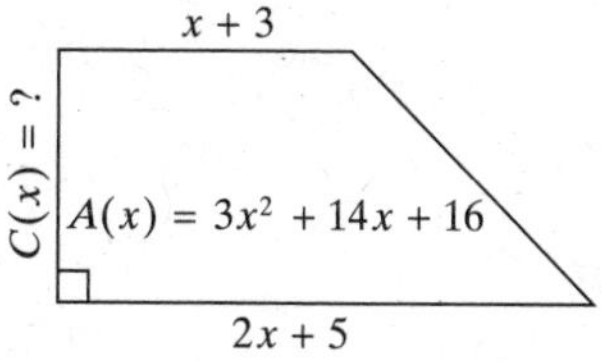

Solution

a) On calcule l'aire d'un triangle selon la formule $A = \dfrac{b \times h}{2}$.

Ici, $b = x + 2$ et $h = x + 3$. Ainsi,

$$A(x) = \frac{(x+2)\times(x+3)}{2} = \frac{(x^2 + 3x + 2x + 6)}{2} = \frac{1}{2}x^2 + \frac{5}{2}x + 3.$$

b) La formule pour l'aire du trapèze est $A = \dfrac{(B+b)\times h}{2}$.

Ici, $B = 2x + 5$, $b = x + 3$, $h = C(x)$ et $A = 3x^2 + 14x + 16$.

On obtient

$$3x^2 + 14x + 16 = \frac{[(2x+5)+(x+3)]\times C(x)}{2}.$$

D'où

$$C(x) = \frac{3x^2 + 14x + 16}{\frac{1}{2}(3x+8)} = \frac{6x^2 + 28x + 32}{3x + 8}.$$

On effectue la division

$$\begin{array}{rl|l} - & 6x^2 + 28x + 32 & 3x + 8 \\ \cline{3-3} & \underline{6x^2 + 16x} & 2x + 4 \\ - & 12x + 32 & \\ & \underline{12x + 32} & \\ & 0 & \end{array}$$

Le reste étant nul, on trouve

$$C(x) = 2x + 4.$$

c) Le périmètre de cette figure est la somme de six côtés

$$P(x) = (x^2 + 2x + 1) + (2x^2 + 1) + A(x) + (x + 1) + (x^2 + 2) + B(x)$$

où $A(x) = (x^2 + 2x + 1) - (x^2 + 2) = 2x - 1$

et $B(x) = (2x^2 + 1) + (x + 1) = 2x^2 + x + 2$.

On trouve alors

$$P(x) = 6x^2 + 6x + 6.$$

Réponses

a) $A(x) = \frac{1}{2}x^2 + \frac{5}{2}x + 3$

b) $C(x) = 2x + 4$

c) $P(x) = 6x^2 + 6x + 6$

Problème 32

Soit le polynôme

$$P(x) = 5x^2 - 35x + 6.$$

a) Vérifiez que 2 est le zéro de ce polynôme.

b) Effectuez la division du polynôme $P(x)$ par le binôme $x - 2$.

c) Déduisez la forme factorielle de $P(x)$.

Solution

a) Comme $P(2) = 5(2)^2 - 35(2) + 50 = 0$, alors 2 est le zéro du polynôme $P(x)$.

b) On divise le polynôme $P(x)$ par le binôme $(x - 2)$.

$$\begin{array}{rrl|l} - & 5x^2 - 35x + 50 & & x - 2 \\ & \underline{5x^2 - 10x} & & 5x - 25 \\ - & -25x + 50 & & \\ & \underline{-25x + 50} & & \\ & 0 & & \end{array}$$

c) Le reste $R(x)$ étant nul, le diviseur et le quotient sont des facteurs du polynôme $P(x)$. On obtient alors

$$5x^2 - 35x + 50 = (5x - 25)(x - 2).$$

Réponses

a) $P(2) = 0$. Le nombre 2 est donc le zéro de $P(x)$.

b) $(5x^2 - 35x + 50) \div (x - 2) = 5x - 25$.

c) $5x^2 - 35x + 50 = (5x - 25)(x - 2)$.

Pour travailler seul

Problème 33

Vrai ou faux ?

a) Dans la liste des expressions ci-dessous, il n'y a que des monômes.

$$2x^2y\,; \quad 2x^2yz \times 3axz\,; \quad 2\,; \quad \sqrt{2}xz$$

b) $2x^2 + \sqrt{2x}$ est un binôme.

c) Le coefficient du monôme $-xyz$ est négatif.

d) $2xy^{-2}$ est un monôme.

e) $(2x + 4x)$ est un binôme.

f) $(2x + 4y)^2$ est un binôme.

Problème 34

Trouvez l'intrus dans la liste des monômes ci-dessous.

$$3x^2y^3;\quad -y^3x^2;\quad -2{,}58x^3y^2;\quad \frac{3x^2y^3}{28};\quad \pi y^3x^2$$

Problème 35

Soit $A = -\frac{2}{3}xy$, $B = 3x + 2y$ et $C = \frac{1}{2}xy + 2x$. Calculez:

a) $A + B - C$

b) $A \times B + B \times C$

c) $A \times B \times C$

Problème 36

En vous référant aux descriptions indiquées dans les figures ci-dessous, trouvez l'aire, le périmètre ou le côté du quadrilatère, selon le cas.

a)

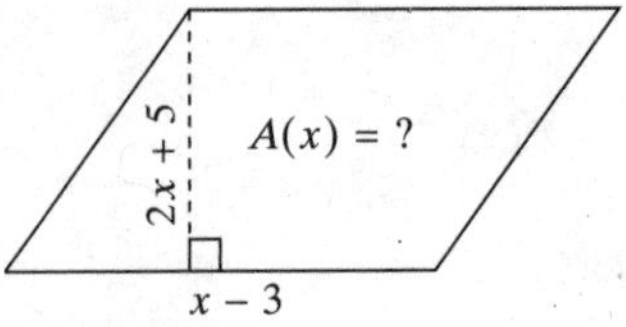

c)

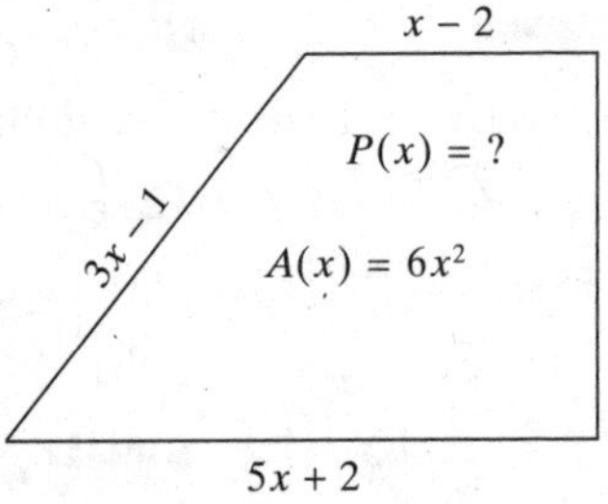

b)

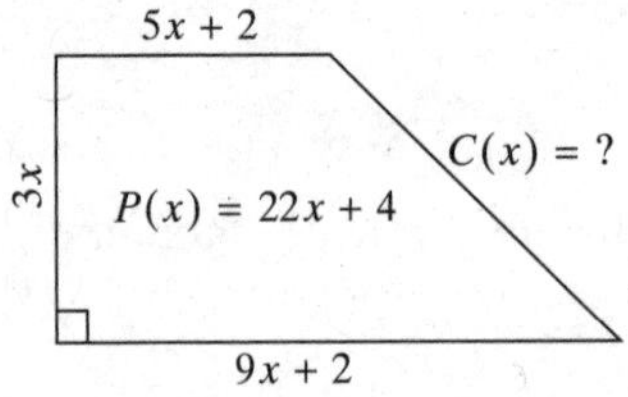

d)

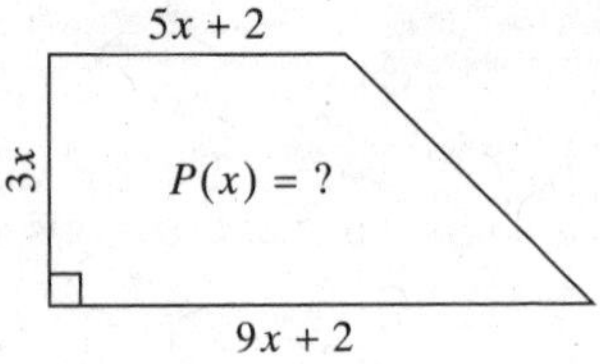

2.4 DÉCOMPOSITION D'UN POLYNÔME EN FACTEURS

L'ESSENTIEL

- Décomposer un polynôme signifie écrire ce polynôme sous la forme d'un produit d'au moins deux polynômes.
- Pour décomposer un polynôme par **simple mise en évidence**, il faut déterminer le plus grand facteur commun aux termes de ce polynôme, le placer devant une parenthèse dans l'intérieure de laquelle on écrit le résultat de la division du polynôme par ce facteur.
- Pour décomposer un polynôme par **double mise en évidence**, il faut regrouper les termes ayant un facteur commun, effectuer la simple mise en évidence dans chaque groupe et mettre en évidence le facteur qui se répète dans chaque groupe.
- Pour décomposer en facteurs un binôme qui est une **différence de carrés**, il faut identifier les deux bases des carrés et écrire ce binôme sous forme du produit de la somme et de la différence des bases.
- Pour décomposer en facteurs un trinôme quadratique

  $$ax^2 + bx + c$$

  par **double mise en évidence**, il faut :

  1. trouver deux nombres m et n tels que

     $$m + n = b \text{ et } m \times n = a \times c;$$

  2. écrire le trinôme sous forme $ax^2 + mx + nx + c$
  3. effectuer la double mise en évidence*

- Pour décomposer en facteurs un trinôme quadratique

  $$ax^2 + bx + c$$

  par la méthode de la **complétion de carré**, il faut :

  1. mettre en évidence la coefficient a

     $$a\left[x^2 + \tfrac{b}{a}x + \tfrac{c}{a}\right]$$

  2. ajouter et retrancher $\left(\dfrac{b}{2a}\right)^2$

     $$a\left[x^2 + \tfrac{b}{a}x + \left(\tfrac{b}{2a}\right)^2 - \left(\tfrac{b}{2a}\right)^2 + \tfrac{c}{a}\right]$$

---

* La même méthode est utilisée pour décomposer en facteurs les trinômes de la forme

$$ax^{2k} + bx^k + c \text{ et } ax^{2k} + bx^ky^l + cy^{2l}$$

3. former une différence des carrés et la factoriser

$$a\left[\left(x+\frac{b}{2a}\right)^2-\frac{b^2-4ac}{4a^2}\right]=a\left[\left(x+\frac{b}{2a}\right)-\frac{\sqrt{b^2-4ac}}{2a}\right]\times\left[\left(x+\frac{b}{2a}\right)+\frac{\sqrt{b^2-4ac}}{2a}\right]$$

Pour s'entraîner

Problème 37

Décomposez en facteurs les polynômes suivants.

a) $4a^3b^3y^2 - 6ay^4 + 12a^3b^2y^3$

b) $12a^3x + 18a^3y + 8ab^3x + 12ab^3y - 20ax - 30ay$

Solution

Conseil

Vérifiez toujours en premier s'il existe un facteur commun à tous les termes du polynôme.

a) On cherche le facteur commun à tous les termes du polynôme.

Le facteur commun aux coefficients 4, 6 et 12 est **2**.

Le facteur commun de a^2, a et a^3 est $\boldsymbol{a}$.

Le facteur commun de y^2, y^4 et y^3 est $\boldsymbol{y^2}$.

Le facteur commun aux termes du polynôme est $\boldsymbol{2ay^2}$.

On obtient donc

$$\begin{aligned}4a^3b^3y^2 - 6ay^4 + 12a^3b^2y^3 &= 2ay^2\left(\frac{4a^2b^3y^2}{2ay^2} - \frac{6ay^4}{2ay^2} + \frac{12a^3b^2y^3}{2ay^2}\right)\\ &= 2ay^2(2ab^3 - 3y^2 + 6a^2b^2y)\end{aligned}$$

b) On cherche le facteur commun à tous les termes du polynôme.

Le facteur commun aux coefficients 12, 18, 8, 12, 20 et 30 est **2**.

Le facteur commun de la variable a est $\boldsymbol{a}$.

Le facteur commun de la variable x n'existe pas.

Le facteur commun de la variable y n'existe pas.

Le facteur commun de la variable b n'existe pas.

Le facteur commun aux termes du polynôme est $\boldsymbol{2a}$.

On obtient donc

$$\begin{aligned}&12a^3x + 18a^3y + 8ab^3x + 12ab^3y - 20ax - 30ay\\ &= 2a\left(\frac{12a^3x}{2a} + \frac{18a^3y}{2a} + \frac{8ab^3x}{2a} + \frac{12ab^3y}{2a} - \frac{20ax}{2a} - \frac{30ay}{2a}\right)\\ &= 2a(6a^2x + 9a^2y + 4b^3x + 6b^3y - 10x - 15y.\end{aligned}$$

Le polynôme entre parenthèses peut être décomposé par la double mise en évidence.

$$\begin{aligned}&2a\left(\underbrace{6a^2x + 9a^2y}\underbrace{+ 4b^3x + 6b^3y}\underbrace{- 10x - 15y}\right)\\ &= 2a\left[3a^2\left(\frac{6a^2x}{3a^2} + \frac{9a^2y}{3a^2}\right) + 2b^3\left(\frac{4b^3x}{2b^3} + \frac{6b^3y}{2b^3}\right) - 5\left(\frac{-10x}{-5} - \frac{15y}{-5}\right)\right]\\ &= 2a\ [3a^2(2x + 3y) + 2b^3(2x + 3y) - 5(2x + 3y)]\\ &= 2a(2x + 3y)\left[\frac{3a^2(2x + 3y)}{(2x + 3y)} + \frac{2b^3(2x + 3y)}{(2x + 3y)} - \frac{5(2x + 3y)}{(2x + 3y)}\right]\\ &= 2a(2x + 3y)(3a^2 + 2b^3 - 5).\end{aligned}$$

Remarques

1. La double mise en évidence s'applique seulement aux polynômes qui ont un nombre pair de termes.
2. Il est possible de former deux, trois ou plusieurs groupes de termes.
3. Chaque groupe doit contenir le même nombre de termes.

Réponses

a) $2ay^2(2ab^3 - 3y^2 + 6a^2b^2y)$

b) $2a(2x + 3y)(3a^2 + 2b^3 - 5)$

Problème 38

Corrigez les erreurs de factorisations figurant ci-dessous.

a) $2x^3yz^2 + 4x^2y^3z^3 - 8xy^5z^4 = 2xyz(x^2z + 2xy^2z^2 - 4xy^4z^3)$

b) $2x^3yz^2 + x^2y^3z^3 - 8xy^5z^4 = 2xyz^2(x^2 + xy^2z - 4y^4z^2)$

c) $-2x^3yz^2 + 4x^2y^3z^3 - 8xy^5z^4 = -2xyz^2(x^2 + 2xy^2z - 4y^4z^2)$

d) $4a^2 + 2ab^2 - 4ab + 2b^3 = 2(2a^2 + ab^2 - 2ab + b^3)$
$= 2[(2a^2 + ab^2) - (2ab + b^3)] = 2[a(2a + b) - b(2a + b)]$
$= 2(2a + b)(a - b)$

Solution et réponses

a) Le plus grand facteur commun étant $2xyz^2$, on obtient

$$2x^3yz^2 + 4x^2y^3z^3 - 8xy^5z^4 = 2xyz^2(x^2 + 2xy^2z - 4xy^4z^2).$$

b) Il n'y a pas de facteurs communs aux coefficients, et le plus grand facteur commun aux termes du polynôme est xyz^2, alors :

$$2x^3yz^2 + x^2y^3z^3 - 8xy^5z^4 = xyz^2(2x^2 + xy^2z - 8y^4z^2).$$

c) Le monôme $-2xyz^2$ est le plus grand facteur commun aux termes du polynôme, mais il y a une erreur à l'intérieur des parenthèses.

$$-2x^3yz^2 + 4x^2y^3z^3 - 8xy^5z^4$$
$$= -2xyz^2\left(\frac{-2x^3yz^2}{-2xyz^2} + \frac{4x^2y^3z^3}{-2xyz^2} - \frac{8xy^5z^4}{-2xyz^2}\right)$$
$$= -2xyz^2(x^2 - 2xy^2z + 4y^4z^2).$$

d) La première étape de la factorisation, soit la simple mise en évidence, est correcte. En revanche, une erreur s'est glissée lors du regroupement par deux des termes ayant un facteur commun.

On a donc

$$4a^2 + 2ab^2 - 4ab + 2b^3 = 2(2a^2 + ab^2 - 2ab + b^3),$$

et le polynôme se trouvant entre parenthèses est indécomposable.

ATTENTION

Quand on met en évidence le facteur –1, les signes de chacun des termes du polynôme changent.

$$-x + y = -x - (-y) = -(x - y)$$

Problème 39

Appliquez la décomposition de différence de carrés pour factoriser les polynômes suivants.

a) $2x^2y^6 - \frac{1}{8}y^2$

b) $\dfrac{x^4}{16} - 16z^4$

c) $(x + a)^2 - 1$

d) $81x^6 - 9x^4$

Solution

a) **Conseil**

La première tentative de factorisation est toujours la simple mise en évidence.

$$2x^2y^6 - \frac{1}{8}y^2 = 2y^2\left(x^2y^4 - \frac{1}{16}\right)$$

Le binôme entre parenthèses est une différence des carrées.

$$x^2y^4 - \frac{1}{16} = \left(xy^2 - \frac{1}{4}\right)\left(xy^2 + \frac{1}{4}\right)$$

On a donc

$$2x^2y^6 - \frac{1}{8} = 2y^2\left(xy^2 - \frac{1}{4}\right)\left(xy^2 + \frac{1}{4}\right)$$

b) Ce binôme est une différence de carrés. On a donc

$$\frac{x^4}{16} - 16z^4 = \left(\frac{x^2}{4}\right)^2 - (4z^2)^2 = \left(\frac{x^2}{4} + 4z^2\right)\left(\frac{x^2}{4} - 4z^2\right)$$

Le deuxième facteur étant une différence de carrés, il peut être décomposé à son tour en facteurs.

$$\frac{x^2}{4} - 4z^2 = \left(\frac{x}{2}\right)^2 - (2z)^2 = \left(\frac{x}{2} + 2z\right)\left(\frac{x}{2} - 2z\right)$$

Ainsi,

$$\frac{x^4}{16} - 16z^4 = \left(\frac{x^2}{4} + 4z^2\right)\left(\frac{x}{2} + 2z\right)\left(\frac{x}{2} - 2z\right)$$

! ATTENTION

La somme de carrés est indécomposable.

Seule la différence de carrés peut être décomposée en facteurs.

c) Ici, on a

$$(x+a)^2 - 1 = (x+a)^2 - 1^2 = [(x+a)+1][(x+a)-1]$$
$$= (x+a+1)(x+a-1).$$

Remarque

Les bases des carrés peuvent être des nombres, des variables, des monômes, des binômes, etc.

d) $81x^6 - 9x^4 = 9x^4(x^2 - 1) = 9x^4(x-1)(x+1)$

Réponses

a) $2y^2\left(xy^2 - \dfrac{1}{4}\right)\left(xy^2 + \dfrac{1}{4}\right)$

b) $\left(\dfrac{x^2}{4} + 4z^2\right)\left(\dfrac{x}{2} + 2z\right)\left(\dfrac{x}{2} - 2z\right)$

c) $(x + a + 1)(x + a - 1)$

d) $9x^4(x - 1)(x + 1)$

Problème 40

Décomposez en facteurs les trinômes suivants.

a) $x^2 + 6x + 8$

b) $16x^2 - 56x + 49$

c) $16x^4 - 8x^2y + y^2$

Solution

a) $a = 1, b = 6, c = 8$

La somme $m + n = 6$ et le produit $m \times n = 8$.

On trouve alors $m = 2$ et $n = 4$, et

$$x^2 + 6x + 8 = x^2 + 2x + 4x + 8 = x(x + 2) + 4(x + 2) = (x + 2)(x + 4).$$

Remarque

Si le coefficient $a = 1$, on peut écrire directement la forme factorielle du trinôme :

$$x^2 + bx + c = (x + m)(x + n).$$

b) $a = 16, b = -56$ et $c = 49$

La somme $m + n = -56$ et le produit $m \times n = 16 \times 49 = 784$

On a aussi $a = 4^2$, $c = 7^2$ et $b = -2 \times 4 \times 7$.

Ce trinôme est donc un carré parfait. On a alors

$$16x^2 - 56x + 49 = (4x)^2 - 2 \times 4x \times 7 + 7^2 = (4x - 7)^2$$

Remarque

La forme factorielle du trinôme $ax^2 + bx + c$, qui est un trinôme carré parfait, est :

$(\sqrt{a}x + \sqrt{c})^2$ si b est positif ou $(\sqrt{a}x - \sqrt{c})^2$ si b est négatif.

c) Ici, on a un trinôme de la forme

$$ax^{2k} + bx^k y + c\,y^2$$

On peut donc factoriser ce trinôme par double mise en évidence.

La somme $m + n = -8$ et le produit $m \times n = 16$, on trouve

$$m = -4 \text{ et } n = -4$$

et

$$\begin{aligned}16x^4 - 8x^2y + y^2 &= 16x^4 - 4x^2y - 4x^2y + y^2 = 4x^2(4x^2 - y) - y(4x^2 - y)\\ &= (4x^2 - y)(4x^2 - y) = (4x^2 - y)^2.\end{aligned}$$

Remarque

Ce trinôme est un trinôme carré parfait. En fait, on a :

$$a = 4^2 \text{ et } c = 1^2 \text{ et } b = -2 \times 4 \times 1.$$

On obtient alors

$$16x^4 - 8x^2y + y^2 = (4x^2)^2 - 2 \times 4x^2 \times y + y^2 = (4x^2 - y)^2.$$

Réponses

a) $(x + 2)(x + 4)$

b) $(4x - 7)^2$

c) $(4x^2 - y)^2$

Problème 41

Avec la méthode de complétion de carré, décomposez en facteurs les trinômes suivants.

a) $4\,x^2 + 16x + 12$

b) $4x^2 - 12x - 16$

c) $9x^6 - 3x^3 - 2$

Solution

a) $4x^2 + 16x + 12$

$= 4(x^2 + 4x + 3)$ on met $a = 4$ en évidence

$= 4(x^2 + 4x + 2^2 - 2^2 + 3)$ on ajoute et retranche $\left(\frac{b}{2a}\right)^2 = \left(\frac{16}{2 \times 4}\right)^2 = 2^2$

$= 4[(x + 2)^2 - 1^2]$ on forme la différence de carrés

$= 4(x + 2 + 1)(x + 2 - 1)$ on factorise la différence de carrés

$= 4(x + 3)(x + 1)$

b) $4x^2 - 12x - 16$

$= 4(x^2 - 3x - 4)$ on met $a = 4$ en évidence

$= 4\left[x^2 - 3x + \left(-\frac{3}{2}\right)^2 - \left(-\frac{3}{2}\right)^2 - 4\right]$ on ajoute et retranche $\left(\frac{b}{2a}\right)^2 = \left(\frac{-12}{2 \times 4}\right)^2 = \left(-\frac{3}{2}\right)^2$

$= 4\left[\left(x - \frac{3}{2}\right)^2 - \frac{25}{4}\right]$ on forme la différence de carrés

$= 4\left(x - \frac{3}{2} + \frac{5}{2}\right)\left(x - \frac{3}{2} - \frac{5}{2}\right)$ on factorise la différence de carrés

$= 4(x + 1)(x - 4)$ on réduit

c) $9x^6 - 3x^3 - 2 = 9\left(x^6 - \frac{1}{3}x^3 - \frac{2}{9}\right)$

$= 9\left[x^6 - \frac{1}{3}x^3 + \left(-\frac{1}{6}\right) - \left(-\frac{1}{6}\right)^2 - \frac{2}{9}\right]$

$= 9\left[\left(x^3 - \frac{1}{6}\right)^2 - \frac{1}{4}\right] = 9\left(x^3 - \frac{1}{6} - \frac{1}{2}\right)\left(x^3 - \frac{1}{6} - \frac{1}{2}\right)$

$= 9\left(x^3 - \frac{2}{3}\right)\left(x^3 + \frac{1}{3}\right)$

Réponses

a) $4(x + 3)(x + 1)$

b) $4(x + 1)(x - 4)$

c) $9\left(x^3 - \frac{2}{3}\right)\left(x^3 + \frac{1}{3}\right)$

Pour travailler seul

Problème 42

Décomposez en facteurs les polynômes suivants.

a) $2a(b - 3x) - b + 3x - (b - x)(3x - b)$

b) $x - 3a^2bx + 2ab - 6a^3b^2$

Problème 43

Décomposez en facteurs.

a) $x^2 - xy^2$

b) $-81x^6 + 25y^8z^4$

c) $(x - 1)^2 - 4$

Problème 44

Décomposez en facteurs les trinômes suivants.

a) $-2a^2 + 7a - 6$

b) $y^8 - 8y^4 - 128$

c) $a^2 - 51ab + 50b^2$

Problème 45

Associez sa forme factorielle à chaque trinôme.

a) $x^2 + 12x + 35$	A) $(x - 5)(x - 7)$
b) $x^2 - 12x + 35$	B) $(x + 5)(x + 7)$
c) $x^2 + 2x - 35$	C) $(x + 5)(x - 7)$
d) $x^2 - 2x - 35$	D) $(x - 5)(x + 7)$

Problème 46

En appliquant la complétion de carré, démontrez que le trinôme

$$x^2 - 2x + 5$$

n'est pas factorisable.

Problème 47

Décomposez en facteurs les polynômes suivants par la méthode de votre choix.

a) $-7x^2 + 23x - 6$

b) $(2x^2 - 21)^2 - x^2$

c) $4x^2 - 16x + 8$

2.5 OPÉRATIONS SUR LES FRACTIONS RATIONNELLES

L'ESSENTIEL

- On appelle **fraction rationnelle** une expression algébrique de la forme $\frac{P}{Q}$, où P est est un polynôme et où Q est un polynôme non nul.
- Une fraction rationnelle est définie pour les valeurs qui n'annulent pas le dénominateur.
- Pour simplifier une fraction rationnelle, il faut diviser le numérateur et le dénominateur par un même facteur.
- Pour additionner des fractions rationnelles, il faut :
  1. réduire, s'il y a lieu, les fractions par simplification des facteurs communs ;
  2. trouver le dénominateur commun ;
  3. transformer chaque fraction en fraction équivalente dont le nouveau dénominateur est le dénominateur commun ;
  4. additionner les numérateurs ;
  5. réduire, s'il y a lieu, le résultat en simplifiant les facteurs communs.
- Pour multiplier des fractions rationnelles, il faut :
  1. simplifier les facteurs communs, s'il y a lieu ;
  2. multiplier des numérateurs entre eux et les dénominateurs entre eux.

$$\frac{P(x)}{Q(x)} \times \frac{R(x)}{S(x)} = \frac{P(x) \times R(x)}{Q(x) \times S(x)}$$

- La division de fractions rationnelles s'effectue en transformant la division en multiplication par l'inverse du diviseur.

$$\frac{P(x)}{Q(x)} \div \frac{R(x)}{S(x)} = \frac{P(x)}{Q(x)} \times \frac{S(x)}{R(x)}$$

Pour s'entraîner

Problème 48

Après avoir déterminé les restrictions à imposer aux variables, simplifiez les fractions rationnelles suivantes.

a) $\dfrac{8x^3 - 32x}{6x^5 - 96x}$ b) $\dfrac{9xy^2 + 9xy + 3y + 3}{6x^3y^2 + 2y^2x - 6x^3 - 2x}$

Solution

a) $\dfrac{8x^3 - 32x}{6x^5 - 96x}$

En décomposant en facteurs le numérateur et le dénominateur, on obtient:

$$\frac{8x^3 - 32x}{6x^5 - 96x} = \frac{8x(x^2 - 4)}{6x(x^4 - 16)} = \frac{8x(x + 2)(x - 2)}{6x(x^2 + 4)(x^2 - 4)}$$
$$= \frac{8x(x + 2)(x - 2)}{6x(x^2 + 4)(x + 2)(x - 2)}$$

Si $x \neq 0$, $x \neq -2$ et $x \neq 2$, alors $6x^5 - 96x \neq 0$ et

$$\frac{8x^3 - 32x}{6x^5 - 96x} = \frac{8x(x + 2)(x - 2)}{6x(x^2 + 4)(x + 2)(x - 2)} = \frac{4}{3(x^2 + 4)}.$$

b) $\dfrac{9xy^2 + 9xy + 3y + 3}{6x^3y^2 + 2y^2x - 6x^3 - 2x} = \dfrac{3(3xy + 1)(y + 1)}{2x(3x^2 + 1)(y + 1)(y - 1)}$

Si $x \neq 0$, $y \neq -1$ et $y \neq 1$, alors le dénominateur de cette fraction rationnelle est différent de 0 et

$$\frac{9xy^2 + 9xy + 3y + 3}{6x^3y^2 + 2y^2x - 6x^3 - 2x} = \frac{3(3xy + 1)(y + 1)}{2x(3x^2 + 1)(y + 1)(y - 1)}$$
$$= \frac{3(3xy + 1)}{2x(3x^2 + 1)(y - 1)}$$

Réponses

a) $\dfrac{8x^3 - 31x}{6x^5 - 96x} = \dfrac{4}{3(x^2 + 4)}$, à condition que $x \neq 0$, $x \neq -2$ et $x \neq 2$.

b) $\dfrac{9xy^2 + 9xy + 3y + 3}{6x^3y^2 + 2y^2x - 6x^3 - 2x} = \dfrac{3(3xy + 1)}{2x(3x^2 + 1)(y - 1)}$, à condition que $x \neq 0$, $y \neq -1$ et $y \neq 1$.

Problème 49

Effectuez les opérations suivantes et indiquez les restrictions à imposer aux variables. Écrivez le résultat sous sa forme la plus simple.

a) $\dfrac{2x}{x^2 - 3x} + \dfrac{1}{3x + 2}$

b) $\dfrac{1}{2x - 1} + \dfrac{2}{2x + 1} + \dfrac{4}{1 - 4x^2}$

c) $\dfrac{2}{4a^2 + 8a + 3} - \dfrac{a}{2a^2 + a - 3} + \dfrac{1}{2a^2 - a - 1}$

Solution

a) $\dfrac{2x}{x^2 - 3x} + \dfrac{1}{3x + 2}$

Si $x^2 - 3x \neq 0$ et $3x + 2 \neq 0$, c'est-à-dire si $x \neq 0$, $x \neq 3$ et $x \neq -\dfrac{2}{3}$, alors

$$\frac{2x}{x^2 - 3x} + \frac{1}{3x + 2}$$

$$= \frac{2x}{x(x - 3)} + \frac{1}{3x + 2} = \frac{2}{x - 3} + \frac{1}{3x + 2}$$ (on réduit la première fraction)

$$= \frac{2x}{x - 3} \times \frac{3x + 2}{3x + 2} + \frac{1}{3x + 2} \times \frac{x - 3}{x - 3}$$
$$= \frac{6x + 4}{(x - 3)(3x + 2)} + \frac{x - 3}{(x - 3)(3x + 2)}$$

(on transforme chacune des fractions en fraction équivalente dont le dénominateur est le dénominateur commun, soit $(x - 3)(3x + 2)$)

$$= \frac{(6x + 4) + (x - 3)}{(x - 3)(3x + 2)} = \frac{7x + 1}{(x - 3)(3x + 2)}$$ (on additionne les fractions)

Remarque

Le dénominateur commun de deux fractions

$$\frac{P(x)}{Q(x)} \text{ et } \frac{R(x)}{S(x)}$$

dont les dénominateurs $Q(x)$ et $S(x)$ n'ont pas de facteurs communs est le produit $Q(x) \times S(x)$.

b) $\dfrac{1}{2x - 1} + \dfrac{1}{2x + 1} + \dfrac{4x}{1 - 4x^2}$

Si $2x - 1 \neq 0$, $2x + 1 \neq 0$ et $1 - 4x^2 \neq 0$, c'est-à-dire si $x \neq \frac{1}{2}$ et $x \neq -\frac{1}{2}$, alors

$$\frac{1}{2x-1} + \frac{1}{2x+1} + \frac{4x}{1-4x^2}$$

$$= \frac{1}{2x-1} + \frac{1}{2x+1} + \frac{4x}{(1-2x)(1+2x)}$$

(on ne peut effectuer aucune réduction)

$$= \frac{-1}{1-2x} + \frac{1}{1+2x} + \frac{4x}{(1-2x)(1+2x)}$$

(le plus petit dénominateur commun est $(1-2x)(1+2x)$)

$$= \frac{-1}{1-2x} \times \frac{1+2x}{1+2x} + \frac{1}{1+2x} \times \frac{1-2x}{1-2x} + \frac{4x}{(1-2x)(1+2x)}$$

(on transforme chacune des fractions en fraction équivalente dont le dénominateur est le dénominateur commun, soit $(1-2x)(1+2x)$)

$$= \frac{-1-2x}{(1-2x)(1+2x)} + \frac{1-2x}{(1-2x)(1+2x)} + \frac{4x}{(1-2x)(1+2x)}$$

$$= \frac{(-1-2x) + (1-2x) + 4x}{(1-2x)(1+2x)}$$

(on additionne les fractions)

$$= \frac{0}{(1-2x)(1+2x)} = 0$$

Remarque

Le plus petit dénominateur commun de deux fractions

$$\frac{P(x)}{Q(x) \times T(x)} \text{ et } \frac{R(x)}{S(x) \times T(x)}$$

dont les dénominateurs ont un facteur commun $T(x)$ est

$$Q(x) \times S(x) \times T(x).$$

L'addition de ces deux fractions rationnelles s'effectue ainsi :

$$\frac{P(x)}{Q(x) \times T(x)} + \frac{R(x)}{S(x) \times T(x)}$$

$$= \frac{P(x)}{Q(x) \times T(x)} \times \frac{S(x)}{S(x)} + \frac{R(x)}{S(x) \times T(x)} \times \frac{Q(x)}{Q(x)}$$

$$= \frac{P(x) \times S(x) + R(x) \times Q(x)}{Q(x) \times S(x) \times T(x)}.$$

c) $\dfrac{2}{4a^2+8a+3}-\dfrac{a}{2a^2+a-3}+\dfrac{1}{2a^2-a-1}$

$=\dfrac{2}{(2a+1)(2a+3)}-\dfrac{a}{(2a+3)(a-1)}+\dfrac{1}{(2a+1)(a-1)}$

Si $(2a+1)(2a+3)\neq 0$, $(2a+3)(a-1)\neq 0$ et $(2a+1)(a-1)\neq 0$, c'est-à-dire si $a\neq-\dfrac{1}{2}$, $a\neq-\dfrac{3}{2}$ et $a\neq 1$, alors

$$\begin{aligned}
&\frac{2}{4a^2+8a+3}-\frac{a}{2a^2+a-3}+\frac{1}{2a^2-a-1}\\
&=\frac{2}{(2a+1)(2a+3)}\times\frac{a-1}{a-1}-\frac{a}{(2a+3)(a-1)}\times\frac{2a+1}{2a+1}\\
&\quad+\frac{1}{(2a+1)(a-1)}\times\frac{2a+3}{2a+3}\\
&=\frac{(2a-2)-(2a^2+a)+(2a+3)}{(2a+1)(2a+3)(a-1)}\\
&=\frac{2a-2-2a^2-a+2a+3}{(2a+1)(2a+3)(a-1)}\\
&=\frac{-2a^2+3a+1}{(2a+1)(2a+3)(a-1)}.
\end{aligned}$$

ATTENTION

Ne pas oublier que lorsque le signe (–) précède une fraction, celui-ci influe sur tous les termes du numérateur. On évite donc les erreurs si on place tous les numérateurs entre parenthèses.

Réponses

a) $\dfrac{2x}{x^2-3x}+\dfrac{1}{3x+2}=\dfrac{7x+1}{(x-3)(3x+2)}$, à condition que $x\neq 0$, $x\neq 3$ et $x\neq-\dfrac{2}{3}$.

b) $\dfrac{1}{2x-1}+\dfrac{1}{2x+1}+\dfrac{4x}{1-4x^2}=0$, à condition que $x\neq\dfrac{1}{2}$ et $x\neq-\dfrac{1}{2}$.

c) $\dfrac{2}{4a^2+8a+3}-\dfrac{a}{2a^2+a-3}+\dfrac{1}{2a^2-a-1}=\dfrac{-2a^2+3a+1}{(2a+1)(2a+3)(a-1)}$, à condition que $a\neq-\dfrac{1}{2}$, $a\neq-\dfrac{3}{2}$ et $a\neq 1$.

Problème 50

Effectuez les opérations suivantes. Supposez que les dénominateurs et les diviseurs sont différents de zéro.

a) $\dfrac{x^2-25}{2x^2+7x+3} \div \dfrac{x^2+10x+25}{x^2-9}$

b) $\dfrac{(x^2-y^2)^2}{(x-y)^2} \div \dfrac{x^4-y^4}{(x+y)^2} \times \dfrac{x^2+y^2}{(x+y)^3}$

c) $\dfrac{2x^2-5x-3}{-x^2-2x+1} \div \left(\dfrac{1}{2(x-1)} + \dfrac{3}{4(x-1)^2}\right)$

Solution

a) $\dfrac{x^2-25}{2x^2+7x+3} \div \dfrac{x^2+10x+25}{x^2-9}$

$= \dfrac{x^2-25}{2x^2+7x+3} \times \dfrac{x^2-9}{x^2+10x+25}$ (on transforme la division en multiplication par l'inverse du diviseur)

$= \dfrac{(x+5)(x-5)}{(x+3)(2x+1)} \times \dfrac{(x+3)(x-3)}{(x+5)(x+5)}$ (on décompose tous les polynômes en facteurs et on simplifie les facteurs communs)

$= \dfrac{x-5}{2x+1} \times \dfrac{x-3}{x+5}$

$= \dfrac{(x-5)(x-3)}{(2x+1)(x+5)}$ (on multiplie les numérateurs ensemble et les dénominateurs ensemble)

b) $\dfrac{(x^2-y^2)^2}{(x-y)^2} \div \dfrac{x^4-y^4}{(x+y)^2} \times \dfrac{x^2+y^2}{(x+y)^3}$

$= \dfrac{(x^2-y^2)^2}{(x-y)^2} \times \dfrac{(x+y)^2}{x^4-y^4} \times \dfrac{x^2+y^2}{(x+y)^3}$

$= \dfrac{(x+y)^2(x-y)^2}{(x-y)^2} \times \dfrac{(x+y)^2}{(x^2+y^2)(x+y)(x-y)} \times \dfrac{x^2+y^2}{(x+y)^3}$

$= \dfrac{1}{1} \times \dfrac{1}{(x-y)} \times \dfrac{1}{1} = \dfrac{1}{x-y}$

c) $\dfrac{2x^2-5x-3}{x^2-2x+1} \div \left(\dfrac{1}{2(x-1)} + \dfrac{3}{4(x-1)^2}\right)$

L'opération entre parenthèses étant prioritaire, on calcule d'abord

$$\frac{1}{2(x-1)}+\frac{3}{4(x-1)^2}=\frac{1}{2(x-1)}\times\frac{2(x-1)}{2(x-1)}+\frac{3}{4(x-1)^2}$$

$$=\frac{2x-2+3}{4(x-1)^2}$$

$$=\frac{2x+1}{4(x-1)^2}$$

Ensuite, on divise

$$\frac{2x^2-5x-3}{x^2-2x+1}\div\frac{2x+1}{4(x-1)^2}=\frac{2x^2-5x-3}{x^2-2x+1}\times\frac{4(x-1)^2}{2x+1}$$

$$=\frac{(2x+1)(x-3)}{(x-1)^2}\times\frac{4(x-1)^2}{2x+1}=4(x-3)$$

Réponses

a) $\dfrac{(x-5)(x-3)}{(2x+1)(x+5)}$

b) $\dfrac{1}{x-y}$

c) $4(x-3)$

Pour travailler seul

Problème 51

Simplifiez les fractions rationnelles suivantes.

a) $\dfrac{18a^2b^3-8a^4b}{18b^4-24ab^3+4a^2b}$

b) $\dfrac{a^3-ab^2}{a^4b^2+2a^3b^3+a^2b^4}$

Problème 52

Effectuez les opérations suivantes. Indiquez les restrictions à imposer aux variables.

a) $\dfrac{x^2-y^2}{xy}-\dfrac{xy-y^2}{xy-x^2}$

b) $\dfrac{2}{3x-2}+\dfrac{2x-1}{4-9x^2}-\dfrac{x}{6x+4}$

Problème 53

Effectuez les opérations suivantes.

a) $\dfrac{x^2+5x+4}{3x-3y} \times \dfrac{3x^2+9x+6}{x^2+6x+8} \div \dfrac{(x+y)(x+1)^2}{x^2-y^2}$

b) $\dfrac{-x+3}{x^2-x-6} + \dfrac{1}{x+4} \times \dfrac{x^2+2x-8}{x^2-4}$

c) $\left(\dfrac{y+2}{y^2+3y+2} + \dfrac{2y-6}{y^2-5y+6}\right) \times \dfrac{y^2-y-2}{3y^2+3y}$

Problème 54

Trouvez les erreurs dans les développements suivants.

a) $\dfrac{1}{x} + \dfrac{x}{x+2} = \dfrac{1+x}{2x+2}$

b) $\dfrac{1}{x} + \dfrac{1}{x+2} = \dfrac{3}{x+2} + \dfrac{1}{x+2} = \dfrac{4}{x+2}$

c) $\dfrac{2+x}{x+5} = \dfrac{2}{5}$

d) $\dfrac{1}{x-1} + \dfrac{2}{x+2} = \dfrac{(x+2)+2\cancel{(x-1)}}{\cancel{(x-1)}(x+2)} = \dfrac{x+2+2}{x+2}$

e) $\dfrac{2+x}{x-3} + \dfrac{x}{3-x} = \dfrac{(2+x)+x}{x-3} = \dfrac{2+2x}{x-3}$

f) $\dfrac{2+x}{x-3} + \dfrac{x}{3-x} = \dfrac{(2+x)(3-x)+x(x-3)}{(x-3)(3-x)}$

g) $\dfrac{x}{x-2} - \dfrac{2}{x-1} = \dfrac{x^2-x}{(x-2)(x-1)} - \dfrac{2x-4}{(x-1)(x-2)} = \dfrac{x^2-x-2x-4}{(x-2)(x-1)}$

$= \dfrac{x^2-3x-4}{(x-2)(x-1)}$

3 Fonctions polynomiales

3.1 FONCTIONS POLYNOMIALES DE DEGRÉ 0 OU 1

L'ESSENTIEL

- On appelle **fonction polynomiale de degré *n*** toute fonction dont la règle est formée à partir d'un polynôme de degré n.
- Une fonction polynomiale de degré 0 est appelée **fonction constante**. On distingue :

  1. fonction constante de base, $f(x) = 1$

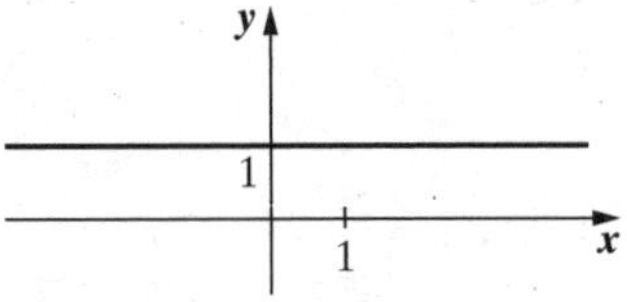

  2. fonction constante transformée, $f(x) = a$

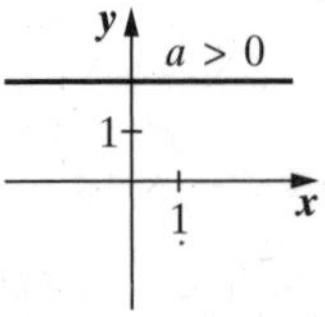

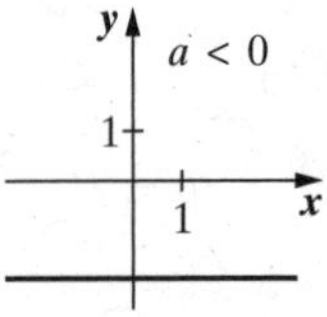

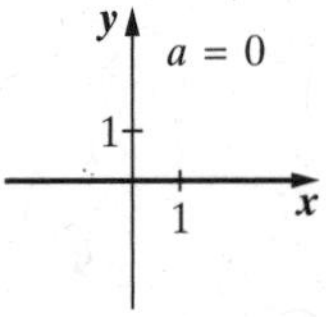

- Une fonction polynomiale de degré 1 est appelée **fonction affine**. On distingue :

  1. fonction affine de base, $f(x) = x$

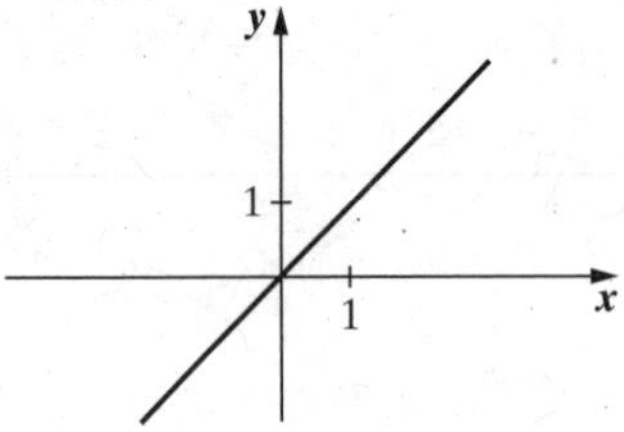

2. fonction affine transformée de variation directe, $f(x) = ax$ $(a \neq 0)$

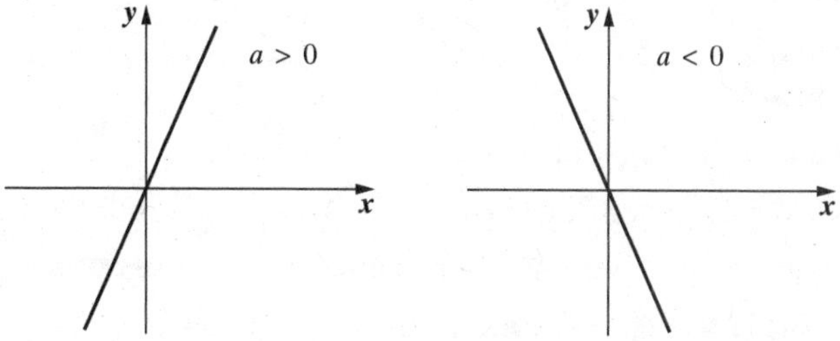

3. fonction affine transformée de variation partielle, $f(x) = ax + b$ $(a \neq 0, b \neq 0)$

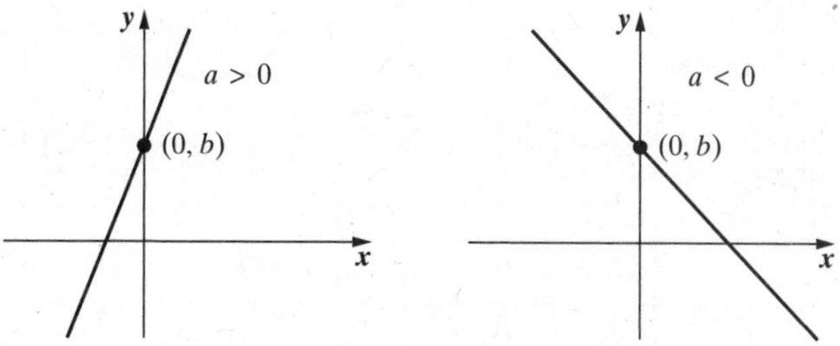

- Propriétés de la fonction constante et de la fonction affine.

	Fonction constante	**Fonction affine**
Règle	$f(x) = a$	$f(x) = ax + b$ où $a \neq 0$
Domaine	$\mathbb{R}$	$\mathbb{R}$
Codomaine	$\{a\}$	$\mathbb{R}$
Zéros	aucun (si $a \neq 0$) une infinité (si $a = 0$)	un seul zéro
Minimum	a	aucun
Maximum	a	aucun
Variation	croissante et décroissante sur $\mathbb{R}$	croissante sur $\mathbb{R}$ (si $a > 0$) décroissante sur $\mathbb{R}$ (si $a < 0$)

Pour s'entraîner

Problème 55

Soit les fonctions f, g, h, k et i telles que

$$f(x) = 1,\ g(x) = 2,\ h(x) = -2,\ k(x) = x \text{ et } i(x) = 2x + 5.$$

a) Tracez la courbe représentant chacune des fonctions données.

b) Quelle est la transformation géométrique qui associe la courbe de la fonction h à celle de f?

c) Quelle est la transformation géométrique qui associe la courbe de la fonction i à celle de k?

d) Remplir le tableau suivant.

Fonction	Domaine	Codomaine	Zéros	Minimum	Maximum	Variation
f						
g						
h						
k						
i						

Solution

a)

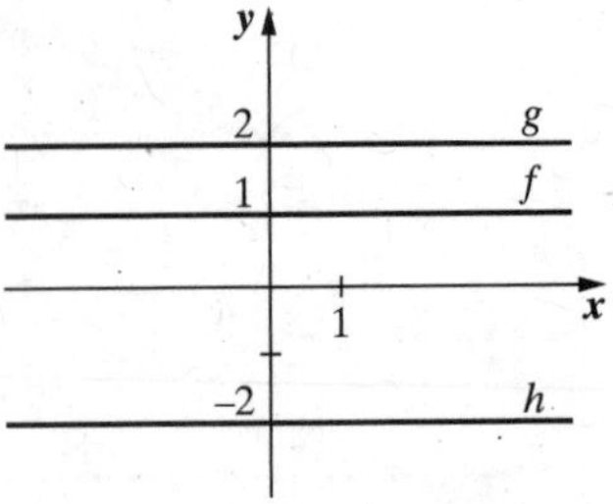

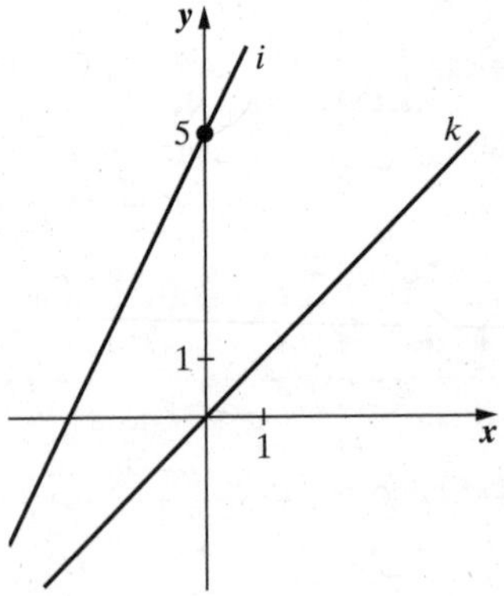

b) On obtient la règle de la fonction g par la transformation suivante.

$$g(x) = af(x) = 2 \times 1 = 2.$$

Cette modification se traduit par un étirement vertical du graphique, donc par un changement d'échelle vertical de facteur 2.

$$(x, y) \mapsto (x, 2y).$$

En retournant le graphique de g autour de l'axe des x, on obtient la courbe représentative de h. Le changement d'échelle vertical de facteur 2 est alors suivi d'une réflexion par rapport à l'axe des x qui transforme le graphique de la fonction de base f en celui de h.

$$(x, y) \mapsto (x, 2y) \mapsto (x, -2y).$$

c) On transforme d'abord la fonction affine de base, soit $k(x) = x$, en modifiant la valeur du paramètre a (ici, $a = 2$). Cette modification a pour conséquence un étirement vertical du graphique. Ensuite, on transforme cette dernière fonction en modifiant la valeur du paramètre b (ici, $b = 5$), ce qui a pour conséquence une translation verticale de 5 unités vers le haut. Un changement d'échelle vertical est alors suivi d'une translation verticale vers le haut.

$$(x, y) \mapsto (x, 2y) \mapsto (x, 2y + 5).$$

d)

Fonction	Domaine	Codomaine	Zéros	Minimum	Maximum	Variation
f	$\mathbb{R}$	$\{1\}$	aucun	1	1	croissante et décroissante sur $\mathbb{R}$
g	$\mathbb{R}$	$\{2\}$	aucun	2	2	croissante et décroissante sur $\mathbb{R}$
h	$\mathbb{R}$	$\{-2\}$	aucun	-2	-2	croissante et décroissante sur $\mathbb{R}$
k	$\mathbb{R}$	$\mathbb{R}$	0	aucun	aucun	croissante sur $\mathbb{R}$
i	$\mathbb{R}$	$\mathbb{R}$	$-\frac{5}{2}$	aucun	aucun	croissante sur $\mathbb{R}$

Réponses

a) Voir solution.

b) Le graphique de g est obtenu par un changement d'échelle vertical de facteur 2 et celui de h, par un changement d'échelle vertical de facteur 2 suivi d'une réflexion par rapport à l'axe des abscisses.

c) Le graphique de i est obtenu par un changement d'échelle vertical de facteur 2 suivi d'une translation verticale de 5 unités vers le haut.

d) Voir le tableau dans la solution.

Problème 56

Le salaire hebdomadaire de base d'une vendeuse dans une boutique est de 200 \$ auquel sont ajoutées les commissions. Son salaire sera deux fois plus élevé si les ventes qu'elle effectue au cours de la semaine sont de 50 000 \$.

a) Représentez cette situation par un graphique cartésien.

b) Déterminez la règle de la fonction associée à cette situation.

c) Faites une étude complète des propriétés de la fonction restreinte à cette situation.

d) À quel montant doivent s'élever les ventes de la vendeuse au cours de la semaine pour qu'elle espère toucher un salaire de 345 \$?

e) Au bout d'un certain temps, la vendeuse obtient une augmentation de salaire. Son salaire de base augmente de 10 \$ et la commission, de 10 %. Quels effets auront ces modifications sur le graphique en a) ?

Solution

a) Pour représenter géométriquement cette situation, il est préférable de suivre les étapes ci-dessous :

1re Identifier la variable indépendante et la variable dépendante. Ici, la variable indépendante x représente le total des ventes au cours d'une semaine, et la variable dépendante y représente le salaire hebdomadaire de la vendeuse ;

2e Déterminer le type de relation entre les deux variables. Si l'on ignore les 200 \$, le salaire hebdomadaire de la vendeuse est directement proportionnel au total des ventes, c'est-à-dire qu'on a une fonction affine (variation directe). Si l'on ajoute les 200 \$, la relation devient une fonction affine de variation partielle. Sa représentation graphique est une droite. Si le total des ventes est nul ($x = 0$), la vendeuse obtient le salaire de base ($y = 200$). Si le total des ventes au cours de la semaine est de 50 000 \$, la vendeuse gagne deux fois plus d'argent, soit 400 \$. On connaît alors les coordonnées de deux points, (0, 200) et (50 000, 400) ;

3e Graduer adéquatement les deux axes pour obtenir une bonne représentation graphique.

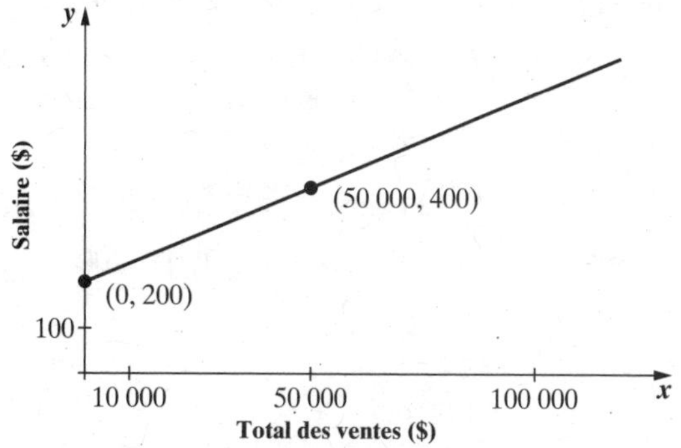

b) Ce modèle correspond à une fonction affine transformée dont la règle est $f(x) = ax + b$. À partir des coordonnées de deux points, soit (0, 200), (50 000, 400), on calcule la pente de la droite qui correspond au paramètre a de la fonction affine.

$$a = \frac{y_2 - y_1}{x_2 - x_1} = \frac{400 - 200}{50\,000 - 0} = \frac{200}{50\,000} = 0{,}004$$

De plus, la valeur du paramètre b, c'est-à-dire la valeur initiale de la fonction, correspond à l'ordonnée à l'origine de son graphique. Alors $b = 200$. La règle de la fonction est donc

$$f(x) = 0{,}004x + 200.$$

c) Le total des ventes étant un nombre positif, le domaine est [0, +∞.

Le salaire de base étant de 200 $, le codomaine est [200, +∞.

Cette fonction n'a pas de zéros, car la solution unique de l'équation

$$0{,}004x + 200 = 0,$$

soit $x = \frac{200}{0{,}004} = -50\,000$, n'appartient pas au domaine.

La valeur du paramètre a étant positive ($0{,}004 > 0$), la fonction est croissante sur tout son domaine.

La fonction admet un minimum, soit 200, et n'admet aucun maximum.

Remarque

Ce résultat n'est pas contradictoire par rapport aux propriétés d'une fonction affine. Il faut toujours tenir compte du contexte. Le domaine étant limité, la fonction affine atteint un maximum et/ou un minimum.

d) On donne la valeur 345 à la variable dépendante $f(x)$. Pour déterminer la valeur de la variable indépendante x, il faut résoudre l'équation

$$345 = 0{,}004x + 200$$

On a

$$\begin{aligned} 345 &= 0{,}004x + 200 \\ 345 - 200 &= 0{,}004x + 200 - 200 \\ 145 &= 0{,}004x \\ \frac{145}{0{,}004} &= x \\ 36\,250 &= x. \end{aligned}$$

e) L'augmentation de la commission de 10 % change la valeur du paramètre a. La nouvelle valeur sera alors

$$a_1 = 0{,}004 + \frac{10}{100} \times 0{,}004 = 0{,}0044.$$

Cette modification a pour conséquence un changement d'échelle vertical. L'inclinaison du graphique sera alors plus forte.

Une augmentation du salaire de base de 10 $ change la valeur initiale de la fonction. Cette nouvelle valeur sera

$$b_1 = 200 + 10 = 210.$$

Cette modification a pour conséquence un déplacement vertical du graphique (une translation verticale).

Réponses

a) Voir solution.

b) $f(x) = 0{,}004x + 200$

c) Domaine : $[0, +\infty$;

Codomaine : $[200, +\infty$;

Zéro : aucun ;

Extremum : $\min f = 200$;

Variation : croissante sur tout son domaine.

d) 36 250 $

e) Augmentation de la commission – changement d'échelle vertical.

Augmentation du salaire de base – translation verticale.

Pour travailler seul

Problème 57

Associez chacune des fonctions données à sa courbe représentative.

a) $f(x) = 4$

A)

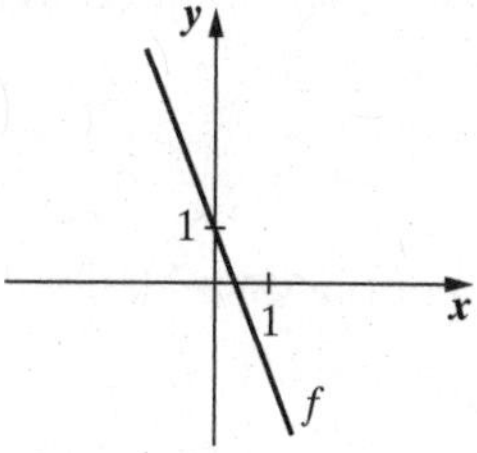

b) $f(x) = 2x$

B)

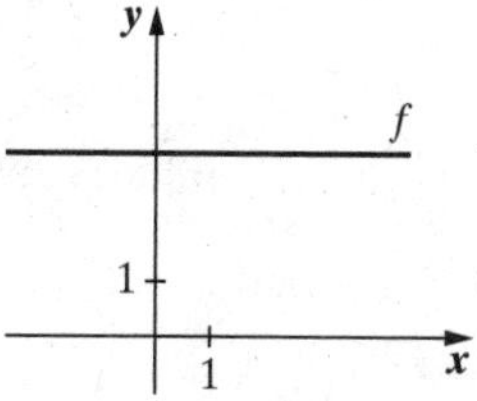

c) $f(x) = -2x + 1$

C)

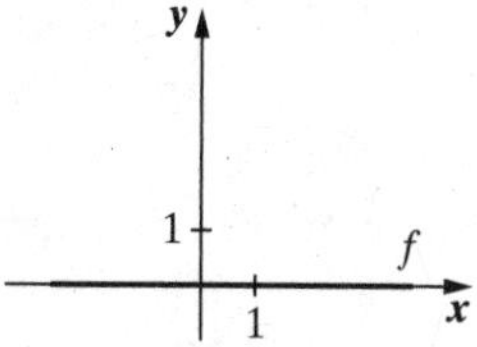

d) $f(x) = 0$

D)

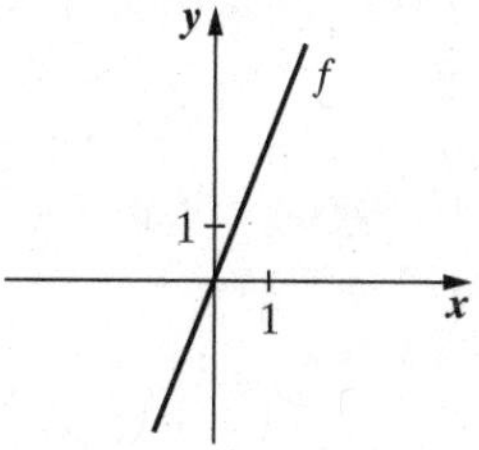

e) $f(x) = -3$

E)

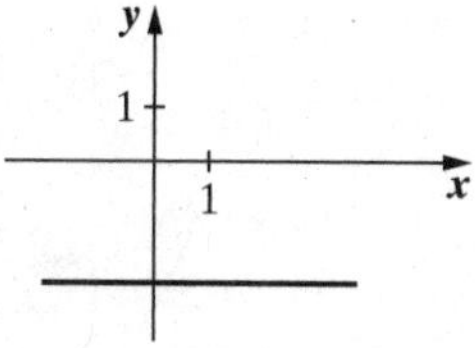

Problème 58

Parmi les énoncés suivants, lesquels sont vrais ?

A) Le domaine d'une fonction polynomiale de degré 1 ou 0 est l'ensemble de tous les nombres réels.

B) L'ensemble de tous les nombres réels constitue le codomaine d'une fonction polynomiale.

C) La fonction constante est à la fois croissante et décroissante dans tout son domaine.

D) Le zéro de la fonction affine définie par la règle $f(x) = 0$ est $x = 0$.

E) Une droite représente toujours une fonction affine.

F) La fonction constante n'a aucun zéro.

Problème 59

Pour convertir en degrés Fahrenheit (y) la température exprimée en degrés Celsius (x), on utilise la règle $y = \frac{9}{5}x + 32$.

a) De quel type est cette fonction polynomiale ?

b) Tracez sa courbe représentative.

c) Déterminez le taux de variation de cette relation.

d) Convertissez la température 0 °F en degrés Celsius.

e) Sur quel intervalle cette fonction est-elle positive ?

3.2 FONCTIONS POLYNOMIALES DE DEGRÉ 2

L'ESSENTIEL

- Une fonction polynomiale de degré 2 est appelée **fonction quadratique**. On distingue :

  1. fonction quadratique de base : $f(x) = x^2$

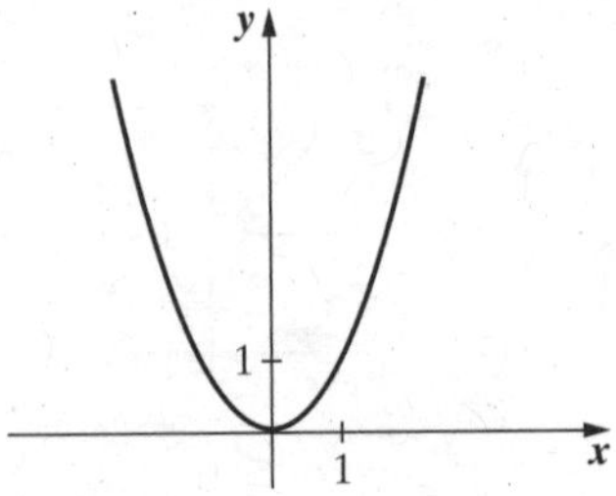

2. fonction quadratique transformée : $f(x) = ax^2 + bx + c$

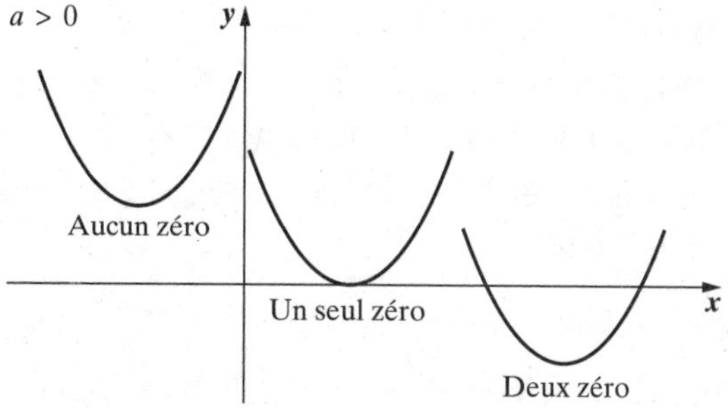

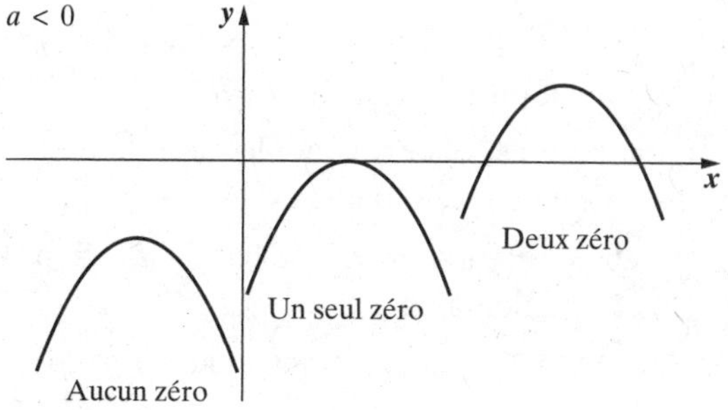

- Le paramètre a agit sur
  1. l'orientation de la parabole (elle est ouverte vers le haut lorsque $a > 0$ et ouverte vers le bas lorsque $a < 0$) ;
  2. l'ouverture de la parabole, qui s'applique à un changement d'échelle (allongement ou rétrécissement selon le cas).
- Le paramètre b influe sur la position de la parabole. La variation de ce paramètre provoque un glissement de la parabole à la fois horizontal et vertical.
- Le paramètre c modifie la position de la parabole. La variation de ce paramètre provoque un glissement vertical de la parabole.
- Soit g la fonction quadratique de base, c'est-à-dire $g(x) = x^2$.
  - Le graphique de la fonction f, telle que $f(x) = -x^2$, est obtenu par une réflexion par rapport à l'axe des abscisses.
  - Le graphique de la fonction f, telle que $f(x) = ax^2$, est obtenu par un changement d'échelle vertical, un allongement si $|a| > 1$, ou un rétrécissement si $0 < |a| < 1$.

- Le graphique de la fonction f, telle que $f(x) = (x - h)^2$, est obtenu par une translation horizontale vers la droite si $h > 0$, ou vers la gauche si $h < 0$.
- Le graphique de la fonction f, telle que $f(x) = x^2 + k$, est obtenu par une translation verticale vers le haut si $k > 0$, ou vers le bas si $k < 0$.

- La forme canonique de la règle d'une fonction quadratique $f(x) = ax^2 + bx + c$ est

$$f(x) = a(x - h)^2 + k, \text{ où } h = -\frac{b}{2a} \text{ et } k = -\frac{b^2 - 4ac}{4a}.$$

- Les coordonnées du sommet de la parabole représentant la fonction quadratique f sont (h, k).
- L'axe de symétrie de la parabole correspond à la droite verticale passant par le sommet. Son équation est $x = h$.
- Si $a > 0$, la parabole est ouverte vers le haut, la fonction f admet un minimum ($m = k$) et son codomaine est $[k, +\infty$.

  Si $a < 0$, la parabole est ouverte vers le bas, la fonction admet un maximum ($M = k$) et le codomaine est $-\infty, k]$.
- Si $b^2 - 4ac > 0$, la fonction quadratique a deux zéros réels, soit

$$x_1 = \frac{-b - \sqrt{b^2 - 4ac}}{2a} \text{ et } x_2 = \frac{-b + \sqrt{b^2 - 4ac}}{2a}.$$

  Si $b^2 - 4ac = 0$, la fonction quadratique a un zéro réel double, soit

$$x_1 = x_2 = \frac{-b}{2a}.$$

  Si $b^2 - 4ac < 0$, la fonction quadratique n'a pas de zéro réel.

Pour s'entraîner

Problème 60

Soit des fonctions quadratiques telles que

$f_1(x) = \dfrac{x^2}{2}$ $\quad f_2(x) = 2x^2$ $\quad f_3(x) = (x - 1)^2$

$f_4(x) = (x + 2)^2$ $\quad f_5(x) = x^2 - 2$ $\quad f_6(x) = (x - 2)^2 + 3.$

a) Quelle transformation a subie la courbe représentative de la fonction quadratique de base $f(x) = x^2$ pour que l'on obtienne la courbe de chacune des fonctions données ?

b) Associez chacune des fonctions à la représentation graphique correspondante.

A)

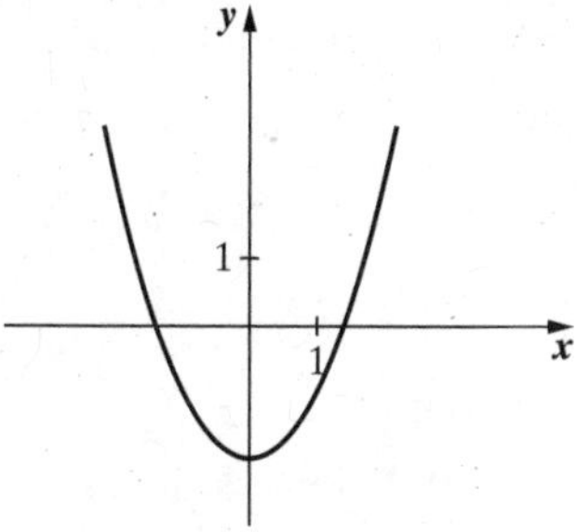

D)

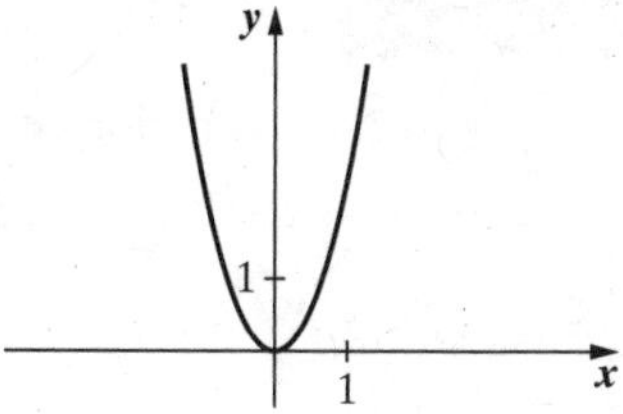

B)

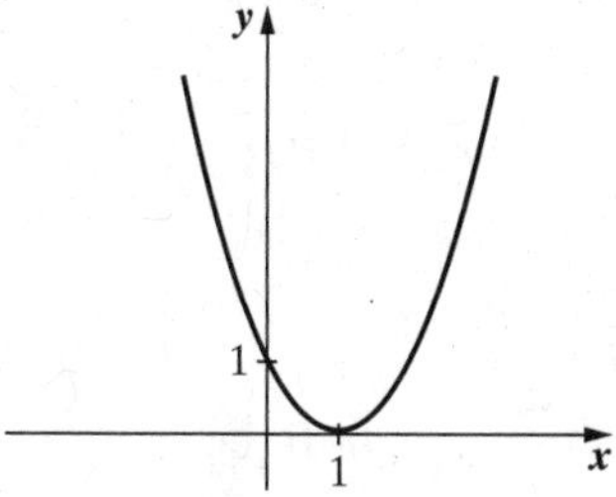

E)

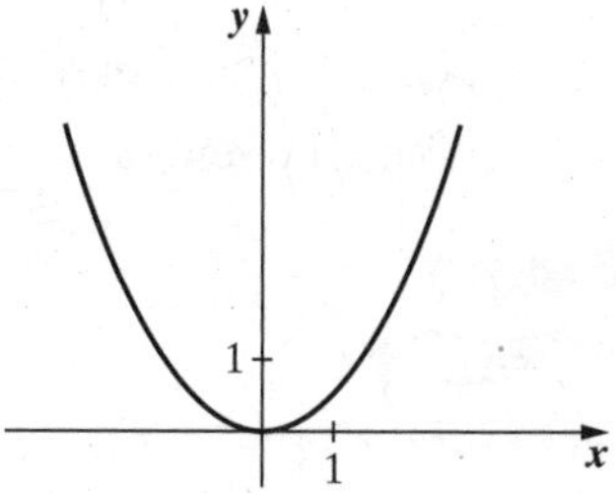

C)

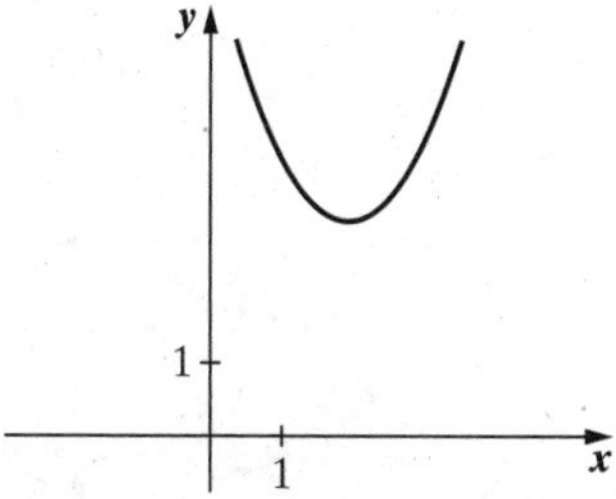

F)

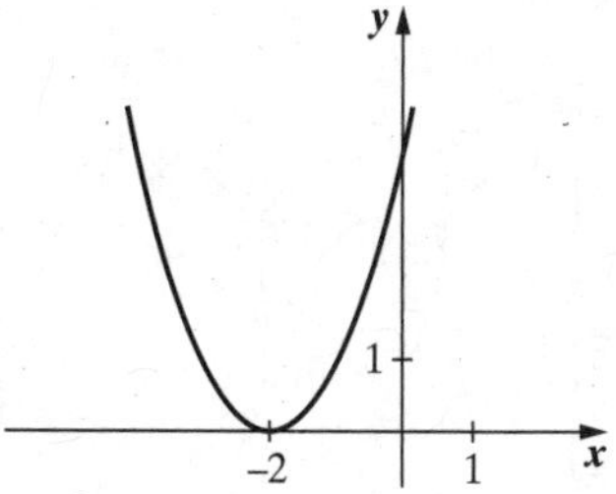

Solution et réponses

a) f_1 : changement d'échelle vertical de facteur $a = \frac{1}{2}$, la courbe de base a subi un rétrécissement ;

f_2 : changement d'échelle vertical de facteur $a = 2$, la courbe de base a subi un allongement ;

f_3 : translation horizontale de 1 unité vers la droite ;

f_4 : translation horizontale de 2 unités vers la gauche ;

f_5 : translation verticale de 2 unités vers le bas ;

f_6 : translations verticale de 3 unités vers le haut et horizontale de 2 unités vers la droite.

b) f_1 et E f_2 et D f_3 et B f_4 et F f_5 et A f_6 et C.

Problème 61

Soit f, g, h et k, les fonctions polynomiales de degré 2 définies par les règles

$f(x) = x^2 - 10x + 20$, $g(x) = x^2 + 5$,

$h(x) = 2x^2 + 8x + 7$, $k(x) = -\frac{1}{2}x^2 + 2x - 1$.

a) Transformez chaque règle en forme canonique.

b) Tracez les paraboles correspondant aux fonctions données. Identifiez le sommet, la concavité et l'axe de symétrie de chaque parabole.

c) Précisez le domaine et le codomaine de chaque fonction.

d) Déterminez les zéros et les extremums de chacune des fonctions données.

Solution

a) **Conseil**

On transforme la règle d'une fonction quadratique en forme canonique par la méthode de complétion du carré.

$$\begin{aligned}
f(x) &= ax^2 + bx + c \\
&= a\left(x^2 + \frac{b}{a}x + \frac{c}{a}\right) \\
&= a\left(x^2 + \frac{b}{a}x + \left(\frac{b}{2a}\right)^2 - \left(\frac{b}{2a}\right)^2 + \frac{c}{a}\right) \\
&= a\left(\left(x + \frac{b}{2a}\right)^2 - \frac{b}{4a^2} + \frac{c}{a}\right) \\
&= a\left(\left(x + \frac{b}{2a}\right)^2 - \frac{b^2 - 4ac}{4a^2}\right) \\
&= a\left(x + \frac{b}{2a}\right)^2 - \frac{b^2 - 4ac}{4a} \\
&= a(x - h)^2 + k \quad \text{où} \quad h = -\frac{b}{2a} \quad \text{et} \quad k = -\frac{b^2 - 4ac}{4a}.
\end{aligned}$$

$\boldsymbol{f(x) = x^2 - 10x + 20}$

Ici, on a $a = 1$, $b = -10$ et $c = 20$. Alors

$$h = -\frac{b}{2a} = -\frac{-10}{2 \times 1} = 5,\ k = -\frac{b^2 - 4ac}{4a} = -\frac{(-10)^2 - 4 \times 1 \times 20}{4 \times 1} = -5$$

et $f(x) = (x - 5)^2 - 5$.

Par la méthode de complétion du carré, on obtient

$$\begin{aligned} f(x) &= x^2 - 10x + 20 = x^2 - 10x + (-5)^2 - (-5)^2 + 20 \\ &= (x-5)^2 - 25 + 20 = (x-5)^2 - 5. \end{aligned}$$

$\boldsymbol{g(x) = x^2 + 5}$

La règle de g est de forme canonique.

$\boldsymbol{h(x) = 2x^2 + 8x + 7}$

Ici, on a $a = 2$, $b = 8$ et $c = 7$. Alors

$$h = -\frac{b}{2a} = -\frac{8}{2 \times 2} = -2,\ k = -\frac{b^2 - 4ac}{4a} = -\frac{8^2 - 4 \times 2 \times 7}{4 \times 2} = -1$$

et $h(x) = 2(x + 2)^2 - 1$.

Par la méthode de complétion de carré, on obtient

$$\begin{aligned} h(x) &= 2x^2 + 8x + 7 = 2(x^2 + 4x + \tfrac{7}{2}) \\ &= 2\left(x^2 + 4x + 2^2 - 2^2 + \frac{7}{2}\right) = 2\left((x+2)^2 - \frac{1}{2}\right) \\ &= 2(x+2)^2 - 1 \end{aligned}$$

$\boldsymbol{k(x) = -\frac{1}{2}x^2 + 2x - 1}$

Ici, on a $a = -\frac{1}{2}$, $b = 2$ et $c = -1$. Alors

$$h = -\frac{b}{2a} = -\frac{2}{2 \times (-\frac{1}{2})} = 2,\ k = -\frac{b^2 - 4ac}{4a} = -\frac{2^2 - 4 \times (-\frac{1}{2}) \times (-1)}{4 \times (-\frac{1}{2})} = 1$$

et $k(x) = -\frac{1}{2}(x - 2)^2 + 1$.

Par la méthode de complétion de carré, on obtient

$$\begin{aligned} k(x) &= -\frac{1}{2}x^2 + 2x - 1 = -\frac{1}{2}(x^2 - 4x + 2) \\ &= -\frac{1}{2}(x^2 - 4x + (-2)^2 - (-2)^2 + 2) = -\frac{1}{2}\left[(x-2)^2 - 2\right] \\ &= -\frac{1}{2}(x-2)^2 + 1. \end{aligned}$$

b)

Rappel

Le sommet de la parabole représentant la fonction

$$f(x) = ax^2 + bx + c = a(x - h)^2 + k$$

est le point S(h, k).

La droite de l'équation $x = k$ est l'axe de symétrie de cette parabole.

$\boldsymbol{f(x) = x^2 - 10x + 20 = (x - 5)^2 - 5}$

Ici, on a $a = 1 > 0$, $h = 5$ et $k = 5$.

Les coordonnées du sommet sont (5, –5). L'équation de l'axe de symétrie est $x = 5$. La parabole est ouverte vers le haut.

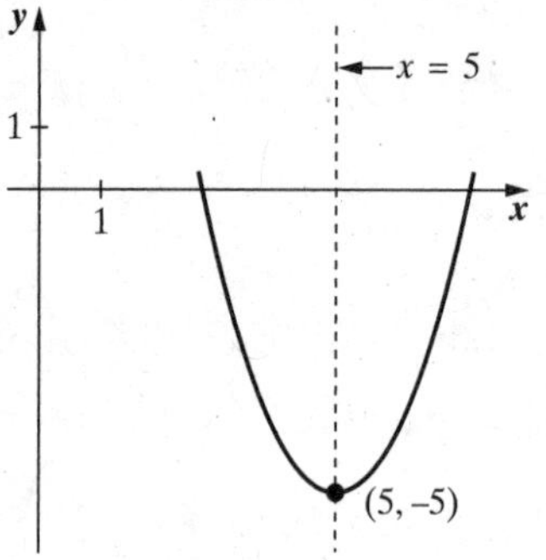

$\boldsymbol{g(x) = x^2 + 5 = (x - 0)^2 + 5}$

Ici, on a $a = 1 > 0$, $h = 0$ et $k = 5$.

Les coordonnées du sommet sont (0, 5). L'équation de l'axe de symétrie est $x = 0$. La parabole est ouverte vers le haut.

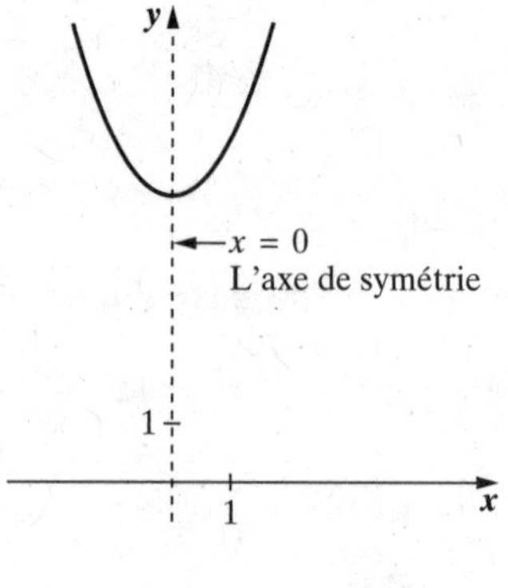

$\boldsymbol{h(x) = 2x^2 + 8x + 7 = 2(x + 2)^2 - 1}$

Ici, on a $a = 2 > 0$, $h = -2$ et $k = -1$.

Les coordonnées du sommet sont $(-2, -1)$. L'équation de l'axe de symétrie est $x = -2$. La parabole est ouverte vers le haut.

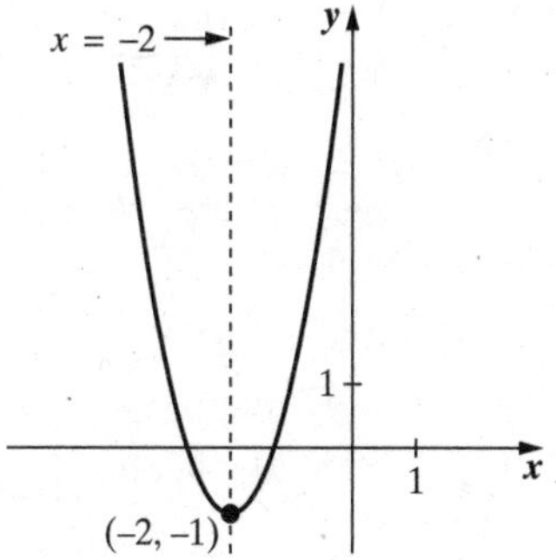

$\boldsymbol{k(x) = -\frac{1}{2}x^2 + 2x - 1 = -\frac{1}{2}(x - 2)^2 + 1}$

Ici, on a $a = -\frac{1}{2} < 0$, $h = 2$ et $k = 1$.

Les coordonnées du sommet sont $(2, 1)$. L'équation de l'axe de symétrie est $x = 2$. La parabole est ouverte vers le bas.

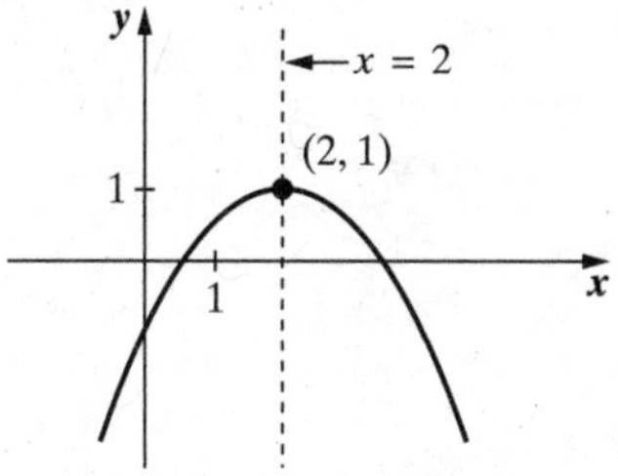

c) Les fonctions étant toutes des fonctions quadratiques, leur domaine est donc l'ensemble $\mathbb{R}$.

Pour préciser le codomaine, on examine le signe du paramètre a et la valeur du paramètre k.

Fonction	Signe du paramètre *a*	Valeur du paramètre *k*	Codomaine
f	positif	–5	$[-5, +\infty$
g	positif	5	$[5, +\infty$
h	positif	–1	$[-1, +\infty$
k	négatif	1	$-\infty, 1]$

d) $\boldsymbol{f(x) = x^2 - 10x + 20}$

Ici, on a $a = 1$, $b = -10$, $c = 20$.

$b^2 - 4ac = (-10)^2 - 4(1)(20) = 20$ et $20 > 0$, par conséquent, la fonction f a deux zéros, soient

$$x_1 = \frac{-b - \sqrt{b^2 - 4ac}}{2a} = \frac{-(-10) - \sqrt{20}}{2(1)} = \frac{10 - 2\sqrt{5}}{2} = 5 - \sqrt{5}$$

$$x_2 = \frac{-b + \sqrt{b^2 - 4ac}}{2a} = \frac{-(-10) + \sqrt{20}}{2(1)} = \frac{10 + 2\sqrt{5}}{2} = 5 + \sqrt{5}$$

$\boldsymbol{g(x) = x^2 + 5}$

Ici, on a $a = 1$, $b = 0$, $c = 5$.

$b^2 - 4ac = (0)^2 - 4(1)(5) = -20$, $-20 < 0$, par conséquent, la fonction g n'a pas de zéro.

$\boldsymbol{h(x) = 2x^2 + 8x + 7}$

Ici, on a $a = 2$, $b = 8$, $c = 7$.

$b^2 - 4ac = (8)^2 - 4(2)(7) = 8$, $8 > 0$, par conséquent, la fonction h a deux zéros, soient

$$x_1 = \frac{-b - \sqrt{b^2 - 4ac}}{2a} = \frac{-(8) - \sqrt{8}}{2(2)} = \frac{-8 - 2\sqrt{2}}{4} = -2 - \frac{1}{2}\sqrt{2}$$

$$x_2 = \frac{-b + \sqrt{b^2 - 4ac}}{2a} = \frac{-(8) + \sqrt{8}}{2(2)} = \frac{-8 + 2\sqrt{2}}{4} = -2 + \frac{1}{2}\sqrt{2}$$

$\boldsymbol{k(x) = -\frac{1}{2}x^2 + 2x - 1}$

Ici, on a $a = -\frac{1}{2}$, $b = 2$, $c = -1$.

$b^2 - 4ac = (2)^2 - 4\left(-\frac{1}{2}\right)(-1) = 2$, $2 > 0$ par conséquent, la fonction k a deux zéros, soient

$$x_1 = \frac{-b - \sqrt{b^2 - 4ac}}{2a} = \frac{-(2) - \sqrt{2}}{2(-\frac{1}{2})} = \frac{-2 - \sqrt{2}}{-1} = 2 + \sqrt{2}$$

$$x_2 = \frac{-b - \sqrt{b^2 - 4ac}}{2a} = \frac{-(2) + \sqrt{2}}{2(-\frac{1}{2})} = \frac{-2 + \sqrt{2}}{-1} = 2 - \sqrt{2}$$

Réponses

a) $f(x) = (x - 5)^2 - 5$

$g(x) = x^2 + 5$

$h(x) = 2(x + 2)^2 - 1$

$k(x) = -\frac{1}{2}(x - 2)^2 + 1$

b) Voir les figures dans la solution.

c) dom f = dom g = dom h = dom k = $\mathbb{R}$

codom $f = [-5, +\infty$, codom $g = [5, +\infty$, codom $h = [-1, +\infty$,

codom $k = -\infty, 1]$

d) La fonction f a deux zéros réels distincts, $x_1 = 5 + \sqrt{5}$, $x_2 = 5 - \sqrt{5}$.

La fonction g n'a pas de zéros réels.

La fonction h a deux zéros réels distincts, $x_1 = -2 - \frac{1}{2}\sqrt{2}$ et $x_2 = -2 + \frac{1}{2}\sqrt{2}$.

La fonction k a deux zéros réels distincts, $x_1 = 2 + \sqrt{2}$, $x_2 = 2 - \sqrt{2}$.

Problème 62

Déterminez la règle de chacune des fonctions quadratiques, sachant que :

a) la fonction est représentée par une parabole qui passe par (0, 1), dont le sommet est au point (1, 2) ;

b) la fonction admet deux zéros, soit $x_1 = -1$, $x_2 = 3$, et son maximum est $M = 4$;

Solution

Rappel

Une fonction quadratique peut être définie par :

- une règle de **forme générale** $f(x) = ax^2 + bx + c$;
- une règle de **forme canonique** $f(x) = a(x - h)^2 + k$, h et k étant les coordonnées du sommet de la courbe représentant f.

Une fonction quadratique ayant deux zéros réels distincts ou un zéro réel double peut aussi être représentée par une règle de **forme factorielle** $f(x) = a(x - x_1)(x - x_2)$, où x_1 et x_2 sont les zéros de la fonction f.

Conseil

Choisissez la forme de la règle dont on peut trouver les paramètres dans la description de la fonction quadratique.

a) Les coordonnées du sommet de la parabole sont (1, 2). Elles figurent dans la forme canonique de la fonction quadratique.

On obtient alors

$$f(x) = a(x - 1)^2 + 2.$$

De plus, la parabole passe par le point (0, 1), alors

$$f(0) = 1$$
$$a(0 - 1)^2 + 2 = 1.$$

D'où $a = -1$, et donc $f(x) = -(x - 1)^2 + 2$.

b) La fonction étant déterminée par ses zéros, on écrit sa règle sous forme factorielle ; $f(x) = a(x - x_1)(x - x_2) = a(x + 1)(x - 3)$.

Pour trouver la valeur du paramètre a, il faut connaître les coordonnées d'un point situé sur la parabole. Le maximum ($M = 4$) correspond à l'ordonnée du sommet, donc $k = 4$.

Les points $(x_1, 0)$ et $(x_2, 0)$ sont symétriques par rapport à l'axe de symétrie de la parabole, soit $x = h$. On a alors

$$h = \frac{x_1 + x_2}{2} = \frac{-1 + 3}{2} = 1.$$

En substituant les coordonnées du sommet (1, 4) dans l'équation

$$f(x) = a(x + 1)(x - 3),$$

on obtient

$$4 = a(1 + 1)(1 - 3).$$

D'où $a = -1$, et donc $f(x) = -(x + 1)(x - 3)$.

Pour travailler seul

Problème 63

La somme des zéros d'une fonction quadratique est de –2 et leur produit est de –15. Trouvez la règle de cette fonction, sachant que la parabole qui la représente passe par le point (–3, 6).

Problème 64

Une fonction quadratique f est représentée par la table des valeurs ci-dessous.

x	–2	3	4
$f(x)$	10	0	10

a) Quelle est l'équation de l'axe de symétrie de la parabole représentant cette fonction quadratique ?

b) Quels sont les deux zéros de cette fonction ?

c) Donnez la forme générale de la règle de la fonction f.

Problème 65

Soient les fonctions f et g représentées par les paraboles ci-dessous.

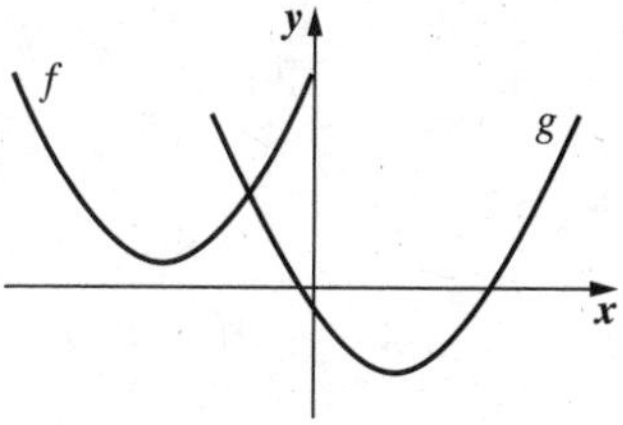

Les règles des fonctions f et g sont de la forme $y = a(x - h)^2 + k$.

Le graphique de la fonction g est obtenu par une transformation du graphique de la fonction f.

Lequel des énoncés ci-dessous est vrai ?

A) La valeur de h diminue et la valeur de k diminue.

B) La valeur de h diminue et la valeur de k augmente.

C) La valeur de h augmente et la valeur de k diminue.

D) La valeur de h augmente et la valeur de k augmente.

3.3 ÉQUATIONS QUADRATIQUES

L'ESSENTIEL

- L'équation du second degré à une variable de la forme

$$ax^2 + bx + c = 0$$

s'appelle **équation quadratique**.

- Les solutions de l'équation $ax^2 + bx + c = 0$ sont

$x_1 = \dfrac{-b - \sqrt{b^2 - 4ac}}{2a}$, $x_2 = \dfrac{-b + \sqrt{b^2 - 4ac}}{2a}$ lorsque $b^2 - 4ac > 0$;

$x_1 = x_2 = \dfrac{-b}{2a}$ lorsque $b^2 - 4ac = 0$.

L'équation n'a aucune solution dans $\mathbb{R}$ lorsque $b^2 - 4ac < 0$.

- Les solutions de l'équation $a(x - h)^2 + k = 0 \Leftrightarrow (x - h)^2 = -\dfrac{k}{a}$ sont

$x_1 = h - \sqrt{\dfrac{-k}{a}}$, $x_2 = h + \sqrt{\dfrac{-k}{a}}$ lorsque $\dfrac{-k}{a} < 0$;

$x_1 = x_2 = h$ lorsque $\dfrac{-k}{a} = 0$.

L'équation n'a aucune solution dans $\mathbb{R}$ lorsque $\dfrac{-k}{a} < 0$.

- Les solutions de l'équation $a(x - p)(x - q) = 0$ sont

$$x_1 = p, x_2 = q.$$

Pour s'entraîner

Problème 66

Par la méthode qui semble la plus appropriée, trouvez l'ensemble solution de chacune des équations suivantes.

a) $3x^2 + 3{,}25x - 1 = 0$

b) $2x^2 - 5x - 3 = 0$

c) $5x^2 - 0{,}25x + 0{,}75 = 0$

d) $10x - 5 = x^2 + 20$

e) $x^2 - 6x - 9 = 0$

Solution

a) $3x^2 + 3{,}25x - 1 = 0$

$a = 3$, $b = 3{,}25$, $c = -1$ et $b^2 - 4ac = (3{,}25)^2 - 4(3)(-1) = 22{,}5625 > 0$

L'équation a donc deux solutions réelles distinctes, soient

$$x_1 = \frac{-3{,}25 - \sqrt{22{,}5625}}{2(3)} = \frac{-3{,}25 - 4{,}75}{6} = -\frac{4}{3}$$

et

$$x_2 = \frac{-3{,}25 + \sqrt{22{,}5625}}{2(3)} = \frac{-3{,}25 + 4{,}75}{6} = \frac{1}{4}.$$

b) $2x^2 - 5x - 3 = 0$

Ici, on peut trouver facilement la forme factorielle du trinôme.

$$2x^2 - 5x - 3 = 0 \Leftrightarrow (2x+1)(x-3) = 0 \Leftrightarrow \frac{1}{2}\left(x + \frac{1}{2}\right)(x-3) = 0$$

d'où $x_1 = -\frac{1}{2}$, $x_2 = 3$.

c) $5x^2 - 0{,}25x + 0{,}75 = 0$

$a = 5$, $b = -0{,}25$, $c = 0{,}75$ et $b^2 - 4ac = (-0{,}25)^2 - 4(5)(0{,}75) = -14{,}9375 < 0$

L'équation n'a donc pas de solution dans $\mathbb{R}$.

d) $10x - 5 = x^2 + 20$

$10x - 5 = x^2 + 20 \Leftrightarrow -x^2 + 10x - 25 = 0$

Le trinôme $-x^2 + 10x - 25$ étant un carré parfait, l'équation s'écrit ainsi

$$-x^2 + 10x - 25 = 0 \Leftrightarrow -(x-5)^2 = 0.$$

Cette équation a donc une solution réelle double, soit $x_1 = x_2 = 5$.

e) $x^2 - 6x - 9 = 0$

En transformant le trinôme sous sa forme canonique, on trouve

$x^2 - 6x - 9 = 0 \Leftrightarrow x^2 - 6x + (-3)^2 - (-3)^2 - 9 = 0 \Leftrightarrow (x-3)^2 - 18 = 0$

$\Leftrightarrow (x-3)^2 = 18 \Leftrightarrow x = 3 - \sqrt{18}$ ou $x = 3 + \sqrt{18}$

$\Leftrightarrow x = 3 - 3\sqrt{2}$ ou $\Leftrightarrow x = 3 + 3\sqrt{2}$.

Réponses

a) $x_1 = -\frac{4}{3}$, $x_2 = \frac{1}{4}$

b) $x_1 = -\frac{1}{2}, x_2 = 3$

c) L'équation n'a pas de solution dans $\mathbb{R}$.

d) $x_1 = x_2 = 5$

e) $x_1 = 3 - 3\sqrt{2}, x_2 = 3 + 3\sqrt{2}$

Problème 67

La longueur d'un terrain rectangulaire dépasse sa largeur de 6 m.

a) Déterminez l'aire de ce terrain (A) en fonction de sa longueur.

b) De quel type est cette fonction ? Tracez le graphique et déterminez-en le domaine et le codomaine.

c) Déterminez algébriquement les dimensions du terrain, si son aire est de 27 m^2.

Solution

a) Si x représente la longueur, $x - 6$ représente la largeur de ce terrain, et son aire est alors

$$A(x) = x(x - 6) = x^2 - 6x.$$

b) La règle $A(x) = x^2 - 6x$ représente la fonction quadratique.

La longueur et l'aire étant positives, l'ensemble de départ de la fonction et celui d'arrivée sont l'ensemble des nombres positifs.

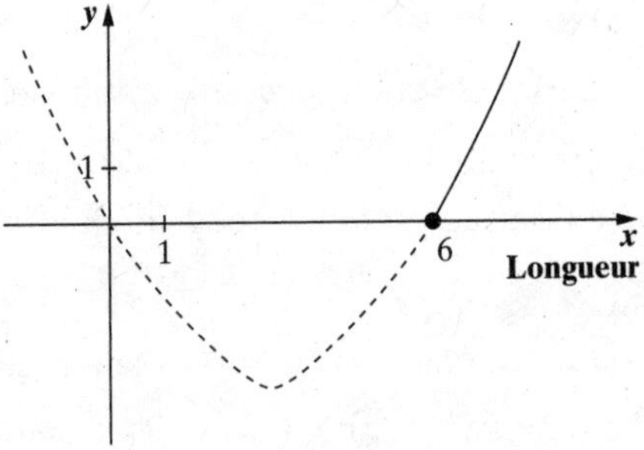

On a donc dom $A = [6, +\infty$ et codom $A = [0, +\infty$.

c) On cherche les dimensions du terrain pour que $A(x) = 27$, c'est-à-dire la valeur de x qui satisfait l'équation $27 = x^2 - 6x$.

$$27 = x^2 - 6x \Leftrightarrow x^2 - 6x - 27 = 0$$

$a = 1, b = -6, c = -27$ et $b^2 - 4ac = (-6)^2 - 4(1)(-27) = 144 > 0$.

Cette équation a alors deux solutions, soit

$$x_1 = \frac{-(-6) - \sqrt{144}}{2(1)} = \frac{6 - 12}{2} = -3,$$

$$x_2 = \frac{-(-6) + \sqrt{144}}{2(1)} = \frac{6 + 12}{2} = 9.$$

La solution x_1 est à rejeter, car la valeur $x_1 = -3$ n'appartient pas au domaine de la fonction A.

Les dimensions du terrain sont donc

longueur : $x = 9$ m ;
largeur : $x - 6 = 3$ m.

Réponses

a) $A(x) = x^2 - 6x$

b) Voir le graphique dans la solution.

Fonction quadratique, dom $A = [6, +\infty$, codom $A = [0, +\infty$.

c) Longueur = 9 m, largeur = 3 m.

Problème 68

D'une certaine distance, un attaquant a frappé une balle en direction du but de l'adversaire. Malheureusement, la balle est passée à 6 cm au-dessus de la ligne de but, dont la hauteur est de 2,44 m. La trajectoire de la balle, représentée ci-dessous, est une partie de la parabole de l'équation

$$y = -\frac{1}{112}x(x - 34).$$

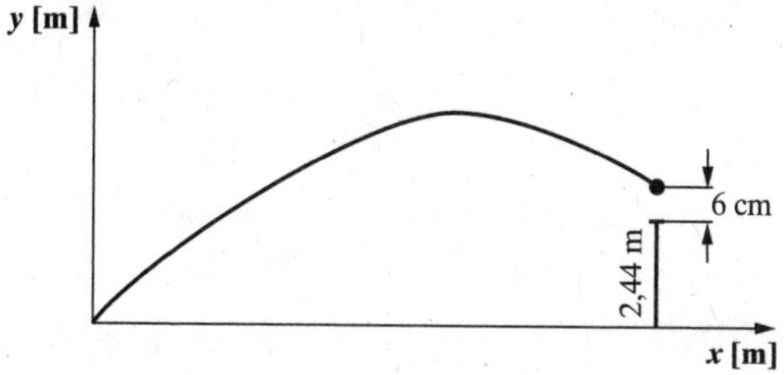

a) À quelle distance du but le joueur a-t-il frappé la balle ?

b) Quelle est la hauteur maximale atteint par la balle ?

c) À quelle distance du but cette hauteur maximale a-t-elle été atteinte ?

Solution

a) Soit d, la distance cherchée. Au moment de passer au dessus de la ligne de but, la balle se trouve sur un point dont les coordonnées sont $(d, 2{,}5)$.

La valeur d est la solution de l'équation

$$2{,}5 = -\frac{1}{112}x(x - 34)$$

$$\Leftrightarrow \frac{1}{112}x^2 - \frac{34}{112}x + 2{,}5 = 0$$

$$\Leftrightarrow x^2 - 34x + 280 = 0$$

$$\Leftrightarrow (x - 17)^2 - 17^2 + 280 = 0$$

$$\Leftrightarrow (x - 17)^2 - 9 = 0$$

$$\Leftrightarrow (x - 17 - 3)(x - 17 + 3) = 0$$

$$\Leftrightarrow x = 20 \text{ ou } x = 14$$

Puisque le point dont on cherche l'abscisse se trouve à droite de l'axe de symétrie, la distance cherchée est $d = 20$ mètres.

b) La hauteur maximale atteinte par la balle correspond à l'ordonnée du sommet de la parabole

$$y = -\frac{1}{112}x(x - 34)$$

dont on connaît les deux zéros, $x_1 = 0$ et $x_2 = 34$.

L'abscisse du sommet étant la moyenne entre les deux zéros, soit $x = 17$, on trouve

$$H_{max} = -\frac{1}{112} \times 17(17 - 34) = 2{,}58$$

c) La distance recherchée est 3 mètres. En effet, on a $20 - 17 = 3$.

Réponses

a) 20 mètres.

b) 2,58 mètres.

c) 3 mètres.

Pour travailler seul

Problème 69

Au moyen de la méthode la plus appropriée, trouvez l'ensemble solution (E. S.) de chacune des équations suivantes.

a) $2x^2 - 32 = 0$

b) $10x^2 - 30x + 21 = 0$

c) $3x^2 - 7x - 6 = 0$

d) $2x^2 - 12x + 10 = 0$

Problème 70

Un projectile lancé vers le ciel atteint, t secondes après avoir été lancé, une altitude h (en mètres) donnée par $h(t) = -4t^2 + 120t + 61$.

a) À quelle hauteur le projectile a-t-il été lancé ?

b) À quel moment le projectile atteindra-t-il une altitude de 800 m ?

c) Quelle est la hauteur maximale qui sera atteinte par ce projectile ?

d) Après combien de temps le projectile retombera-t-il au sol ?

3.4 OPÉRATIONS SUR LES FONCTIONS POLYNOMIALES

L'ESSENTIEL

Soient f et g, deux fonctions polynomiales.

- La somme, la différence et le produit de fonctions f et g sont définies par les règles

$$(f+g)(x) = f(x) + g(x);$$
$$(f-g)(x) = f(x) - g(x);$$
$$(f \times g)(x) = f(x) \times g(x).$$

- La somme, la différence et le produit de deux fonctions polynomiales sont des fonctions polynomiales.

Pour s'entraîner

Problème 71

Soit $f(x) = 2x + 3$ et $g(x) = -2x + 1$.

a) Parmi les graphiques suivants, trouvez ceux qui représentent les fonctions $f + g$, $f - g$ et $f \times g$.

A)

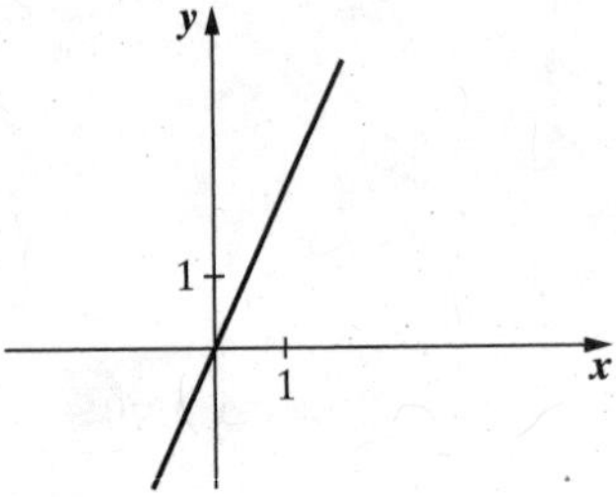

D)

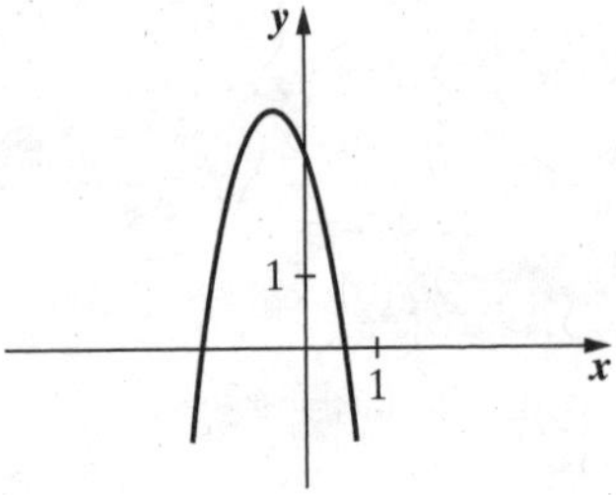

B)

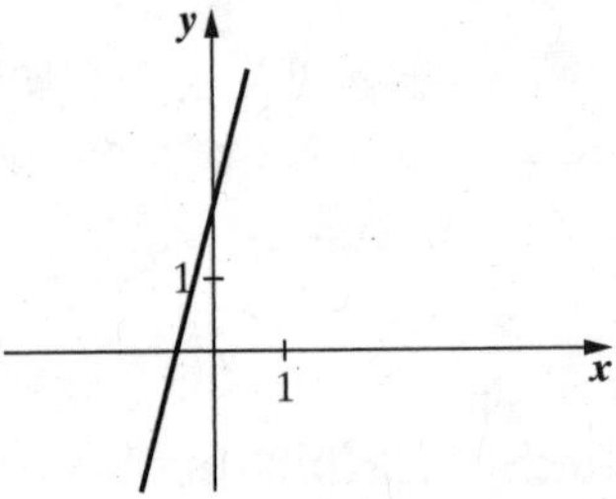

E)

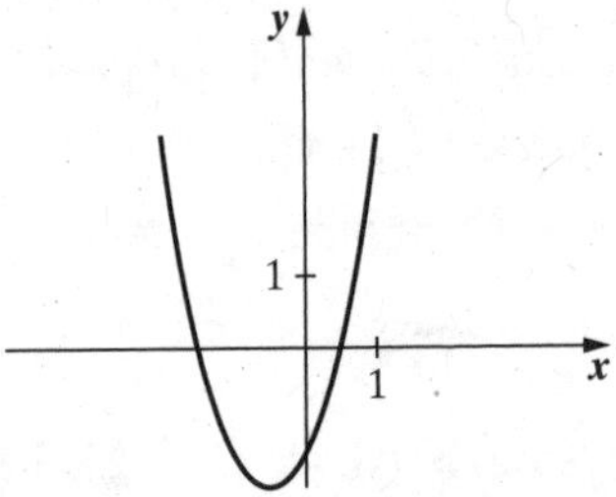

C)

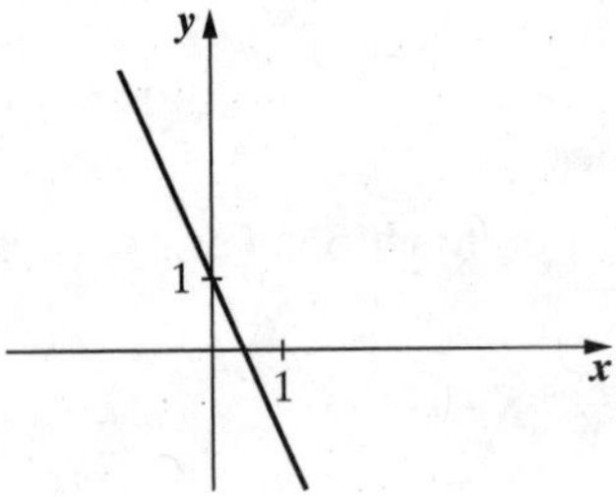

F)

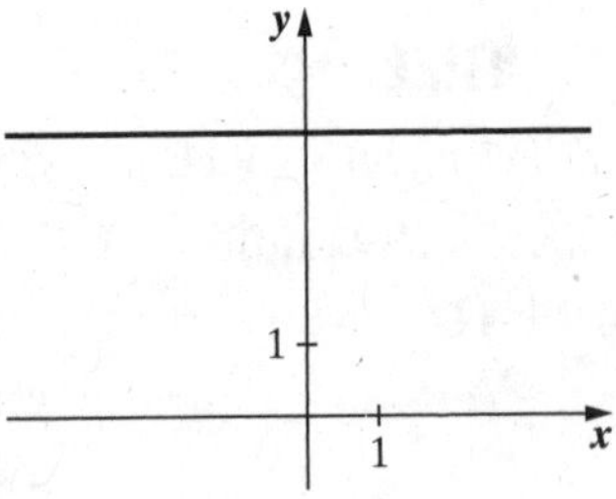

b) Déterminez les zéros de $f \times g$.

c) Déterminez l'ensemble solution de l'équation $f(x + 1) \times g(x - 3) = 0$.

Solution

a) Par définition, on a :

$$(f+g)(x) = (2x+3) + (-2x+1) = 4;$$
$$(f-g)(x) = (2x+3) - (-2x+1) = 4x+2;$$
$$(f\times g)(x) = (2x+3)(-2x+1) = -4x^2 - 4x + 3.$$

$f+g$ étant une fonction constante, sa représentation est une droite horizontale. La réponse est F.

$f-g$ est une fonction affine de variation partielle (sa représentation graphique est une droite qui ne passe pas par l'origine). De plus, la valeur du paramètre a étant positive, la fonction est croissante. La réponse est B.

$f\times g$ est une fonction quadratique. La valeur du paramètre a étant négative, l'ouverture de la parabole est tournée vers le bas. La réponse est D.

b) $(f\times g)(x) = (2x+3)(-2x+1) = -4x^2 - 4x + 3$

À partir de la forme factorielle, on déduit que cette fonction a deux zéros, soient

$$x_1 = -\frac{3}{2} \text{ et } x_2 = \frac{1}{2}.$$

Remarque

Les zéros des facteurs f et g sont également des zéros du produit $f\times g$.

c) $f(x+1)\times g(x-3) = 0$

On a

$$f(x+1)\times g(x-3) = [2(x+1)+3][-2(x-3)+1] = (2x+5)(-2x+7),$$

alors

$$f(x+1)\times g(x-3) = 0 \Leftrightarrow (2x+5)(-2x+7) = 0$$
$$\Leftrightarrow 2x+5 = 0 \text{ ou } -2x+7 = 0.$$

L'ensemble solution de cette équation est donc $\left\{-\frac{5}{2};\frac{7}{2}\right\}$.

Réponses

a) $f+g$: F $\quad f-g$: B $\quad f\times g$: D

b) $x_1 = -\frac{3}{2}$, $x_2 = \frac{1}{2}$

c) $\left\{-\frac{5}{2},\frac{7}{2}\right\}$

Pour travailler seul

Problème 72

Soient les fonctions polynomiales données par les règles

$$f(x) = 2x^2 - 1,\ \ g(x) = x + 2 \ \text{ et } \ h(x) = -2.$$

Représentez dans un plan cartésien

a) les fonctions f, g et leur somme $f + g$;

b) les fonctions f, h et leur différence $f - h$;

c) les fonctions g, h et leur produit $g \times h$.

Problème 73

Parmi les énoncés suivants, trouvez ceux qui sont faux.

A) Le produit de deux fonctions affines est une fonction quadratique.

B) La somme de deux fonctions affines est une fonction affine.

C) Les zéros de la fonction f et ceux de la fonction g sont également les zéros de la fonction $f + g$.

D) L'ensemble solution de l'équation $f(x) \times g(x) = 0$ comprend les zéros de la fonction f et les zéros de la fonction g.

4 Systèmes d'équations à deux variables

4.1 SYSTÈME D'ÉQUATIONS DE DEGRÉ 1 À DEUX VARIABLES

L'ESSENTIEL

- Un système d'équations du premier degré à deux variables est dit **système d'équations linéaires.**
- Résoudre un système de deux équations à deux variables consiste à trouver un couple (x_0, y_0) qui vérifie à la fois les deux équations du système.
- Résoudre un système d'équations linéaires à l'aide d'une table de valeurs consiste à trouver le couple qui apparaît simultanément dans chacune des tables des valeurs.
- Résoudre graphiquement un système d'équations linéaires consiste à représenter chaque équation dans le même plan cartésien et identifier les coordonnées du point d'intersection, s'il existe.
- Un système de deux équations linéaires à deux variables peut avoir :

  1. une seule solution

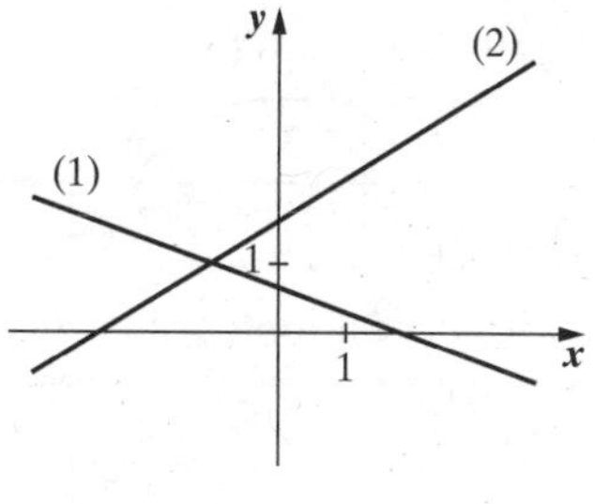

  2. une infinité de solutions

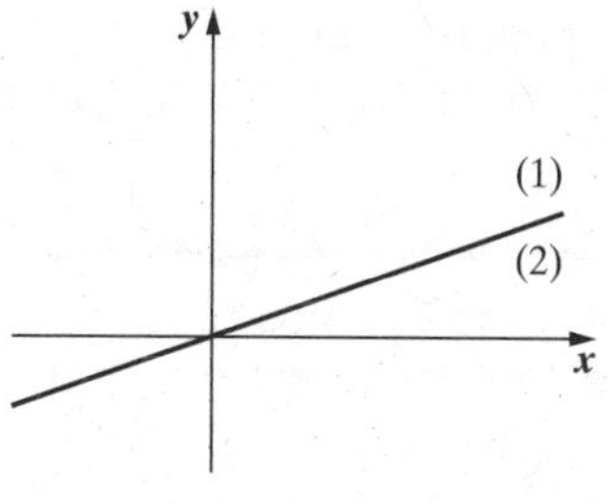

3. aucune solution

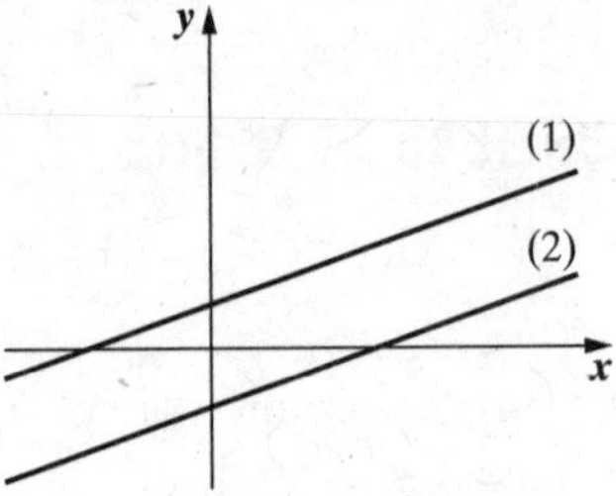

Pour s'entraîner

Problème 74

Soit le système de deux équations à deux variables.

(1) $a_1x + b_1y = c_1$

(2) $a_2x + b_2y = c_2$

En vous basant sur les informations données, déterminez le nombre de solutions de ce système.

a) La table de valeurs pour l'équation (1) est:

x	1	2	3	...
y	3	2,5	2	...

La table de valeurs pour l'équation (2) est:

x	1	3	5	...
y	3	2	1	...

b) La table de valeurs pour l'équation (1) est:

x	1	2	3	...
y	2	2	2	...

La table de valeurs pour l'équation (2) est:

x	1	3	5	...
y	3	2	1	...

c) La représentation graphique de ce système est:

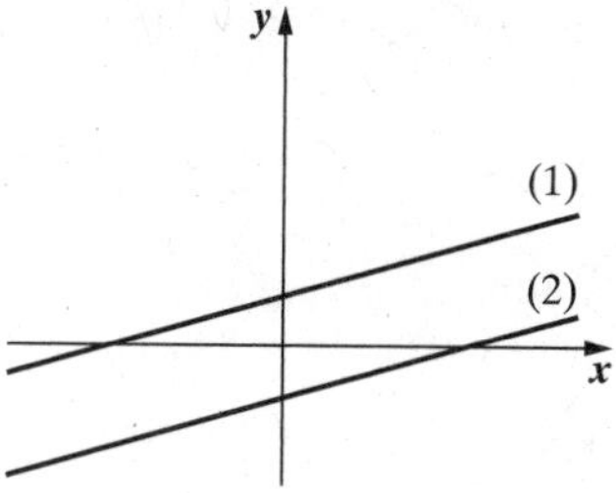

d) $a_1 = a_2$, $b_1 = b_2$ et $c_1 = c_2$

e) $b_1 = b_2 = 1$ et $a_1 \neq a_2$

Solution

a) On a ici deux couples qui apparaissent simultanément dans les deux tables de valeurs. Le système a donc une infinité de solutions.

Remarque

Deux droites ayant deux points distincts communs sont confondues. Si un système d'équations linéaires a deux solutions, il a alors une infinité de solutions.

b) Le couple (3, 2) apparaît simultanément dans les deux tables de valeurs. Le système a alors au moins une solution. Cependant, les couples (1, 2) et (1, 3) ayant la même valeur de coordonnée x et différentes valeurs de coordonnée y sont distincts. Les droites qui représentent les deux équations du système se rencontrent en un seul point. Le système possède donc une solution unique.

c) Les droites qui représentent ces deux équations étant parallèles disjointes, le système n'a aucune solution.

d) Les deux équations du système sont identiques. Les droites qui les représentent sont confondues. Le système a donc une infinité de solutions.

e) Dans le cas où $b_1 = b_2 = 1$, le système s'écrit ainsi

(1) $y = -a_1x + c_1$

(2) $y = -a_2x + c_2$

De plus $a_1 \neq a_2$, c'est-à-dire que les droites qui représentent les deux équations sont des droites sécantes. Le système a donc une seule solution.

Remarque

Deux droites d_1 et d_2 représentées par leurs équations

$$d_1 : y = a_1x + b_1$$

$$d_2 : y = a_2x + b_2$$

sont parallèles confondues si $a_1 = a_2$ et $b_1 = b_2$, parallèles disjointes si $a_1 = a_2$ et $b_1 \neq b_2$ et sécantes si $a_1 \neq a_2$.

Réponses

a) Infinité de solutions.

b) Solution unique.

c) Aucune solution.

d) Infinité de solutions.

e) Solution unique.

Problème 75

Soit le système d'équations linéaires suivant.

(1) $2x + 3y = 4$

(2) $kx + 9y = 5$

Pour quelle valeur de k

a) le système a-t-il une solution unique ?

b) le système n'a aucune solution ?

Solution

a) Deux droites qui représentent les équations du système ayant une solution unique sont des droites sécantes, c'est-à-dire que leurs pentes sont différentes.

Puisque

$$\begin{matrix} 2x + 3y = 4 \\ kx + 9y = 5 \end{matrix} \Leftrightarrow \begin{matrix} y = -\frac{2}{3}x + \frac{4}{3} \\ y = -\frac{k}{9}x + \frac{5}{9} \end{matrix}$$

alors il faut attribuer à k une valeur pour laquelle

$$-\frac{2}{3} \neq -\frac{k}{9}.$$

Le système a donc une solution unique si $k \neq 6$.

b) Deux droites qui représentent les équations du système n'ayant aucune solution sont des droites parallèles disjointes, c'est-à-dire des droites ayant des pentes égales et des ordonnées à l'origine différentes. Les ordonnées à l'origine étant différentes, il suffit d'attribuer à k une valeur pour laquelle

$$-\frac{2}{3} = -\frac{k}{9},$$

soit $k = 6$, pour que ces deux conditions soient remplies.

Réponses

a) $k \neq 6$

b) $k = 6$

Pour travailler seul

Problème 76

Représentez graphiquement et trouvez la solution de chaque système d'équations linéaires.

a) (1) $y = 2x + 3$
   (2) $2x + y = 3$

b) (1) $2x - 3y = 2$
   (2) $-2x + 3y = 5$

c) (1) $y = -\frac{5}{2}x + 1$
   (2) $5x + 2y = 1$

4.2 DIFFÉRENTES MÉTHODES DE RÉSOLUTION D'UN SYSTÈME D'ÉQUATIONS LINÉAIRES

L'ESSENTIEL

- Algébriquement, un système de deux équations linéaires peut être résolu par une de ces trois méthodes:
  - méthode de comparaison;
  - méthode de substitution;
  - méthode de réduction (ou élimination).

- La méthode de comparaison consiste à :
  1. isoler la même variable dans chaque équation ;
  2. égaliser les deux expressions algébriques qui expriment cette variable ;
  3. résoudre l'équation à une variable ainsi obtenue ;
  4. substituer la valeur obtenue dans l'une des équations du système afin de calculer la valeur de l'autre variable du couple solution.
- La méthode de substitution consiste à :
  1. isoler l'une des variables dans l'une des équations ;
  2. remplacer cette variable dans l'autre équation par l'expression qui lui est égale ;
  3. résoudre l'équation à une variable ainsi obtenue ;
  4. substituer la valeur obtenue dans l'une des équations du système afin de calculer la valeur de l'autre variable du couple solution.
- La méthode de réduction consiste à :
  1. écrire le système sous sa forme générale, soit
  $$a_1x + b_1y = c_1$$
  $$a_2x + b_2y = c_2\,;$$
  2. transformer le système en un système équivalent dans lequel les coefficients d'une même variable sont des nombres opposés ;
  3. additionner les deux équations ;
  4. résoudre l'équation à une variable ainsi obtenue ;
  5. substituer la valeur trouvée dans l'une des équations du système afin de calculer la valeur de l'autre variable du couple solution.
- La résolution d'un problème portant sur le système de deux équations à deux variables consiste à :
  1. identifier les inconnues ;
  2. traduire chacune des informations du problème et établir deux équations à deux variables ;
  3. résoudre le système d'équations ;
  4. vérifier si les coordonnées du couple solution vérifient le système ;
  5. répondre à la question et vérifier que la réponse est conforme à l'énoncé du problème.

Pour s'entraîner

Problème 77

Soient les systèmes d'équations linéaires suivants.

A) (1) $x - 3y = 3$

(2) $\frac{x}{3} + 5y = 2$

C) (1) $2(1 - x) - 3(y + 1) = 3 - 2(2x - 1)$

(2) $\frac{2}{3}x - y = 2$

B) (1) $\frac{2x - 1}{2} + \frac{5y + 1}{3} = \frac{1}{6}$

(2) $\frac{x}{5} + \frac{y}{3} = 1$

a) Résolvez graphiquement chacun des trois systèmes.

b) Résolvez algébriquement le système A en appliquant les trois méthodes: la comparaison, la substitution et la réduction.

c) Laquelle de ces trois méthodes vous semble-t-elle d'être la plus appropriée pour résoudre le système d'équations A ?

d) Résolvez les systèmes B et C par la méthode algébrique de votre choix.

Solution et réponses

a) On détermine d'abord quelques couples solutions de chaque équation (on les dispose dans des tables de valeurs). Puis, on représente graphiquement chaque équation dans un même plan cartésien. Ensuite, on identifie les coordonnées du point d'intersection, s'il existe.

Remarque

Pour tracer une droite, il suffit d'avoir deux points, donc deux couples solutions. Le calcul d'un troisième couple constitue une forme de vérification.

A) (1) $x - 3y = 3$

(2) $\frac{x}{3} + 5y = 2$

(1)

x	0	3	–3
y	–1	0	–2

(2)

x	0	6	–9
y	$\frac{2}{5}$	0	1

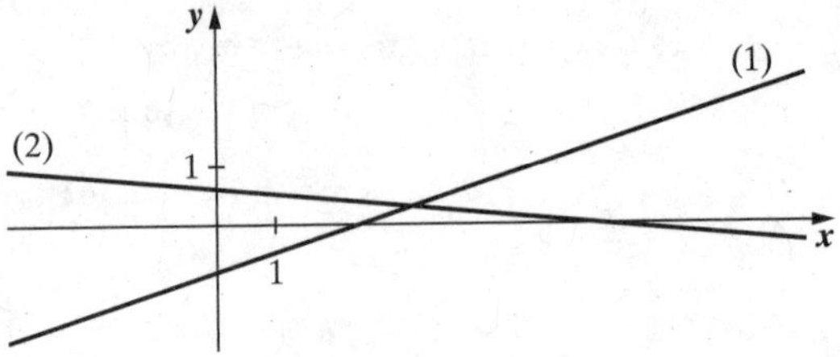

Remarque

Il n'est pas toujours facile d'identifier précisément les coordonnées du point d'intersection. Il est donc nécessaire de vérifier l'exactitude de la solution chaque fois qu'on résout un système par la méthode géométrique.

On vérifie l'exactitude de la solution du système A en substituant $x = \frac{7}{2}$ et $y = \frac{1}{6}$ dans les deux équations. On obtient

$$(1)\ \left(\frac{7}{2}\right) - 3\left(\frac{1}{6}\right) = 3 \Leftrightarrow \frac{7}{2} - \frac{1}{2} = 3 \Leftrightarrow 3 = 3$$

$$(2)\ \frac{\left(\frac{7}{2}\right)}{3} + 5\left(\frac{1}{6}\right) = 2 \Leftrightarrow \frac{7}{6} + \frac{5}{6} = 2 \Leftrightarrow 2 = 2$$

qui sont des égalités vraies.

B) (1) $\frac{2x-1}{2} + \frac{5y+1}{3} = \frac{1}{6}$

(2) $\frac{x}{5} + \frac{y}{3} = 1$

Conseil

Avant de chercher les couples solutions de deux équations, il est utile de les transformer sous leur forme la plus simple.

$$(1)\ \frac{2x-1}{2} + \frac{5y+1}{3} = \frac{1}{6} \qquad 3x + 5y = 1$$

$$\Leftrightarrow$$

$$(2)\ \frac{x}{5} + \frac{y}{3} = 1 \qquad 3x + 5y = 15$$

(1)

x	0	$\frac{1}{3}$	2
y	$\frac{1}{5}$	0	–1

(2)

x	0	6	2
y	3	0	$\frac{9}{5}$

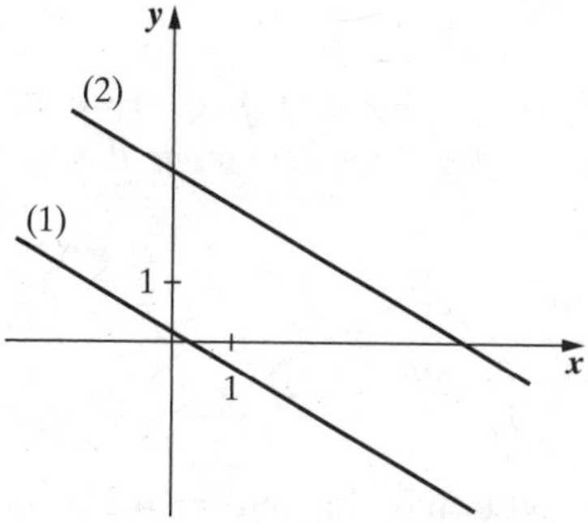

Les droites étant parallèles disjointes, le système n'a aucune solution.

C) (1) $2(1 - x) - 3(y + 1) = 3 - 2(2x - 1)$ $\quad 2x - 3y = 6$

$\Leftrightarrow$

(2) $\dfrac{2}{3}x - y = 2$ $\quad \dfrac{2}{3}x - y = 2$

(1)

x	0	3	6
y	–2	0	2

(2)

x	0	3	6
y	–2	0	2

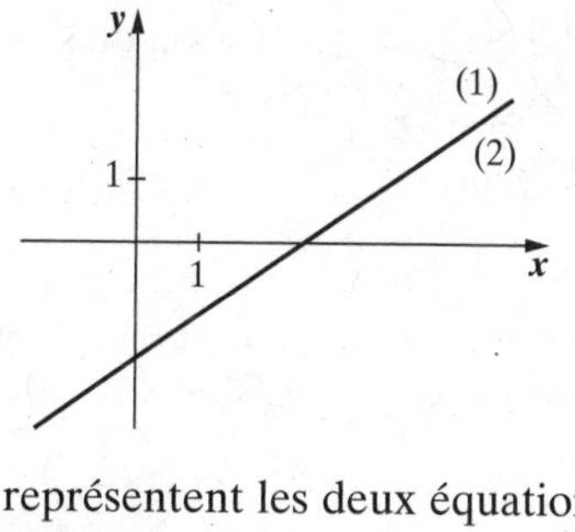

Les droites qui représentent les deux équations étant confondues, le système a une infinité de solutions.

b) A) (1) $x - 3y = 3$

(2) $\frac{x}{3} + 5y = 2$

Méthode de comparaison

Conseil

Il est préférable d'isoler la variable qui semble être la plus facile à isoler.

1. On isole la même variable dans les deux équations. Ici, on ne voit pas d'avantage à isoler l'une ou l'autre des variables.

   (1) $x = 3y + 3$

   (2) $x = -15y + 6$

2. On égalise les deux expressions.

   $3y + 3 = -15y + 6$

3. On cherche la solution de l'équation ainsi obtenue.

$$3y + 3 = 15y + 6 \Leftrightarrow 3y + 15y = 6 - 3$$
$$\Leftrightarrow 18y = 3$$
$$\Leftrightarrow \frac{18y}{18} = \frac{3}{18}$$
$$\Leftrightarrow y = \frac{1}{6}$$

4. On substitue la valeur $y = \frac{1}{6}$ dans une des équations du système, par exemple dans (1), pour trouver la valeur de la variable x.

$$x - 3\left(\frac{1}{6}\right) = 3 \Leftrightarrow x - \frac{1}{2} = 3 \Leftrightarrow x = \frac{7}{2}.$$

Le couple $\left(\frac{7}{2}, \frac{1}{6}\right)$ est donc la solution du système d'équations A.

Méthode de substitution

Conseil

Il est préférable de choisir l'équation dans laquelle il semble le plus facile d'isoler une variable.

(1) $x - 3y = 3$

(2) $\frac{x}{3} + 5y = 2$

1. On isole la variable x dans l'équation (1). On obtient
$$x = 3y + 3.$$
2. On substitue la variable x dans l'équation (2) par l'expression qui lui est égale. On obtient une équation à une variable.
$$\frac{(3y+3)}{3} + 5y = 2.$$
3. On trouve la solution de cette équation.
$$\begin{aligned}\frac{(3y+3)}{3} + 5y = 2 &\Leftrightarrow y + 1 + 5y = 2\\ &\Leftrightarrow 6y + 1 - 1 = 2 - 1\\ &\Leftrightarrow 6y = 1\\ &\Leftrightarrow \frac{6y}{6} = \frac{1}{6}\\ &\Leftrightarrow y = \frac{1}{6}\end{aligned}$$
4. On remplace la variable y par la valeur $\frac{1}{6}$ dans l'équation (1) et on trouve la valeur de la variable x du couple solution.
$$\begin{aligned}x - 3\left(\frac{1}{6}\right) = 3 &\Leftrightarrow x - \frac{1}{2} + \frac{1}{2} = 3 + \frac{1}{2}\\ &\Leftrightarrow x = \frac{7}{2}\end{aligned}$$

Le couple $\left(\frac{7}{2}, \frac{1}{6}\right)$ est la solution unique du système A.

Méthode de réduction

(1) $x - 3y = 3$

(2) $\frac{x}{3} + 5y = 2$

1. Le système est déjà sous sa forme générale.
2. On multiplie l'équation (2) par le facteur (–3) afin que les coefficients de la variable x soient opposés.

$$\begin{array}{ll|l} (1) & x - 3y = 3 & \times 1 \\ (2) & \frac{x}{3} + 5y = 2 & \times(-3) \end{array} \Leftrightarrow \begin{array}{l} x - 3y = 3 \\ -x - 15y = -6 \end{array}$$

3. On additionne les deux équations.

$$\begin{array}{lr} (1) & x - 3y = 3 \\ (2) \; + & \underline{-x - 15y = -6} \\ & -18y = -3 \end{array}$$

4. On trouve la solution de l'équation ainsi obtenue.

$$-18y = -3 \Leftrightarrow \frac{-18y}{-18} = \frac{-3}{-18} \Leftrightarrow y = \frac{1}{6}$$

5. On substitue cette valeur dans l'équation (1) pour trouver la valeur de la variable x.

$$x - 3\left(\frac{1}{6}\right) = 3 \Leftrightarrow x - \frac{1}{2} + \frac{1}{2} = 3 + \frac{1}{2}$$

$$\Leftrightarrow x = \frac{7}{2}$$

Le couple $\left(\frac{7}{2}, \frac{1}{6}\right)$ est la solution unique du système A.

c) Puisqu'il est très facile d'isoler la variable x dans la première équation, la méthode par substitution semble être la plus appropriée.

d) On simplifie les deux équations du système B et on obtient

$$\begin{array}{lll} (1) \; \frac{2x-1}{2} + \frac{5y+1}{3} = \frac{1}{6} & & 3x + 5y = 1 \\ & \Leftrightarrow & \\ (2) \; \frac{x}{5} + \frac{y}{3} = 1 & & 3x + 5y = 15 \end{array}$$

La méthode qui semble être la plus appropriée est la méthode de réduction.

1. On a déjà transformé le système sous sa forme générale.

2. On multiplie l'une des équations par (–1).

$$\begin{array}{ll|l} (1) & 3x + 5y = 1 & \times(-1) \\ (2) & 3x + 5y = 15 & \end{array} \quad \Leftrightarrow \quad \begin{array}{l} -3x - 5y = -1 \\ 3x + 5y = 15 \end{array}$$

3. On additionne les deux équations

$$\begin{array}{lr} (1) & -3x - 5y = -1 \\ (2) \; + & \underline{3x + 5y = 15} \\ & 0 = 14 \end{array}$$

4. On trouve la solution de l'équation ainsi obtenue.

   L'équation $0 = 14$ n'a aucune solution et par conséquent le système n'a, lui non plus, aucune solution.

Résolution du système C

Après avoir simplifié l'équation (1) on obtient :

C) (1) $2(1-x)-3(y+1)=3-2(2x-1)$ $\quad\Leftrightarrow\quad$ $2x-3y=6$

(2) $\frac{2}{3}x-y=2$ $\quad\quad$ $\frac{2}{3}x-y=2$

La méthode de comparaison semble être ici la plus appropriée.

1. On isole la même variable, par exemple y, dans les deux équations.

   (1) $y=\dfrac{2x-6}{3}$

   (2) $y=\dfrac{2x-6}{3}$

2. On égalise les deux expressions.

$$\frac{2x-6}{3}=\frac{2x-6}{3}$$

3. On cherche la solution de l'équation ainsi obtenue.

$$\frac{2x-6}{3}=\frac{2x-6}{3}\Leftrightarrow 0=0$$

Cette équation admet une infinité de solution. Le système C a donc, lui aussi, une infinité de solutions.

Problème 78

Pierre achète 3 pointes de pizza et 1 café pour la somme de 8,20 \$. Marie achète 2 pointes de pizza et 4 cafés pour une somme de 7,60 \$. Combien faut-il payer pour 5 pointes de pizza et 5 cafés ?

Solution

1. x : le prix d'une pointe de pizza
   y : le prix d'un café.
2. L'équation $3x+1y=8{,}20$ traduit l'énoncé « Pierre achète 3 pointes de pizza et 1 café pour la somme de 8,20 \$ ».

   L'équation $2x+4y=7{,}60$ traduit l'énoncé « Marie achète 2 pointes de pizza et 4 cafés pour la somme de 7,60 \$ ».
3. On peut résoudre le système obtenu par la méthode de réduction.

   (1) $3x+2y=8{,}20 \mid \times(-4)$ $\quad\Leftrightarrow\quad$ $-12x-4y=-32{,}8$

   (2) $2x+4y=7{,}60 \mid \times 1$ $\quad\quad$ $2x+4y=7{,}60$

   Le couple (2,52 ; 0,64) est la solution unique de ce système.

4. Pour $x = 2{,}52$ et $y = 0{,}64$, on obtient

$$3(2{,}52) + (0{,}64) = 8{,}20 \text{ et } 2(2{,}52) + 4(0{,}64) = 7{,}60$$

qui sont des égalités vraies.

5. Pour 5 pointes de pizza et 5 cafés, il faut payer

$$5x + 5y = 5(2{,}52\ \$) + 5(0{,}64\ \$) = 15{,}80\ \$.$$

Réponse Pour 5 pointes de pizza et 5 cafés, il faut payer 15,80 $.

Problème 79

La somme des chiffres d'un nombre composé de deux chiffres est égale à 9. Si l'on additionne 27 à ce nombre, on obtient le même nombre que si l'on inversait ses chiffres. Quel est ce nombre ?

Solution

1. x : chiffre des dizaines
   y : chiffre des unités.

Remarque

Le nombre dont le chiffre des dizaines est x et le chiffre des unités est y s'écrit $10x + y$.

Le nombre obtenu par inversion des chiffres s'écrit $10y + x$.

Par exemple, $52 = 10 \times 5 + 2$ et $25 = 10 \times 2 + 5$.

ATTENTION

L'expression xy ne représente pas de nombre dont le chiffre des dizaines est x et le chiffre des unités est y, mais le produit de deux nombres x et y. Donc $xy \neq 10x + y$.

2. L'équation $x + y = 9$ traduit l'énoncé « La somme des chiffres d'un nombre... est égale à 9 ».

   L'équation $10x + y + 27 = 10y + x$ traduit l'énoncé « Si l'on additionne 27 à ce nombre, on obtient le même nombre que si l'on inversait ses chiffres ».

   On obtient donc le système

   (1) $x + y = 9$

   (2) $10x + y + 27 = 10y + x$

3. On peut résoudre ce système par la méthode de réduction.

$$\begin{array}{l}(1)\ x+y=9\\(2)\ 10x+y+27=10y+x\end{array} \Leftrightarrow \begin{array}{l|l}x+y=9 & \times 1\\9x-9y=-27 & \times \frac{1}{9}\end{array} \Leftrightarrow \begin{array}{l}x+y=9\\x-y=-3\end{array}$$

Le couple (3, 6) est la solution unique de ce système.

4. Pour $x=3$ et $y=6$, on obtient

$$3+6=9 \text{ et } 10(3)+(6)+27=10(6)+(3)$$

qui sont des égalités vraies.

5. Les chiffres des dizaines et des unités sont respectivement 3 et 6. Le nombre recherché est donc 36.

Réponse Le nombre recherché est 36.

Problème 80

À la naissance de sa fille, Claudine avait 25 ans. Dans 5 ans elle aura le double de l'âge de sa fille. Quel est l'âge actuel de Claudine et celui de sa fille ?

Solution

1. x : l'âge actuel de Claudine ;
   y : l'âge actuel de sa fille.
2. L'équation $x - y = 25$ traduit l'énoncé « À la naissance de sa fille, Claudine avait 25 ans ».

   L'équation $x + 5 = 2(y + 5)$ traduit l'énoncé « Dans 5 ans elle aura le double de l'âge de sa fille ».

   On obtient donc le système

   (1) $x-y=25$

   (2) $x+5=2(y+5)$
3. On peut résoudre ce système par la méthode de substitution.

$$\begin{array}{l}(1)\ x-y=25\\(2)\ x+5=2(y+5)\end{array} \Leftrightarrow \begin{array}{l}x=y+25\\x-2y=5\end{array}$$

   Le couple (45, 20) est la solution unique de ce système.
4. Pour $x=45$ et $y=20$ on a

$$(45)-(20)=25 \text{ et } (45)+5=2[(20)+5]$$

   qui sont des égalités vraies.

5. L'âge actuel de Claudine est de 45 ans et celui de sa fille, 20 ans. Il est facile de vérifier que dans 5 ans l'âge de Claudine sera le double de celui de sa fille. En effet, $50 = 2 \times 25$.

Réponse L'âge actuel de Claudine est de 45 ans et celui de sa fille, 20 ans.

Pour travailler seul

Problème 81

Résoudre graphiquement et par la méthode algébrique de votre choix le système d'équation suivant :

(1) $x - 4y = -7$

(2) $5x + 3y + 12 = 0$

Problème 82

La mesure de la base d'un triangle isocèle est le quart de la mesure de l'un de ses côtés congrus. Trouvez l'aire, sachant que le périmètre de ce triangle est de 32,4 cm.

Problème 83(E)

Pour financer des activités sportives, les éléves d'une école ont vendu des chandails et des épinglettes. Les profits sont de 4,50 $ par chandail vendu et de 1,50 $ par épinglette vendue.

Les éléves ont vendu 4 fois plus de chandails que d'épinglettes. Au total, les profits ont été de 4 095 $.

Soit x : le nombre de chandails vendus

y : le nombre d'épinglette vendues

Quel système d'équations représente cette situation ?

A) (1) $4{,}5x + 1{,}5y = 4\,095$
(2) $x = 4y$

B) (1) $4{,}5x + 1{,}5y = 4\,095$
(2) $4x = y$

C) (1) $1{,}5x + 4{,}5y = 4\,095$
(2) $x = 4y$

D) (1) $1{,}5x + 4{,}5y = 4\,095$
(2) $4x = y$

4.3 SYSTÈMES D'ÉQUATIONS SEMI-LINÉAIRES

L'ESSENTIEL

- Un système composé d'une équation du premier degré et d'une équation du degré supérieur à 1 est dit **système semi-linéaire**.
- Un système semi-linéaire à deux variables dont une équation est quadratique peut admettre :
  1. Une solution unique.

     La droite est tangente à la courbe représentant l'équation quadratique ou la coupe en un seul point.
  2. Deux solutions

     La droite coupe la courbe en deux points.
  3. Aucune solution

     La droite ne rencontre pas la courbe.
- Le système composé d'une équation du premier degré et d'une équation du second degré peut être résolu graphiquement, ou algébriquement, par la méthode de comparaison ou la méthode de substitution*.

Pour s'entraîner

Problème 84

Déterminez algébriquement les coordonnées des points d'intersection de chacune des droites

$$d_1 : 2x - y = 0$$

$$d_2 : 2x - y = 5$$

$$d_3 : x + y = 5$$

avec le cercle d'équation $x^2 + y^2 = 5$.

---

* Lorsque dans une équation de degré 2 les deux variables sont affectées de l'exposant 2, on choisit la méthode de substitution.

On choisit la méthode de comparaison lorsqu'une seule variable dans l'équation quadratique est affectée de l'exposant 2.

Solution

Étant donné que les exposants de deux variables dans l'équation $x^2 + y^2 = 5$ sont égales à 2, on résout le système par substitution.

On suit les mêmes étapes que dans la résolution des systèmes linéaires par la méthode de substitution.

Pour la droite d_1, on a :

$$\begin{aligned} &(1)\ 2x - y = 0 \\ &(2)\ x^2 + y^2 = 5 \end{aligned}$$

1. On isole une variable dans l'équation du premier degré.

   $$\begin{aligned} &(1)\ 2x - y = 0 \\ &(2)\ x^2 + y^2 = 5 \end{aligned} \quad \Leftrightarrow \quad \begin{aligned} &y = 2x \\ &x^2 + y^2 = 5 \end{aligned}$$

2. On remplace cette variable dans l'autre équation par l'expression qui lui est égale.

   $$x^2 + (2x)^2 = 5$$

3. On résout l'équation obtenue.

   $$\begin{aligned} x^2 + (2x)^2 = 5 &\Leftrightarrow x^2 + 4x^2 = 5 \\ &\Leftrightarrow 5x^2 - 5 = 0 \\ &\Leftrightarrow 5(x - 1)(x + 1) = 0 \\ &\Leftrightarrow x = 1 \text{ ou } x = -1 \end{aligned}$$

4. On substitue les deux solutions dans l'équation du premier degré afin de calculer la valeur de l'autre variable de chaque couple solution du système.

   Si $x = 1$, alors $y = 2(1) = 2$, si $x = -1$, alors $y = 2(-1) = -2$.

   Le système admettant deux solutions, soient $(1, 2)$ ou $(-1, -2)$, la droite d_1 coupe le cercle en deux points.

Pour la droite d_2, on a :

$$\begin{aligned} &(1)\ 2x - y = 5 \\ &(2)\ x^2 + y^2 = 5 \end{aligned}$$

1. $$\begin{aligned} &(1)\ 2x - y = 5 \\ &(2)\ x^2 + y^2 = 5 \end{aligned} \quad \Leftrightarrow \quad \begin{aligned} &y = 2x - 5 \\ &x^2 + y^2 = 5 \end{aligned}$$

2. $x^2 + (2x - 5)^2 = 5$

3. $$\begin{aligned} x^2 + (2x - 5)^2 = 5 &\Leftrightarrow 5x^2 - 20x + 20 = 0 \\ &\Leftrightarrow 5(x - 2)^2 = 0 \end{aligned}$$

   L'équation admet une solution unique, soit $x = 2$.

4. Si $x = 2$, alors $y = 2(2) - 5 = -1$. Le système admet une solution unique, soit $(2, -1)$. La droite a un seul point d'intersection avec le cercle, elle est donc tangente à ce cercle.

Pour la droite d_3, on a :

$$(1)\ x + y = 5$$
$$(2)\ x^2 + y^2 = 5$$

1. $\begin{array}{l}(1)\ x + y = 5 \\ (2)\ x^2 + y^2 = 5\end{array} \Leftrightarrow \begin{array}{l}y = 5 - x \\ x^2 + y^2 = 5\end{array}$
2. $x^2 + (5 - x^2) = 5$
3. $x^2 + (5 - x^2) = 5 \Leftrightarrow 2x^2 - 10x + 20 = 0$

   Cette équation n'admet aucune solution, car le discriminant du trinôme $2x^2 - 10x + 20$ est négatif. En effet,

   $$\Delta = b^2 - 4ac = (-10)^2 - 4(2)(20) = -60.$$

   Le système n'admet aucune solution, la droite d_3 n'a donc aucun point commun avec le cercle.

Réponse

La droite d_1 coupe le cercle en deux points dont les coordonnées sont $(1, 2)$ et $(-1, -2)$.

La droite d_2 est tangente au cercle. Les coordonnées du point de tangence sont $(2, -1)$.

La droite d_3 n'a aucun point commun avec le cercle.

Problème 85

Les points P et Q sont les points communs de la droite représentant la fonction affine de règle $f(x) = 1{,}5x + 1{,}5$ et de la parabole représentant la fonction quadratique $g(x) = -4x^2 + 4x + 3$.

Quelles sont les coordonnées des points P et Q ?

Solution

On cherche la solution du système d'équations semi-linéaires suivant.

(1) $y = 1{,}5x + 1{,}5$

(2) $y = -4x^2 + 4x + 3$

On peut utiliser la méthode de comparaison pour résoudre ce système.

1. La variable y est déjà isolée dans les deux équations.

   (1) $y = 1{,}5x + 1{,}5$

   (2) $y = -4x^2 + 4x + 3$

2. On égalise les deux expressions algébriques qui expriment la variable y.

$$1{,}5x + 1{,}5 = -4x^2 + 4x + 3$$

3. On cherche la solution de l'équation à une variable.

$$1{,}5x + 1{,}5 = -4x^2 + 4x + 3 \Leftrightarrow 4x^2 - 2{,}5x - 1{,}5 = 0$$

$$\Leftrightarrow 4(x-1)\left(x + \frac{3}{8}\right) = 0$$

$$\Leftrightarrow x = 1 \text{ ou } x = -\frac{3}{8}$$

4. On substitue chacune de ces valeurs dans l'équation (1) du système pour calculer la valeur de la variable y.

   Si $x = 1$, $y = 1{,}5(1) + 1{,}5 = 3$.

   Si $x = -\frac{3}{8} = -0{,}375$, $y = 1{,}5(-0{,}375) + 1{,}5 = 0{,}937\,5$.

Le système a donc deux couples solutions, soit (1, 3) et (0,375 ; 0,937 5)

Réponse P(1, 3) Q(0,375 ; 0,937 5)

Pour travailler seul

Problème 86

Soit le système d'équations semi-linéaires

(1) $y = -4x + 8$

(2) $y = -4x^2 + 24x - 32$.

a) Complétez la table des valeurs ci-dessous et déterminez le nombre de solutions de ce système.

x	0	1	2	3	4	5	6
$y = -4x + 8$							
$y = -4x^2 + 24x - 32$							

b) Résolvez le système graphiquement.

c) Résolvez le système par une méthode algébrique.

Problème 87(E)

Dans les équations suivantes, la valeur de n est supérieure à 0 ($n > 0$). Parmi les quatre systèmes d'équations ci-dessous, lequel N'A PAS de solution ?

A) (1) $y = n$
(2) $y = x^2$

B) (1) $y = n$
(2) $y = -x^2$

C) (1) $y = n$
(2) $y = x^2 + n$

D) (1) $y = n$
(2) $y = -x^2 + n$

Problème 88(E)

Les points P et Q sont les points d'intersection de la droite et de la parabole représentées dans le plan cartésien ci-dessous.

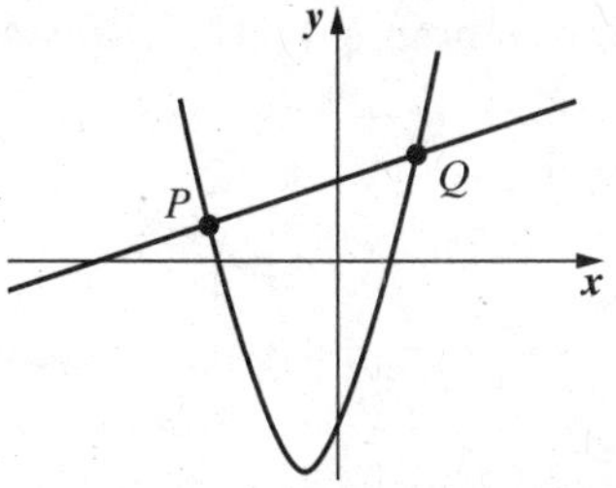

L'équation de la droite est $x - y + 11 = 0$. L'équation de la parabole est $y = x^2 + 2x - 19$.

Quelles sont les coordonnées des points P et Q ?

5 Géométrie analytique

5.1 RELATIONS ENTRE LES POINTS DU PLAN CARTÉSIEN

L'ESSENTIEL

Soient $A(x_1, y_1)$ et $B(x_2, y_2)$ deux points du plan cartésien.

- Le point
$$M\left(\frac{x_1 + x_2}{2}, \frac{y_1 + y_2}{2}\right)$$
est le point milieu du segment AB.
- La distance entre les points A et B est donnée par la formule
$$d(A,B) = \sqrt{(x_2 - x_1)^2 + (y_2 - y_1)^2}\ ^*.$$
- La mesure du segment AB correspond à la distance qui sépare ses deux extrémités, c'est-à-dire
$$m\overline{AB} = d(A,B)$$
- Un point P partage intérieurement un segment AB dans le rapport $a:b$ si et seulement si $\frac{m\overline{AP}}{m\overline{PB}} = \frac{a}{b}$.

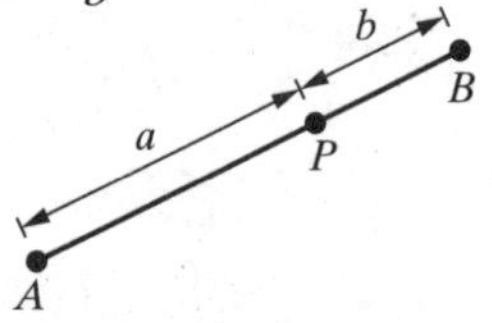

- Le point P qui partage le segment AB selon le rapport $a:b$ est situé aux $\frac{a}{a+b}$ du segment AB à partir de A**.

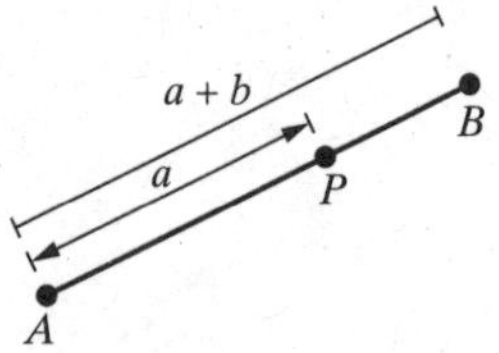

* La distance séparant deux points situés sur l'axe des abscisses, $A(x_1, 0)$ et $B(x_2, 0)$, est $d(A, B) = |x_2 - x_1|$.

La distance séparant deux points situés sur l'axe des ordonnées, $A(0, y_1)$ et $B(0, y_2)$, est $d(A, B) = |y_2 - y_1|$.

** Le point P qui partage le segment AB dans le rapport $\frac{a}{b}$ est l'image du point B par homothétie de centre A et de rapport $k = \frac{a}{a+b}$.

- Les coordonnées du point $P(x, y)$ qui partage un segment d'extrémités $A(x_1, y_1)$ et $B(x_2, y_2)$ selon un rapport $a: b$ à partir de A sont données par les formules suivantes :

$$x = x_1 + \frac{a}{a+b}(x_2 - x_1)$$

$$y = y_1 + \frac{a}{a+b}(y_2 - y_1).$$

Pour s'entraîner

Problème 89

Deux bateaux quittent un port. L'un d'eux se dirige vers le nord, l'autre vers l'est. On suit leur trajet dans un système de repère gradué en kilomètres. Après huit heures, on constate que le point M de coordonnées (200, 150) représente le milieu du segment droit reliant les positions des deux bateaux.

a) À quelle vitesse va chacun des deux bateaux ?

b) Montrez que le point M est équidistant du point de départ et des points représentant les positions des deux bateaux après huit heures.

Solution

Rappel

Pour calculer la vitesse moyenne d'un véhicule, on applique la formule

$$v = \frac{d}{t}$$

où d et t représentent respectivement la distance parcourue et le temps nécessaire pour parcourir cette distance.

a) On trouve d'abord les positions des deux bateaux après huit heures. Les coordonnées de la position du bateau qui se dirige vers le nord sont $A(0, y)$ et celles de la position du bateau qui se dirige vers l'est sont $B(x, 0)$.

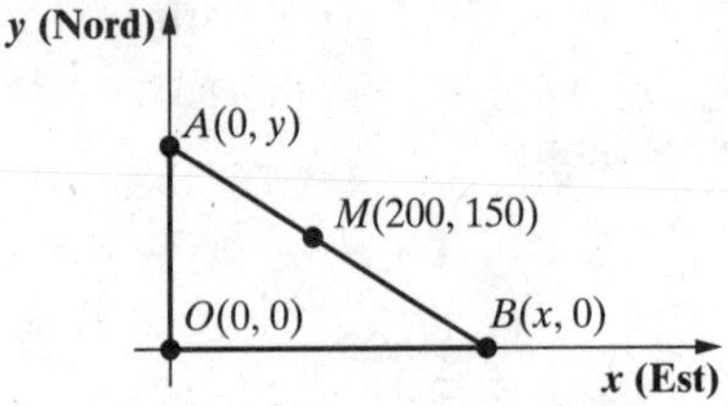

Le point M étant le milieu du segment AB, on a

$$\frac{0+x}{2} = 200 \text{ et } \frac{y+0}{2} = 150.$$

D'où $x = 400$ et $y = 300$.

Les distances séparant les points d'arrivée des deux bateaux, $A(0, 300)$ et $B(400, 0)$, du point de départ $O(0, 0)$ sont

$$d(O, A) = |300 - 0| = 300 \text{ et } d(O, B) = |400 - 0| = 400,$$

et leur vitesse respective

$$v_A = \frac{300 \text{ km}}{8 \text{ h}} = 37{,}5 \text{ km/h} \text{ et } v_B = \frac{400 \text{ km}}{8 \text{ h}} = 50 \text{ km/h}.$$

b) Le point M étant le milieu du segment AB, il est donc équidistant des deux extrémités de ce segment. On a

$$\begin{aligned} d(A,M) &= d(B,M) \\ &= \tfrac{1}{2} d(A,B) \\ &= \tfrac{1}{2}\sqrt{(400-0)^2 + (0-300)^2} \\ &= 250 \text{ km} \end{aligned}$$

De plus, la distance qui le sépare du point de départ étant

$$d(O,M) = \sqrt{(200-0)^2 + (150-0)^2} = 250 \text{ km},$$

il est donc équidistant de ces trois points.

Réponse

a) $v_A = \dfrac{300 \text{ km}}{8 \text{ h}} = 37{,}5 \text{ km/h}$

$v_B = \dfrac{400 \text{ km}}{8 \text{ h}} = 50 \text{ km/h}$

b) Voir la solution.

Problème 90

Sur un plan cartésien gradué en kilomètres, Marie a situé les points représentant sa maison $M(-2, 1)$, celle d'Annie, une de ses copines, $A(1, 3)$, ainsi que le point représentant leur école $E(5, -3)$. Le point qui représente sur ce plan la bibliothèque municipale partage le segment AE selon le rapport 3 : 4, et celui qui représente la maison de Sylvie, une autre élève de cette école, est situé aux $\frac{3}{4}$ du chemin droit séparant la maison de Marie de l'école.

a) Laquelle parmi ces trois élèves parcourt la plus grande distance pour se rendre à l'école ?

b) Déterminez les coordonnées du point qui représente la bibliothèque.

c) Déterminez les coordonnées du point qui représente la maison de Sylvie.

d) Montrez que le triangle formé par les points qui représentent l'école, la maison de Marie et celle d'Annie est rectangle.

Solution

a) La distance qui sépare la maison de Marie (point $M(-2, 1)$) de l'école (point $E(5, -3)$) est

$$d(M,E) = \sqrt{(5-(-2))^2 + (-3-1)^2} = \sqrt{65} \text{ km}.$$

La distance qui sépare la maison d'Annie (point $A(1, 3)$) de l'école est

$$d(A,E) = \sqrt{(5-1)^2 + (-3-3)^2} = \sqrt{52} = 2\sqrt{13} \text{ km}.$$

La distance qui sépare la maison d'Annie de l'école est donc plus courte que celle qui sépare la maison de Marie de l'école. Puisque la maison de Sylvie est située entre la maison de Marie et l'école, c'est donc Marie qui franchit la distance la plus longue pour se rendre à l'école.

b) On cherche ici les coordonnées du point qui partage le segment d'extrémités $A(1, 3)$ et $E(5, -3)$ selon le rapport 3 : 4. À l'aide des formules, on calcule

$$x = x_1 + \frac{a}{a+b}(x_2 - x_1) = 1 + \frac{3}{3+4}(5-1) = \frac{19}{7}$$

$$y = y_1 + \frac{a}{a+b}(y_2 - y_1) = 3 + \frac{3}{3+4}(-3-3) = \frac{3}{7}.$$

c) On cherche ici les coordonnées du point situé aux $\frac{3}{4}$ du segment limité par les points qui représentent la maison de Marie, $M(-2, 1)$, et l'école, $E(5, -3)$. Ce point partage le segment ME selon le rapport $a : b$, tel que $\dfrac{a}{a+b} = \dfrac{3}{4}$. Les coordonnées du point qui représente la maison de Sylvie sont donc

$$x = x_1 + \frac{a}{a+b}(x_2 - x_1) = -2 + \frac{3}{4}(5 - (-2)) = \frac{13}{4}$$

$$y = y_1 + \frac{a}{a+b}(y_2 - y_1) = 1 + \frac{3}{4}(-3 - 1) = -2.$$

d) **Conseil**

On applique le théorème de Pythagore pour vérifier si un triangle défini par ses côtés est rectangle ou non.

« Un triangle est rectangle si et seulement si le carré d'un de ses côtés est égal à la somme des carrés des autres côtés. »

Les mesures des trois côtés du triangle *MAE* sont :

$$m\overline{ME} = d(M,E) = \sqrt{65} \text{ km}$$

$$m\overline{AE} = d(A,E) = \sqrt{52} = 2\sqrt{13} \text{ km}$$

$$m\overline{MA} = d(M,A) = \sqrt{(1-) - 2))^2 + (3-1)^2} = \sqrt{13} \text{ km.}$$

Si le triangle est rectangle, $\overline{ME}$ étant le plus long côté, il serait l'hypoténuse. Il reste à vérifier l'égalité $m\overline{ME}^2 = m\overline{AE}^2 + m\overline{MA}^2$.

On a

$$m\overline{ME}^2 = (\sqrt{65})^2 = 65$$

et

$$m\overline{AE}^2 + m\overline{MA}^2 = (2\sqrt{13})^2 + (\sqrt{13})^2 = 65.$$

Comme la relation de Pythagore est vérifiée, le triangle est rectangle en A.

Réponses

a) Marie parcourt la distance la plus longue pour se rendre à l'école.

b) $B\,(\frac{19}{7}, \frac{3}{7})$

c) $S\,(\frac{13}{4} - 2)$

d) Voir solution.

Pour travailler seul

Problème 91(E)

Le point $P(62, 17)$ appartient au segment de droite MN représenté dans le plan cartésien ci-dessous.

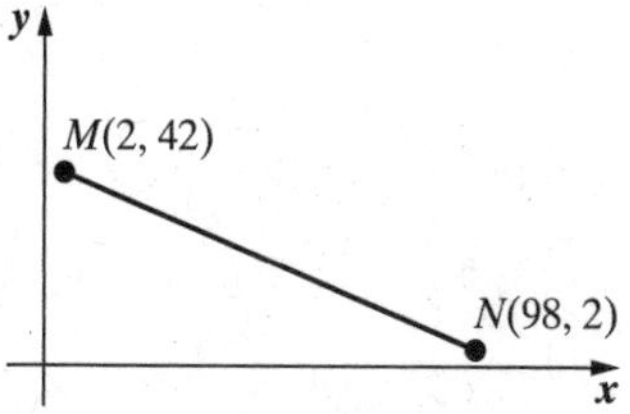

Lequel des énoncés suivants décrit la position du point P ?

A) Le point P est situé aux $\frac{3}{5}$ du segment MN, et ce, à partir de M.

B) Le point P est situé aux $\frac{3}{8}$ du segment MN, et ce, à partir de M.

C) Le point P partage le segment MN dans le rapport $5:3$, et ce, à partir de M.

D) Le point P partage le segment MN dans le rapport $8:3$, et ce, à partir de M.

Problème 92

Dans le plan cartésien ci-dessous, le segment BM est une médiane du triangle ABC et le point S est le centre de ce triangle, c'est-à-dire le point qui partage chacune des trois médianes selon le rapport $2:1$, et ce, à partir du sommet du triangle.

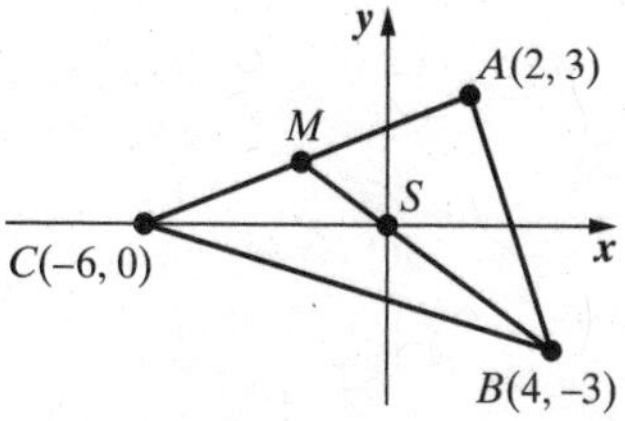

a) Trouvez les coordonnées du point M.

b) On voit sur la figure que le centre de ce triangle se trouve dans l'origine du plan cartésien. Faites le calcul pour vérifier l'exactitude de ce placement.

5.2 ÉQUATION D'UNE DROITE. RELATIONS ENTRE DEUX DROITES. DISTANCE D'UN POINT À UNE DROITE

L'ESSENTIEL

- La pente du segment P_1P_2 ou de la droite passant par les points $P_1(x_1, y_1)$ et $P_2(x_2, y_2)$ est

$$p = \frac{y_2 - y_1}{x_2 - x_1}.$$

- À toute droite correspond une équation algébrique dont les trois formes usuelles sont:
    - forme générale: $Ax + By + C = 0^*$;
    - forme fonctionnelle: $y = px + b$, où p est la pente et b, l'ordonnée à l'origine**;
    - forme symétrique: $\frac{x}{a} + \frac{y}{b} = 1$, où a est l'abscisse à l'origine et b, l'ordonnée à l'origine***.
- L'équation de la droite passant par deux points $P_1(x_1, y_1)$ et $P_2(x_2, y_2)$ est

$$\frac{y_2 - y_1}{x_2 - x_1} = \frac{y - y_1}{x - x_1}.$$

- L'équation de la droite de pente p et passant par le point $P(x_1, y_1)$ est.

$$p = \frac{y - y_1}{x - x_1}$$

- Les segments ou droites perpendiculaires ont des pentes opposées et inversées, c'est-à-dire

$$p_2 = \frac{1}{p_1} \text{ ou } p_1p_2 = -1$$

- Les segments ou droites parallèles ont des pentes égales, c'est-à-dire $p_1 = p_2$.
- La distance d'un point $P(x_1, y_1)$ à une droite d est calculée à l'aide d'une des formules
    - $d(P,d) = \dfrac{|Ax_1 + By_1 + C|}{\sqrt{A^2 + B^2}}$ si l'équation de la droite d est écrite sous sa forme générale $(Ax + By + C = 0)$;

---

* Toute droite peut être représentée par une équation générale.

** Seules les droites non verticales peuvent être représentées par une équation fonctionnelle.

*** Seules les droites obliques qui ne passent pas par l'origine peuvent être représentées par une équation de forme symétrique.

- $d(P,d) = \dfrac{|px_1 - y_1 + b|}{\sqrt{p^2 + 1}}$ si l'équation de la droite d est écrite sous sa forme fonctionnelle ($y = px + b$).

Pour s'entraîner

Problème 93

On trace un triangle ABC ayant pour sommets les deux points de rencontre de la parabole $y = -2x^2 + 12x - 10$ avec la droite $y - x = 2$ et le sommet de la parabole.

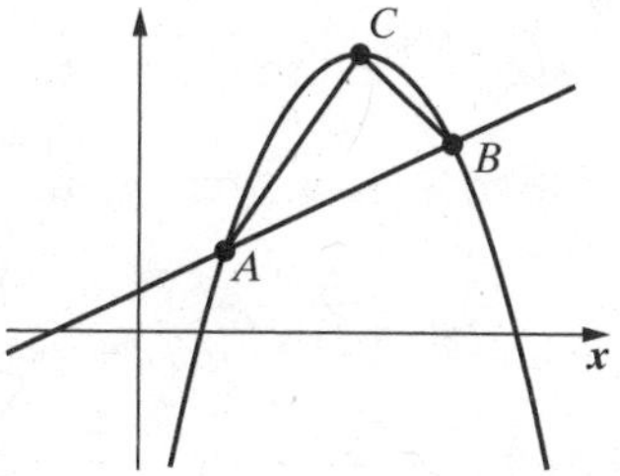

a) Trouvez le périmètre de ce triangle. Arrondissez le résultat au dixième près.

b) Le triangle est-il rectangle ?

c) Calculez l'aire de ce triangle. Arrondissez le résultat au centième près.

Solution

a) On a

$$P = m\,\overline{AB} + m\,\overline{BC} + m\,\overline{AC}.$$

On cherche d'abord les coordonnées des points de rencontre (A et B) de la parabole avec la droite, soient des couples solutions du système d'équations semi-linéaire :

(1) $y = -2x^2 + 12x - 10$

(2) $y - x = 2$

Le système possède deux couples solutions : (1,5 ; 3,5) et (4, 6).

On a donc A (1,5 ; 3,5) et B (4, 6).

Pour trouver les coordonnées du sommet de la parabole, on présente son équation sous forme canonique.

$$y = -2x^2 + 12x - 10 = -2(x^2 - 6x + 5) = -2(x - 3)^2 + 8$$

Les coordonnées du sommet sont donc $C(3, 8)$.

On calcule

$$\text{m}\,\overline{AB} = \sqrt{(4 - 1{,}5)^2 + (6 - 3{,}5)^2} = 2{,}5\sqrt{2}$$
$$\text{m}\,\overline{BC} = \sqrt{(3 - 4)^2 + (8 - 6)^2} = \sqrt{5}$$
$$\text{m}\,\overline{AC} = \sqrt{(3 - 1{,}5)^2 + (8 - 3{,}5)^2} = 1{,}5\sqrt{10}$$

et $P = 2{,}5\sqrt{2} + \sqrt{5} + 1{,}5\sqrt{10} = 10{,}5$ (arrondi au dixième près).

b) Si la vérification est positive, le côté le plus long serait l'hypoténuse. Ici, $\overline{AC}$ est le côté le plus long.

Il y a deux façons de vérifier si le triangle est rectangle ou non.

1re façon : On vérifie si le triangle est pythagorien.

On a

$$(\text{m}\,\overline{AB})^2 + (\text{m}\,\overline{BC})^2 = 17{,}5$$

et $(\text{m}\,\overline{AC})^2 = 22{,}5$

Le théorème de Pythagore n'est pas vérifié, par conséquent, le triangle n'est pas rectangle.

2e façon : On calcule les pentes de deux côtés, autres que celui qui peut être l'hypoténuse, et on vérifie l'égalité

$$p_1 \times p_2 = -1.$$

La pente du côté $\overline{AB}$ et celle du côté $\overline{BC}$ étant

$$p_1 = \frac{6 - 3{,}5}{4 - 1{,}5} \quad \text{et} \quad p_2 = \frac{8 - 6}{3 - 4} = -2$$

on obtient $1 \times -2 = -2 \neq -1$.

Les côtés ne sont pas perpendiculaires, par conséquent, le triangle n'est pas rectangle.

c)

Rappel

La hauteur d'un triangle est un segment issu d'un sommet perpendiculaire au côté opposé à ce sommet. La longueur de la hauteur correspond donc à la distance qui sépare ce sommet du côté opposé.

On a $A = \frac{b \times h}{2}$ où b est la base, par exemple $b = \text{m}\ \overline{AB}$, et où h est la longueur de la hauteur rélative à cette base.

On a

$$b = \text{m}\ \overline{AB} = 2{,}5\sqrt{2}$$

On a choisi le côté $\overline{AB}$ comme base, la hauteur est donc la distance du sommet C à cette base, soit $h = d(C, \overline{AB})$.

Pour calculer cette distance, on touve d'abord l'équation de la droite AB.

1. On cherche la pente :

$$p_{AB} = \frac{6 - 3{,}5}{4 - 1{,}5} = 1$$

2. On écrit l'équation :

$$1 = \frac{y - 3{,}5}{x - 1{,}5} \Leftrightarrow y - 3{,}5 = x - 1{,}5 \Leftrightarrow x - y + 2 = 0.$$

La distance du sommet $C(3, 8)$ à la droite d'équation $x - y + 2 = 0$ est $d(C, \overline{AB}) = \frac{|(3) - (-8) + 2|}{\sqrt{1^2 + (-1)^2}} = \frac{13}{\sqrt{2}}$.

On calcule l'aire du triangle

$$A = \frac{2{,}5\sqrt{2} \times \frac{13}{\sqrt{2}}}{2} = 16{,}25$$

Conseil

Arrondir est inutile, car on obtient le résultat exact avec deux chiffres après la virgule.

Réponses

a) $P = 10{,}5$

b) Non.

c) $A = 16{,}25$

Problème 94

Soit le triangle ABC tel que $A(-12, 2)$, $B(-3, 9)$ et $C(9, -5)$.

a) Déterminez l'équation fonctionnelle de la droite supportant le côté.

b) Déterminez l'équation générale de la droite supportant la hauteur relative au côté.

c) Selon quel rapport la hauteur issue du sommet B partage-t-elle avec le côté ?

Solution

a) On cherche ici l'équation de la droite passant par les points $A(-12, 2)$ et $C(9, -5)$, c'est-à-dire l'équation de forme

$$\frac{y_2 - y_1}{x_2 - x_1} = \frac{y - y_1}{x - x_1}$$

En substituant les coordonnées des points A et C, on obtient l'équation

$$\frac{-5 - 2}{9 - (-12)} = \frac{y - 2}{x - (-12)}.$$

On transforme cette équation dans sa forme fonctionnelle.

$$\frac{-1}{3} = \frac{y - 2}{x - (-12)} \Leftrightarrow 3(y - 2) = -1(x + 12)$$

$$\Leftrightarrow 3y - 6 = -x - 12$$

$$\Leftrightarrow y = -\frac{1}{3}x - 2$$

b) La hauteur relative au côté $\overline{AC}$ étant perpendiculaire à ce côté, on cherche l'équation de la droite passant par le sommet $B(-3, 9)$ dont la pente est opposée et inverse à celle de la droite AC.

$$h \perp \overline{AC} \Leftrightarrow p_h \times p_{\overline{AC}} = -1 \Leftrightarrow p_h \times \left(-\frac{1}{3}\right) = -1$$

D'où $p_h = 3$. L'équation de cette droite est donc

$$3 = \frac{y - 9}{x - (-3)}.$$

On transforme cette équation dans sa forme générale.

$$\frac{3}{1} = \frac{y - 9}{x - (-3)} \Leftrightarrow 3(x + 3) = 1(y - 9)$$

$$\Leftrightarrow 3x + 9 = y - 9$$

$$\Leftrightarrow 3x - y + 18 = 0$$

c) Tout d'abord, on détermine les coordonnées du point de rencontre de la droite supportant le côté $\overline{AC}$ et de la hauteur issue du sommet B, en résolvant le système d'équations

(1) $y = -\frac{1}{3}x - 2$

(2) $3x - y + 18 = 0$

Le système admet une solution unique, soit le couple (–6, 0). Le point $P(-6, 0)$ est le point d'intersection de la hauteur et de la droite AC.

Pour déterminer le rapport, il faut calculer

$$\frac{a}{b} = \frac{m\overline{AP}}{m\overline{PC}} = \frac{\sqrt{(-6-(-12))^2+(0-2)^2}}{\sqrt{9-(-6))^2+(-5-0)^2}} = \frac{2}{5}.$$

Le point $P(-6, 0)$ partage le segment $\overline{AC}$ selon le rapport 2 : 5, et ce, à partir du point A.

Réponses

a) $y = -\frac{1}{3}x - 2$

b) $3x - y + 18 = 0$

c) La hauteur issue du sommet B partage le côté $\overline{AC}$ dans le rapport 2 : 5 à partir du point A.

Pour travailler seul

Problème 95

Soient les droites définies par les équations suivantes.

$d_1 : 3x - 4y - 16 = 0$ $\quad$ $d_3 : y = 0{,}75x + 5$

$d_2 : -\frac{x}{3} + \frac{2y}{5} = 2$ $\quad$ $d_4 : y + \frac{6}{5}x = 4$

a) Transformez l'équation de la droite d_1 sous forme symétrique.

b) Transformez l'équation de la droite d_2 sous forme fonctionnelle.

c) Déterminez la pente, l'ordonnée et l'abscisse à l'origine de chacune de ces droites.

d) Lesquelles de ces droites sont parallèles ?

e) Lesquelles de ces droites sont perpendiculaires ?

Problème 96(E)

Le triangle BCD représenté dans le plan cartésien ci-dessous est rectangle en C.

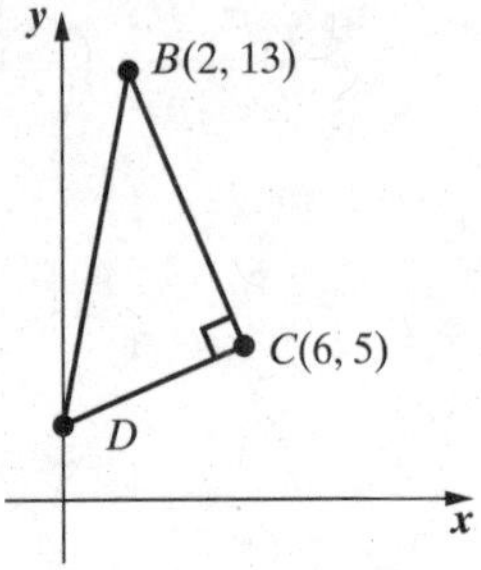

Le point D est situé sur l'axe des ordonnées.

Quelle est, au centième près, la mesure de l'hypoténuse BD ?

Problème 97

Les équations de deux droites sont :

$d_1 : 5x + y - 6 = 0$

$d_2 : y = -5x + 12$

a) Quel énoncé est vrai ?

A) Ces droites sont sécantes et perpendiculaires.

B) Ces droites sont sécantes et non perpendiculaires.

C) Ces droites sont parallèles et distinctes.

D) Ces droites sont parallèles et confondues.

b) Quelle est, arrondie au millième, la distance entre ces deux droites ?

5.3 DÉMONSTRATIONS EN GÉOMÉTRIE ANALYTIQUE

L'ESSENTIEL

Pour démontrer un énoncé géométrique, il faut :

- tracer la figure illustrant cet énoncé dans le plan cartésien de façon à utiliser le minimum de paramètres pour désigner les coordonnées des sommets ;
- à l'aide des définitions de la géométrie analytique, déduire la conclusion de cet énoncé en effectuant les manipulations algébriques.

Pour s'entraîner

Problème 98

Démontrez que les diagonales d'un losange sont perpendiculaires et concourent en leur milieu.

Solution et réponse

On trace un losange dans le plan cartésien de façon à représenter ses quatre sommets à l'aide d'un minimum de paramètres, ici trois.

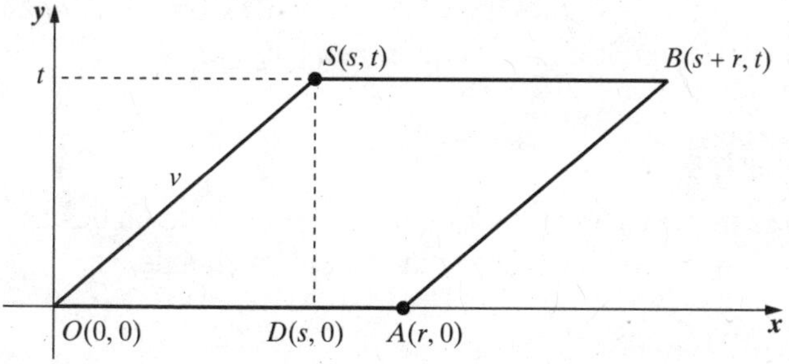

Les pentes des droites perpendiculaires étant opposées et inverses, il faut démontrer que

$$p_1 \times p_2 = -1$$

où p_1 et p_2 sont les pentes des diagonales $\overline{OB}$ et $\overline{AC}$.

On a

$$p_1 = p_{\overline{OB}} = \frac{t-0}{s+r-0} = \frac{t}{s+r}$$

$$p_2 = p_{\overline{AC}} = \frac{t-0}{s-r} = \frac{t}{s-r}$$

et

$$p_1 \times p_2 = \frac{t}{s+r} \times \frac{t}{s-r} = \frac{t^2}{s^2-r^2}.$$

De plus, le triangle ODC, dont les mesures des côtés sont s, t et r, est un triangle de Pythagore où r est la mesure de l'hypoténuse.

On a alors

$$r^2 = s^2 + t^2,$$

d'où

$$t^2 = r^2 - s^2$$

et

$$p_1 \times p_2 = \frac{t^2}{s^2 - r^2} = \frac{r^2 - s^2}{s^2 - r^2} = \frac{-(s^2 - r^2)}{s^2 - r^2} = -1,$$

par conséquent, les diagonales $\overline{OB}$ et $\overline{AC}$ sont perpendiculaires.

Pour démontrer que les diagonales se rencontrent en leur milieu, on observe la figure et on déduit les coordonnées des points milieux de deux diagonales, soient

$$M_{\overline{OB}}\left(\frac{0 + s + r}{2}, \frac{0 + t}{2}\right) \text{ et } M_{\overline{AC}}\left(\frac{r + s}{2}, \frac{0 + t}{2}\right).$$

Comme $M_{\overline{OB}}$ et $M_{\overline{AC}}$ ont les mêmes coordonnées, on a donc demontré que les diagonales d'un losange concourent en leur milieu.

Problème 99

Démontrez qu'un triangle inscrit dans un cercle dont un des côtés correspond au diamètre de ce cercle est un triangle rectangle.

Solution et réponse

Dans le plan cartésien, on trace un cercle et un triangle inscrit de façon à représenter ses trois sommets à l'aide d'un minimum de paramètres, ici trois.

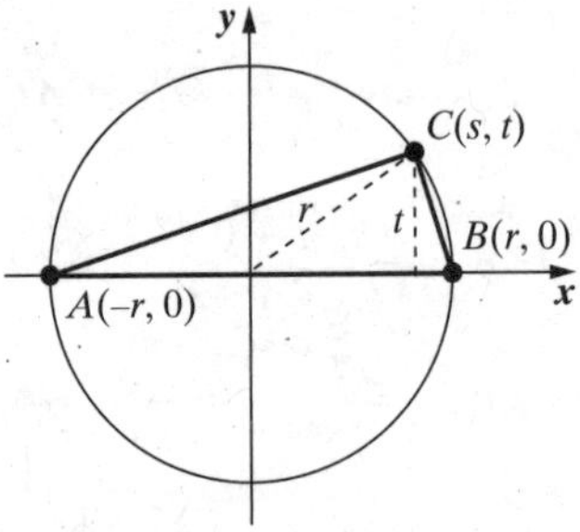

Pour démontrer cet énoncé, il faut prouver que les côtés $\overline{AC}$ et $\overline{BC}$ sont perpendiculaires, c'est-à-dire que les pentes respectives sont opposées et inverses. On a

$$p_1 = p_{\overline{AC}} = \frac{t - 0}{s - (-r)} = \frac{t}{s + r}$$

$$p_2 = p_{\overline{BC}} = \frac{t - 0}{s - r} = \frac{t}{s - r}$$

alors

$$p_1 \times p_2 = \frac{t}{s+r} \times \frac{t}{s-r} = \frac{t^2}{s^2 - r^2}$$

De plus, le point $C(s,\ t)$ étant un point du cercle, on a $s^2 + t^2 = r^2$ d'où $t^2 = r^2 - s^2$.

Enfin,

$$p_1 \times p_2 = \frac{r^2 - s^2}{s^2 - r^2} = \frac{-(s^2 - r^2)}{s^2 - r^2} = -1$$

par conséquent le triangle ABC est rectangle.

Pour travailler seul

Problème 100

Demontrez que le segment reliant les points milieux de deux côtés d'un triangle

a) est parallèle au troisième côté de ce triangle.

b) mesure la moitié du troisième côté de ce triangle.

Vérifiez vos acquis

1. Dans chaque colonne du tableau, écrivez les propriétés de la fonction représentée par son graphique cartésien.

a)

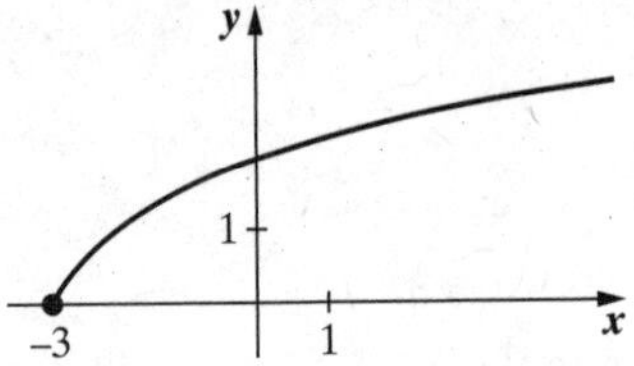

b)

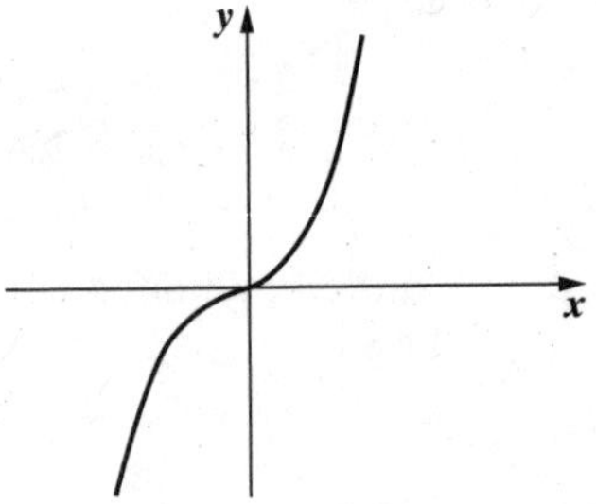

c)

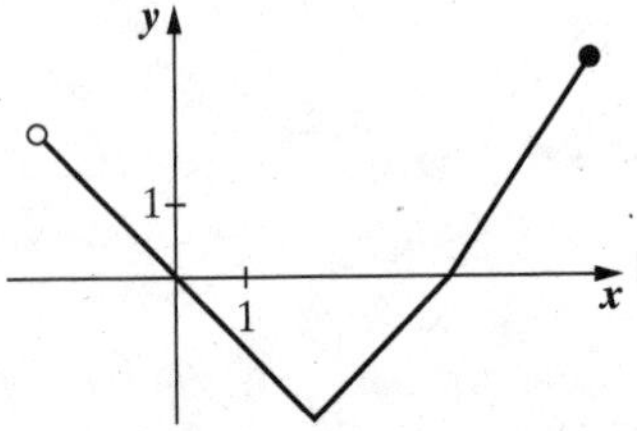

d)

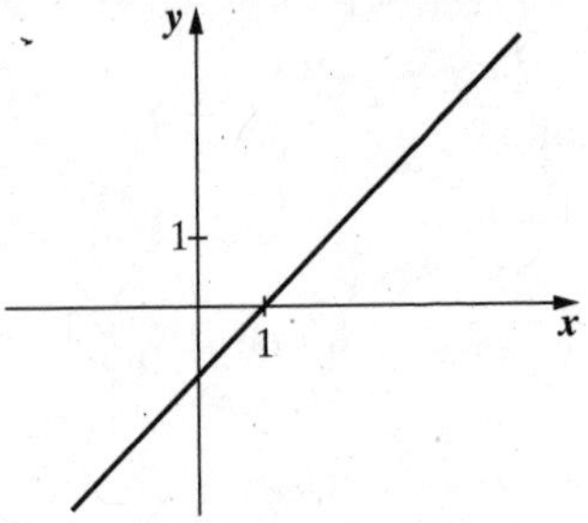

e)

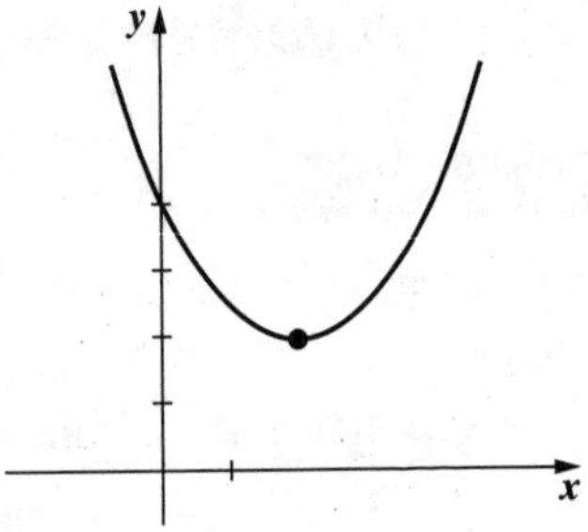

	a)	b)	c)	d)	e)
Domaine					
Codomaine					
Intervalle de croissance					
Intervalle de décroissance					
Zéros					
Valeur initiale					
Maximums					
Minimums					
Intervalles où *f* est positive					
Intervalles où *f* est négative					

2. (E) Considérons la fonction f représentée dans le plan cartésien ci-dessous.

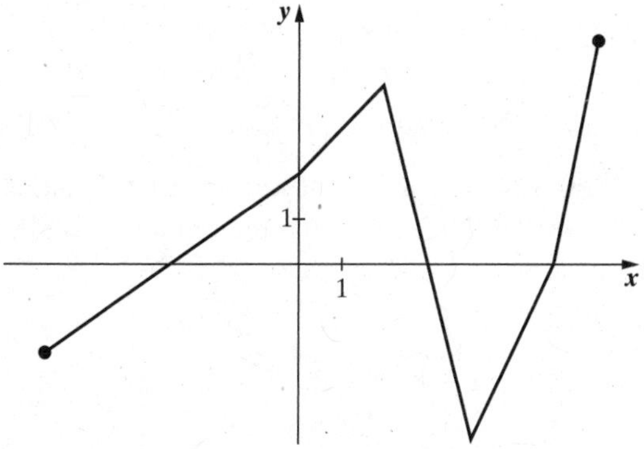

Lequel des énoncés suivants est vrai ?

A) Le domaine de la fonction f est [–4, 5].

B) Sur l'intervalle [–3, 2], la fonction f est croissante.

C) La somme des zéros de la fonction f est égale à 12.

D) La somme du minimum et du maximum de la fonction f est égale à 3.

3. Le graphique ci-dessous représente la fonction f, qui a pour règle $f(x) = \frac{1}{x}$.

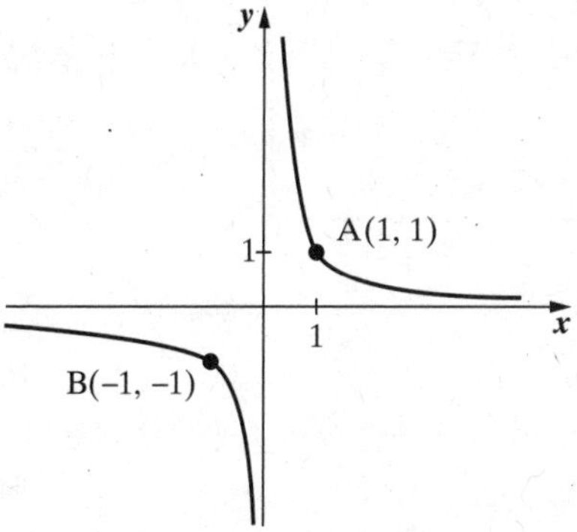

a) Nommez et décrivez algébriquement une transformation géométrique qui transforme la fonction f en une fonction g ayant pour règle

$$g(x) = \frac{1}{x-2} + 1.$$

b) Trouvez les images des points A et B.

c) Tracez le graphique cartésien de la fonction g.

4. (E) Si $a \neq 0$ et $b \neq 0$, laquelle des expressions ci-dessous est équivalente à $\dfrac{(ab^{-1})^{-2}}{ab^2}$?

A) $\dfrac{1}{a^3}$ B) $\dfrac{1}{a}$ C) 1 D) $\dfrac{1}{a^3b^4}$

5. En vous référant aux expressions accompagnant les figures ci-dessous, trouvez l'aire, le périmètre ou le côté manquant, selon le cas.

a)

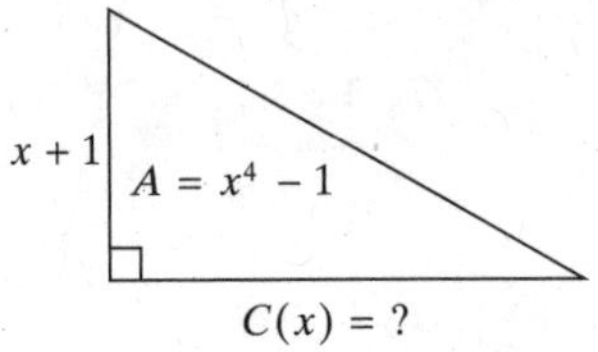

b)

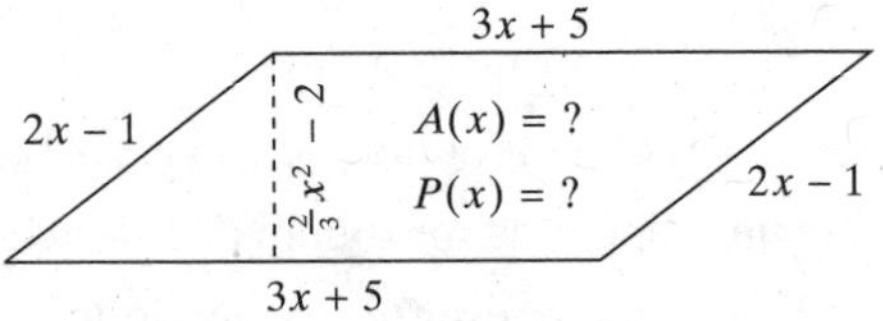

c)

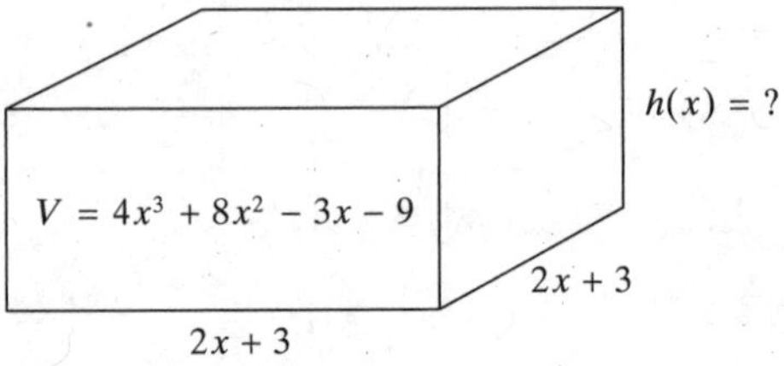

d)

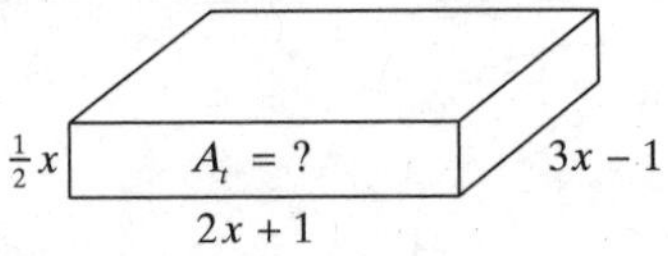

6. (E) Dans l'illustration suivante, les quadrilatères $ABCD$ et $BFGH$ sont des rectangles. De plus, m$\overline{AF}$ = 6 unités et m$\overline{GC}$ = 6 unités.

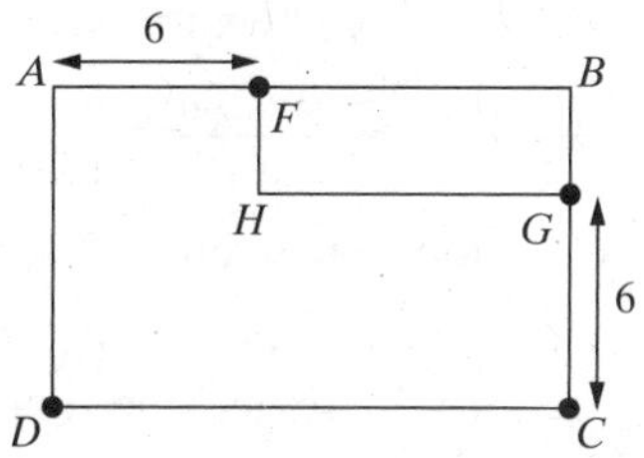

Le polynôme $12x^2 + 28x - 5$ représente l'aire du rectangle $ABCD$.

Quel polynôme représente l'aire du rectangle $FBGH$?

Laissez les traces de votre démarche.

7. (E) Le polynôme $a^4 + 2a^3 + 3a^2 + 6a$ peut être décomposé en un produit de trois facteurs irréductibles.

   Quelle est la somme de ces facteurs ?

   A) $a^3 + 2a^2 + 4a + 6$ C) $3a + 5$

   B) $a^2 + 2a + 5$ D) $a^3 + 4a + 2$

8. Les mesures des deux côtés d'un rectangle sont représentées par des binômes. Trouvez-les, sachant que l'aire de ce rectangle est représentée par le trinôme

$$2x^2 - 5x + 3$$

9. (E) Dans l'expression algébrique ci-dessous, les dénominateurs sont différents de zéro.

$$\frac{x}{x+9} + \frac{3x+27}{x^2+18x+81}$$

   Laquelle des expressions suivantes est équivalente à cette expression algébrique ?

   A) $\frac{1}{3}$ B) $x + 3$ C) $\frac{x+3}{x+9}$ D) $\frac{x+3}{(x+9)^2}$

10. (E) Le dénominateur de l'expression algébrique suivante est différent de zéro.

$$\frac{2x^3 - 11x^2 - 40x}{2x^2 + 5x}$$

   Quel binôme est équivalent à cette expression algébrique ?

11. (E) Soit l'expression algébrique suivante.

$$\frac{a^2 - 1}{a^2 + a - 2} \div \frac{2a + 2}{6a^2 + 12a}$$

Transformez cette expression de manière à obtenir sa forme irréductible.

12. (E) Dans le plan cartésien, les fonctions f et g sont représentées par des droites et ont le même zéro. La règle de la fonction f est $f(x) = 5x + 60$. De plus, $g(6) = 10$.

Quel est le taux de variation de la fonction g ?

13. (E) Une fonction g est représentée par une parabole dans le plan cartésien ci-dessous.

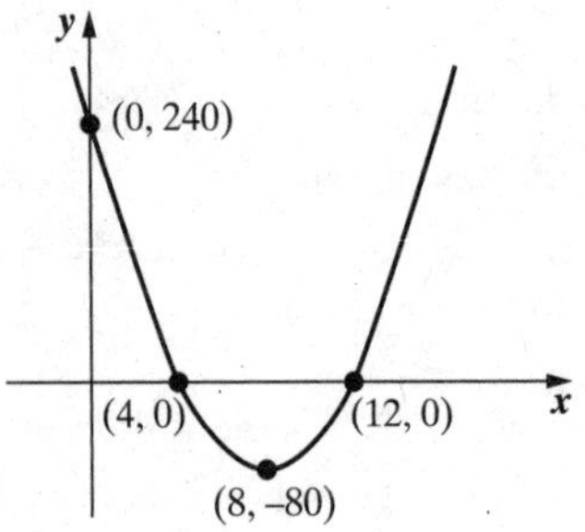

Quelle est la règle de la fonction g ?

14. (E) La règle de la fonction f est de forme $f(x) = a(x - h)^2 + k$.

Pour obtenir la règle de la fonction g à partir de la règle de la fonction f, on multiplie par –3 la valeur du paramètre a de la règle de la fonction f. Les valeurs des paramètres h et k demeurent inchangées.

Lequel des graphiques suivants peut représenter les fonctions f et g ?

A)

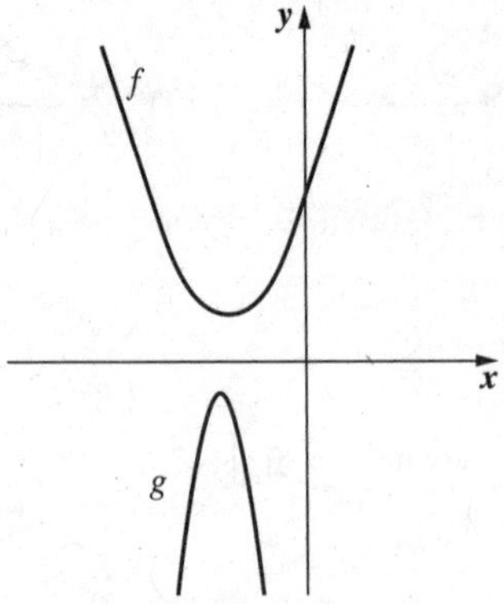

B)

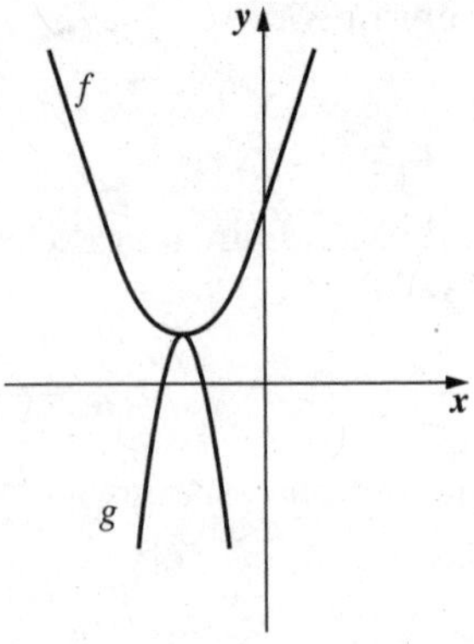

C)

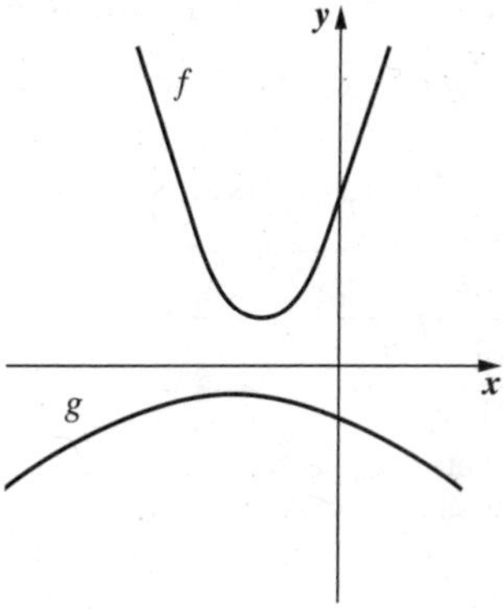

D)

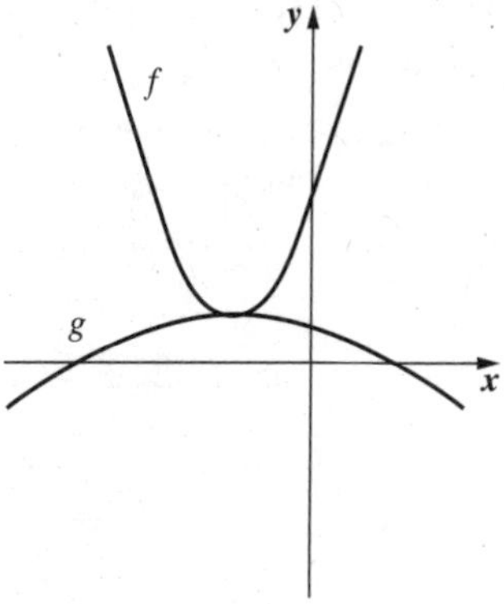

15. (E) Ève lance un ballon vers un panier fixé à 3 m au-dessus du sol.

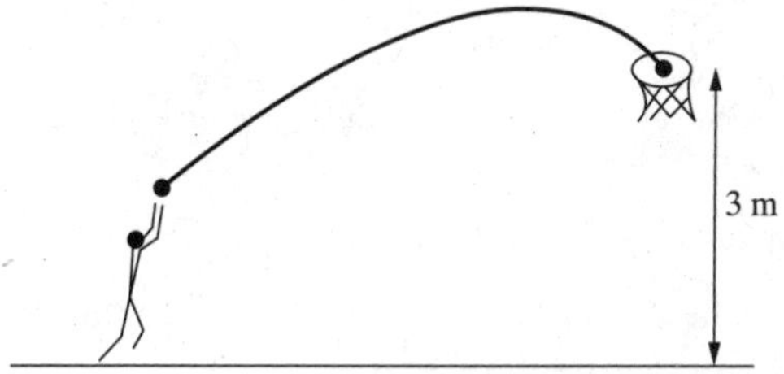

Après avoir atteint sa hauteur maximale, le ballon descend et entre dans le panier.

Dans le plan cartésien ci-dessous, la vue latérale de la trajectoire du ballon est représentée par la fonction f. Ce plan est gradué en mètres.

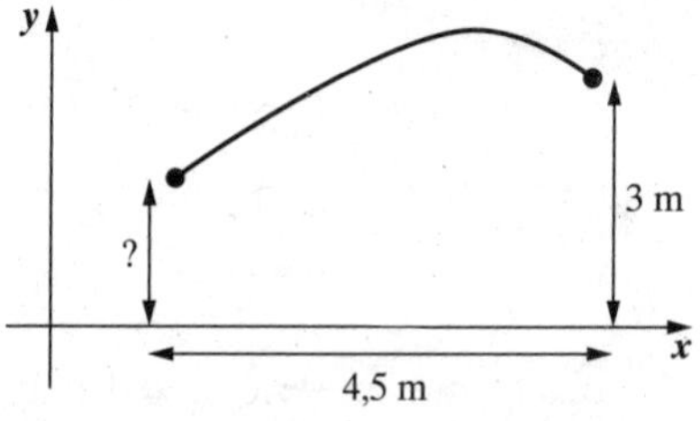

La règle associée à la fonction f est $f(x) = -0,2(x-5)^2 + 3,45$.

La distance horizontale entre Ève et la position du panier est de 4,5 m.

Au moment où Ève lance le ballon, quelle est la distance entre le ballon et le sol ?

Laissez les traces de votre démarche.

16. (E) Après son lancement, une pièce pyrotechnique suit une trajectoire parabolique.

La vue latérale de la trajectoire de cette pièce pyrotechnique est représentée par la table de valeurs et le graphique ci-dessous.

x en mètres	9	19	29	39
y en mètres	54	126	150	126

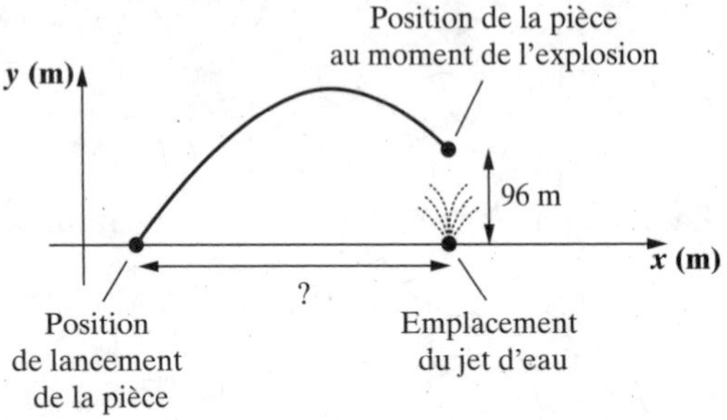

La pièce explose 96 m au-dessus du jet d'eau.

Quelle est la distance entre la position de lancement de la pièce pyrotechnique et l'emplacement du jet d'eau ?

Laissez les traces de votre démarche.

17. (E) Dans la figure suivante, le segment *PQ* partage le rectangle *ABCD* en deux quadrilatères : le carré *APQD* et le rectangle *PBCQ*.

L'aire du rectangle *ABCD* est de 120 cm². De plus, $m\overline{DQ} = x$ cm et $m\overline{QC} = (x + 8)$ cm.

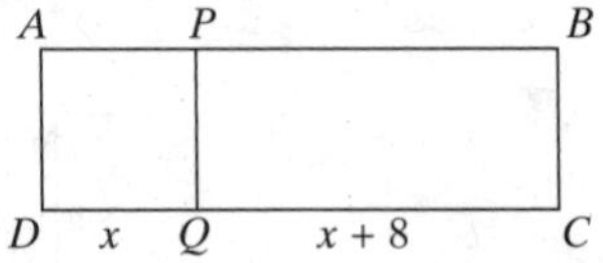

Quelle est, exprimée sous forme numérique, l'aire du rectangle *PBCQ* ?

Laissez les traces de votre démarche.

18. (E) Soit les fonctions *f* et *g* définies ainsi :

$$f(x) = -3x - 14 \qquad g(x) = -5x + 30$$

Lequel des graphiques suivants représente la fonction $f - g$?

A)

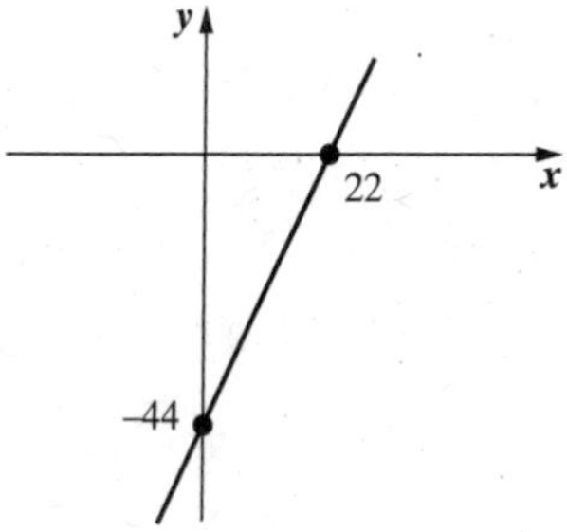

C)

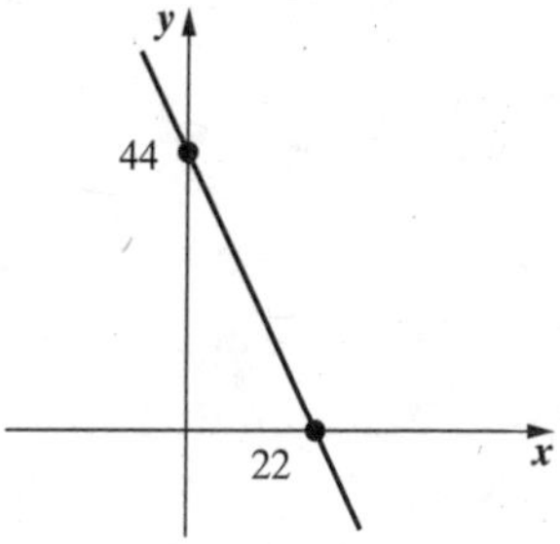

B)

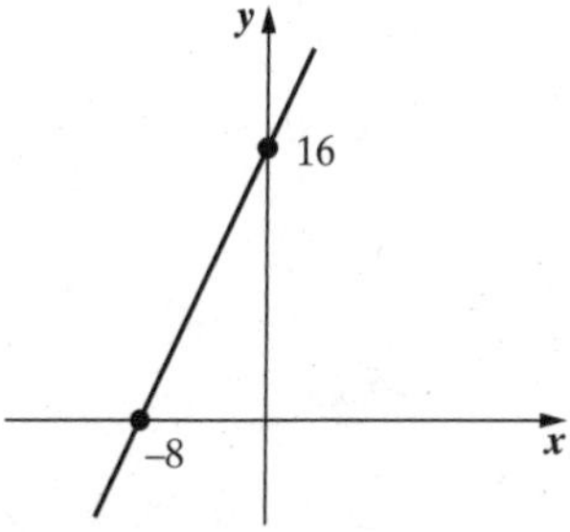

D)

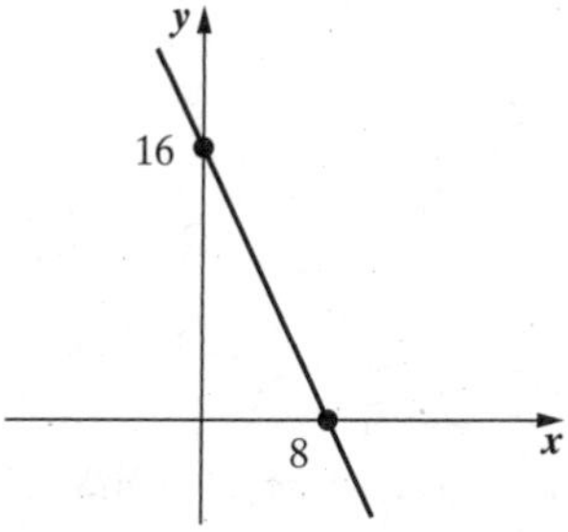

19. (E) Le point d'intersection de deux droites perpendiculaires est situé sur l'axe des x.

Une de ces droites est définie par l'équation suivante : $y = \frac{1}{3}x - 2$.

Quelle équation définit l'autre droite ?

A) $y = -3x + 18$ C) $y = -3x - 2$

B) $y = -\frac{1}{3}x + 6$ D) $y = -\frac{1}{3}x + 2$

20. (E) Mario déménage de Québec pour s'installer à Rimouski. Le camion de déménagement roule à une vitesse moyenne de 75 km/h. Mario quitte Québec 15 minutes après le camion. En voiture, il roule à une vitesse moyenne de 90 km/h. Il suit le même trajet que le camion.

Mario et le camion parcourent les 300 km séparant Québec et Rimouski sans faire d'arrêt.

Cette situation se traduit par le système d'équations ci-dessous

$$y_1 = 75x + 18{,}75$$
$$y_2 = 90x$$

où x représente le temps, en heures, écoulé après le départ de Mario, y_1 représente la distance, en kilomètres, parcourue par le camion, y_2 représente la distance, en kilomètres, parcourue par Mario.

Lequel des énoncés suivants est vrai ?

A) Mario rejoindra le camion 12,5 min après son départ.

B) Mario rejoindra le camion à 112,5 km de Québec.

C) Mario arrivera à Rimouski 25 min après le camion.

D) Mario arrivera à Rimouski 40 min avant le camion.

21. (E) L'équation de la parabole représentée dans le plan cartésien ci-dessous est $y = -x^2 + 20x + 50$.

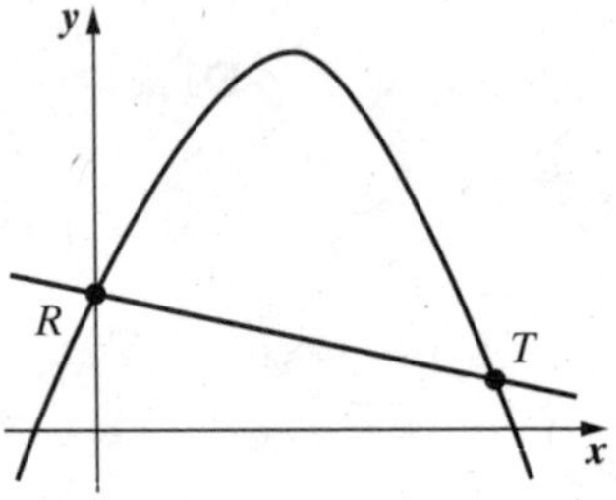

L'équation de la droite RT est $y = -2x + 50$.

Les points R et T sont les points d'intersection de la parabole et de la droite. Le point R est situé sur l'axe des y.

Quelles sont les coordonnées du point T ?

22. (E) Le logo d'une entreprise est représenté dans le plan cartésien ci-contre. Ce logo est formé d'un segment de droite et d'une portion de parabole. Le plan est gradué en centimètres.

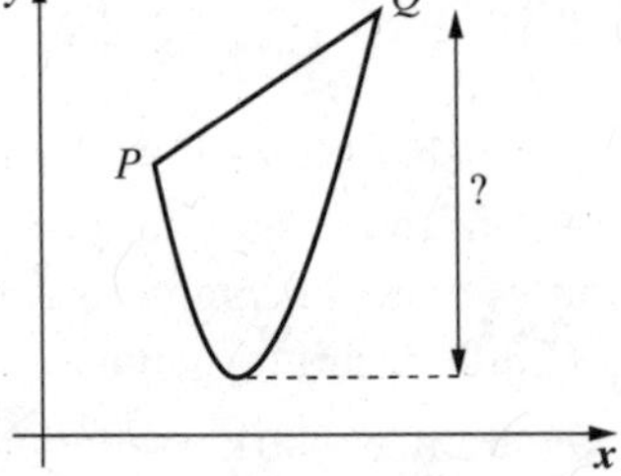

L'équation associée au segment de droite PQ est $2x - y + 2 = 0$.

L'équation associée à la portion de parabole est $y = x^2 - 16x + 67$.

Les points P et Q sont les points d'intersection de la portion de parabole et du segment de droite PQ.

Quelle est la hauteur de ce logo ?

Laissez les traces de votre démarche.

23. (E) Considérons le rectangle $PQRS$ représenté dans le plan cartésien ci-dessous.

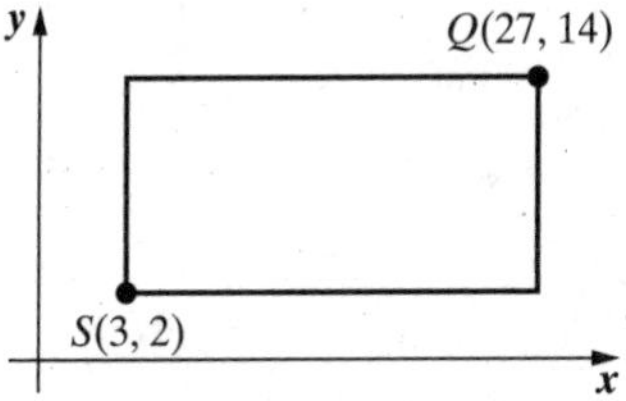

Le point T est un point de la diagonale QS de ce rectangle. La distance entre les points T et Q vaut trois fois la distance entre les points T et S.

Quelles sont les coordonnées du point T?

24. (E) Le quadrilatère $ABCD$ illustré dans le plan cartésien ci-dessous est un parallélogramme. Ce plan est gradué en centimètres.

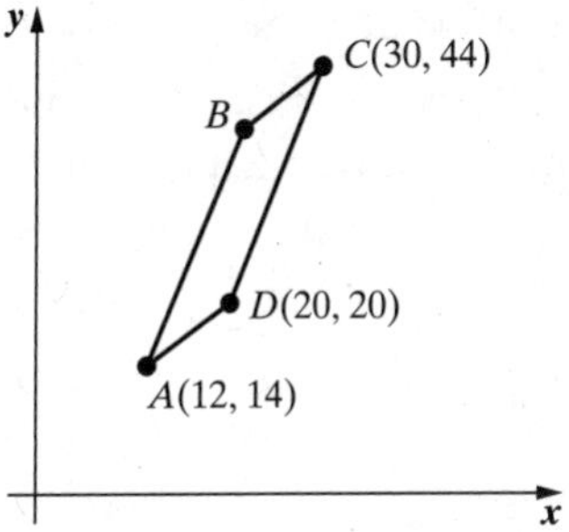

Quelle est l'aire du parallélogramme $ABCD$?

Laissez les traces de votre démarche.

25. (E) Une droite représentée dans le plan cartésien passe par le point $P(-7, 2)$. La pente de cette droite est positive. L'équation de la droite est de la forme $\frac{x}{a} + \frac{y}{b} = 1$.

Lequel des énoncés suivants est vrai ?

A) $a < 0$ et $b < 0$.

B) $a < 0$ et $b > 0$.

C) $a > 0$ et $b < 0$.

D) $a > 0$ et $b > 0$.

26. (E) Dans le plan cartésien, les droites d_1 et d_2 sont parallèles.

L'équation de la droite d_1 est $6x - 2y - 25 = 0$. La droite d_2 passe par le point $P(10, 38)$.

Quelle est l'ordonnée à l'origine de la droite d_2?

27. (E) Dans le plan cartésien ci-dessous, les points A, B et C correspondent à l'emplacement de trois municipalités. Un sentier de randonnée relie les municipalités A et B.

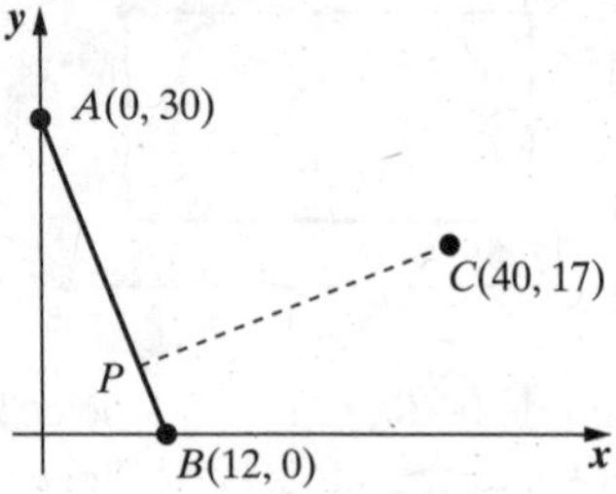

On construit un nouveau sentier PC. Ce nouveau sentier doit être le plus court possible.

Quelles sont les coordonnées du point d'intersection P ?

Laissez les traces de votre démarche.

28. (E) Dans le plan cartésien ci-dessous, le segment de droite RT et la parabole représentent respectivement les fonctions f et g.

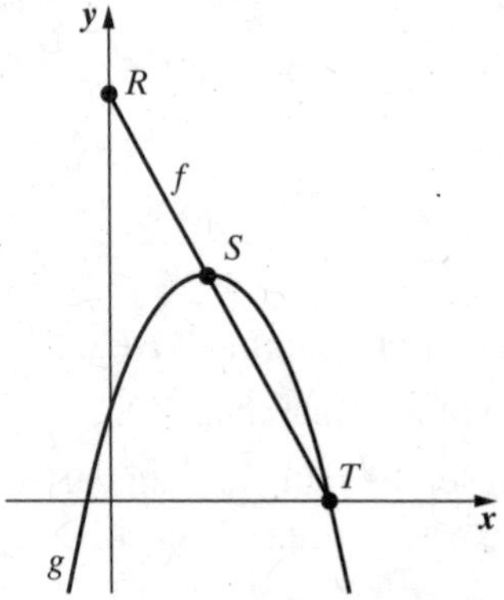

Les points S et T sont les points d'intersection du segment RT et de la parabole.

Le point R est situé sur l'axe des y. Le point T est situé sur l'axe des x. Le point S est le sommet de la parabole.

La règle de la fonction g est $g(x) = -(x - 20)^2 + 576$.

Quelle est l'image de la fonction f?

Laissez les traces de votre démarche.

Module II

Géométrie

1. Figures isométriques

1.1 Notion d'isométrie

1.2 Triangles isométriques

2. Figures semblables

2.1 Notion de similitude

2.2 Triangles semblables

2.3 Rapports de périmètres et d'aires de figures semblables et rapport de volumes de solides semblables

3. Trigonométrie

3.1 Trigonométrie des triangles rectangles

3.2 Trigonométrie des triangles quelconques

1 Figures isométriques

1.1 NOTION D'ISOMÉTRIE

L'ESSENTIEL

- On appelle isométrie une transformation géométrique qui conserve la forme de la figure, les mesures des angles homologues et les mesures des côtés homologues.
- En observant l'orientation des figures et les traces des sommets, on peut distinguer 4 types d'isométrie :
  - la **translation**, qui conserve l'orientation de la figure et le parallélisme des traces des sommets ;
  - la **rotation**, qui conserve l'orientation de la figure, mais ne conserve pas le parallélisme des traces des sommets ;
  - la **réflexion**, qui ne conserve pas l'orientation de la figure, mais conserve le parallélisme des traces des sommets ;
  - la **symétrie glissée**, qui ne conserve ni l'orientation de la figure ni le parallélisme des traces des sommets.
- La composition de deux isométries forme une nouvelle isométrie*.

---

* Tableau de composition des isométries :

	T	**Ro**	**Re**	**SG**
Translation (T)	T	Ro	Re ou SG	Re ou SG
Rotation (Ro)	Ro	T ou Ro	Re ou SG	Re ou SG
Réflexion (Re)	Re ou SG	Re ou SG	T ou Ro	T ou Ro
Symétrie glissée (SG)	Re ou SG	Re ou SG	T ou Ro	T ou Ro

Pour s'entraîner

Problème 1

Dans chaque cas, nommez l'isométrie qui associe la figure 2 à la figure 1 et celle qui associe la figure 3 à la figure 2, puis déduisez quelle sera leur composée.

a)

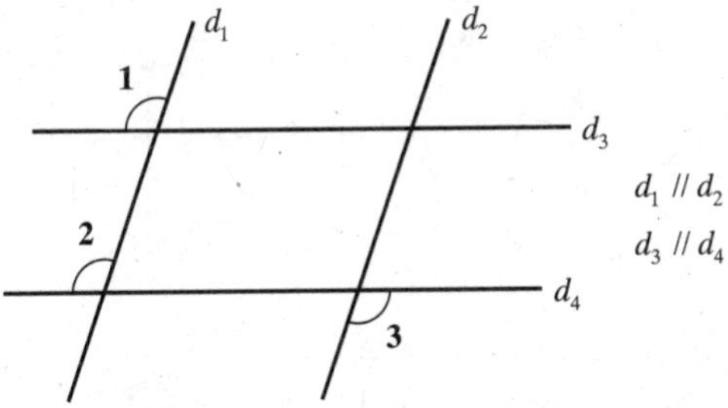

b)

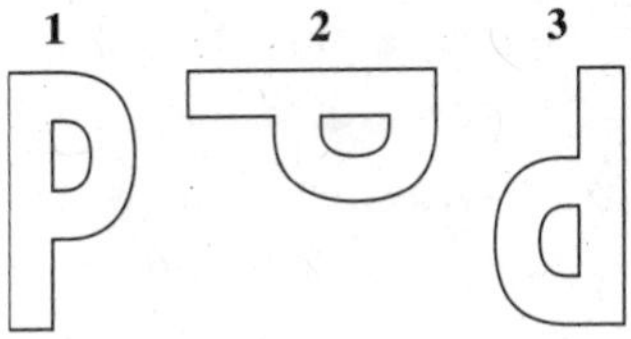

c)

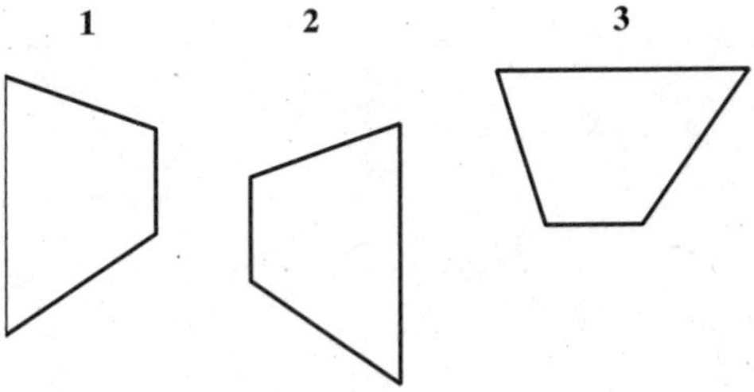

Solution

a)

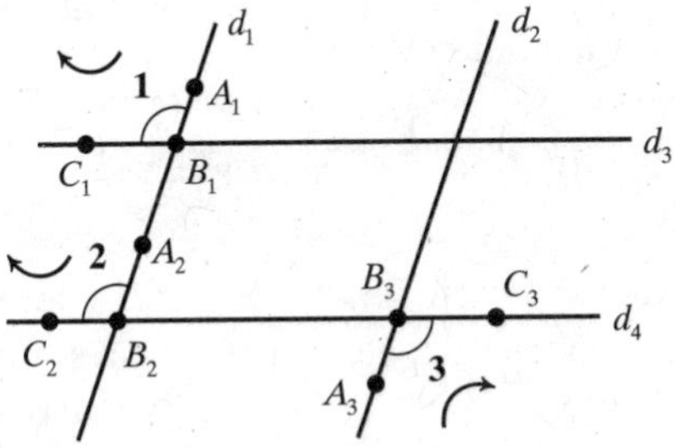

L'isométrie qui associe la figure 2 à la figure 1 conserve l'orientation des points dans le plan et les traces des sommets sont parallèles ($A_1A_2 \parallel B_1B_2 \parallel C_1C_2$). Il s'agit donc d'une translation.

L'isométrie qui associe la figure 3 à la figure 2 conserve l'orientation des points dans le plan, mais les traces des sommets ne sont pas parallèles ($A_2A_3 \nparallel B_2B_3$). Il s'agit donc d'une rotation.

La composée d'une translation et d'une rotation est une rotation.

b)

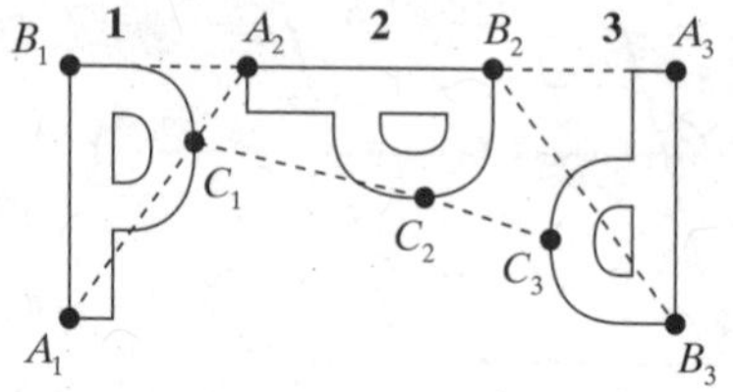

L'isométrie qui associe la figure 2 à la figure 1 et l'isométrie qui associe la figure 3 à la figure 2 sont toutes les deux des rotations. En effet, l'orientation des points dans le plan est conservée, mais les traces des sommets ne sont pas parallèles.

La composée de deux rotations peut être une translation ou une rotation. Ici, on a une rotation, car les traces des sommets ne sont pas parallèles ($A_1A_3 \nparallel B_1B_3$).

c)

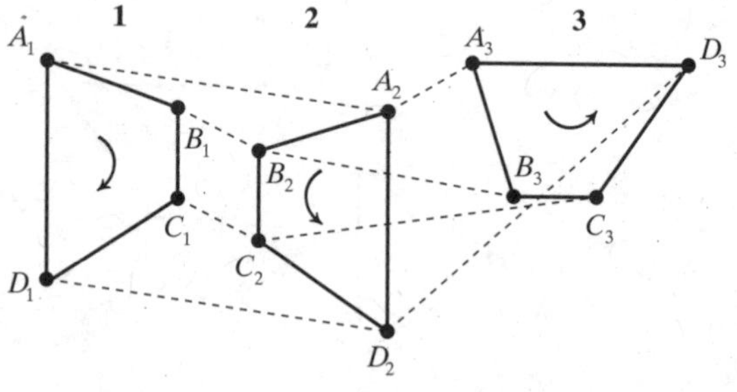

L'isométrie qui associe la figure 2 à la figure 1 ne conserve pas l'orientation des points dans le plan et les traces des sommets ne sont pas parallèles, il s'agit donc d'une symétrie glissée. Celle qui associe la figure 3 à la figure 2 est une rotation, car elle conserve l'orientation des points dans le plan, mais les traces des sommets ne sont pas parallèles.

La composée d'une symétrie glissée et d'une rotation peut être une réflexion ou une symétrie glissée. Les traces des sommets n'étant pas parallèles ($A_1A_3 \nparallel B_1B_3$), on a ici une symétrie glissée.

Réponses

a) Translation, rotation, rotation.

b) Rotation, rotation, rotation.

c) Symétrie glissée, rotation, symétrie glissée.

Problème 2

Tracez l'image de la figure obtenue par la composition indiquée. Trouvez ensuite l'isométrie unique qui associe la figure finale à la figure initiale.

a) $t \circ r$

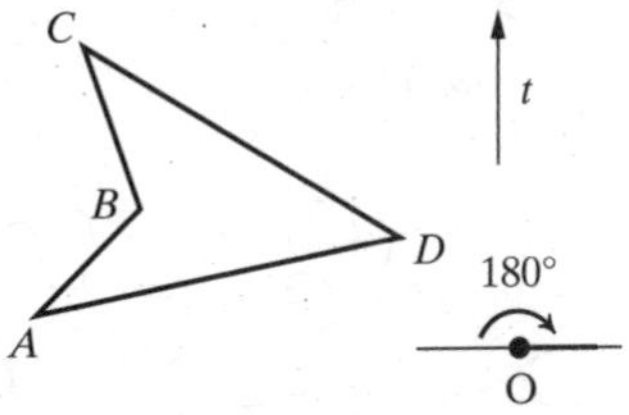

b) $r \circ s$

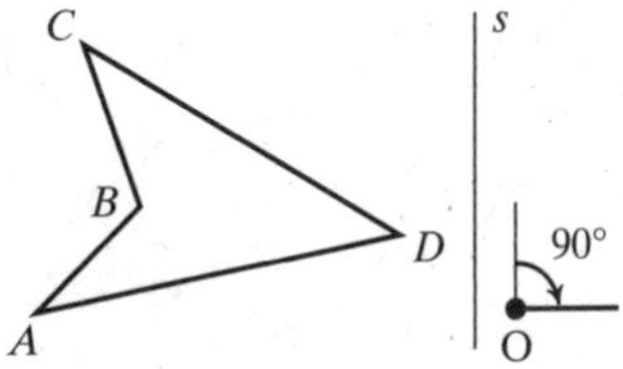

c) $s \circ t$

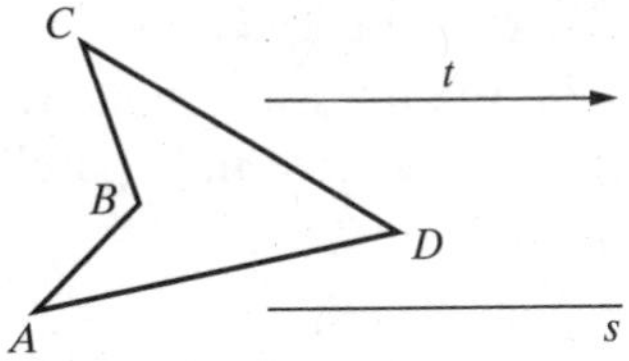

Solution et réponses

ATTENTION

La composée des transformations T_1 et T_2 s'écrit dans le sens inverse, soit $T_2 \circ T_1$.

a)

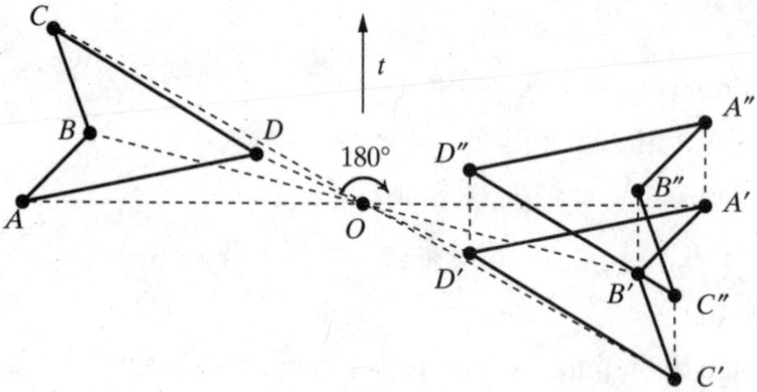

La composée d'une rotation et d'une translation est une rotation. En effet, l'orientation des points dans le plan est conservée, mais les traces des sommets ne sont pas parallèles.

b)

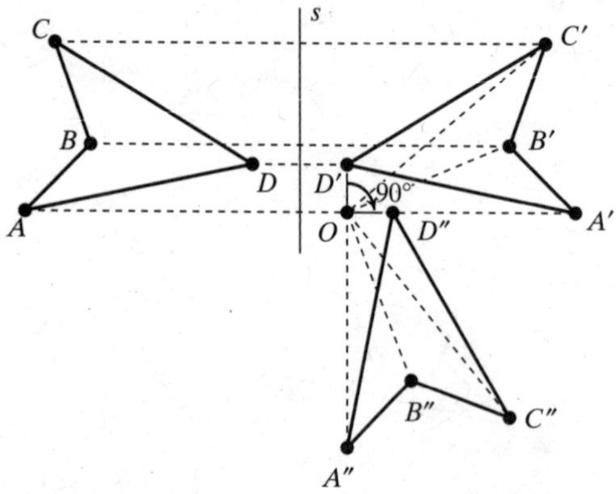

La composée d'une réflexion et d'une rotation peut être une réflexion ou une symétrie glissée. Ici, on a une symétrie glissée. En effet, ni l'orientation des points dans le plan ni le parallélisme des traces des sommets ne sont conservés.

c)

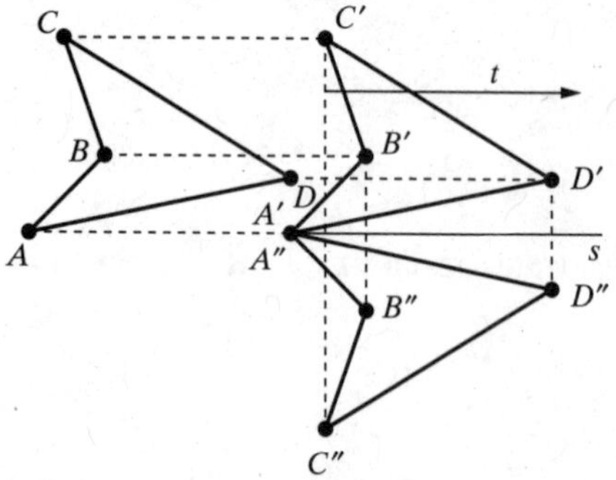

La composée d'une translation et d'une réflexion peut être une réflexion ou une symétrie glissée. Ici, on a une symétrie glissée.

Problème 3

Soit $A(0, 1)$, $B(1, 4)$, $C(2, 3)$ et $D(6, 4)$ les sommets d'un quadrilatère. Déterminez algébriquement les coordonnées des sommets du quadrilatère-image obtenu par les compositions suivantes.

a) $t_{(0,-1)} \circ r_{(O,180°)}$

b) $r_{(O,90°)} \circ s_y$

c) $s_x \circ t_{(1,0)}$

Solution

Rappel

Les représentations algébriques de la translation $t_{(h, k)}$, de la rotation $r_{(O,180°)}$, de la rotation $r_{(O,90°)}$, de la symétrie s_y et de la symétrie s_x sont

- $t_{(h,k)}: (x, y) \mapsto (x+h, y+k)$
- $r_{(O,180°)}: (x, y) \mapsto (-x, -y)$
- $r_{(O,90°)}: (x, y) \mapsto (-y, x)$
- $s_y: (x, y) \mapsto (-x, y)$
- $s_x: (x, y) \mapsto (x, -y)$

a) Puisque

$$r_{(O,180°)}: (x, y) \mapsto (-x, -y) \text{ et } t_{(0,-1)}: (-x, -y) \mapsto (-x+0, -y-1)$$

alors

$$t_{(0,-1)} \circ r_{(O,180°)}: (x, y) \mapsto (-x+0, -y-1)\,.$$

On trouve les images des quatre sommets obtenus par la transformation composée.

$$(0, 1) \mapsto (0, -2) \quad (1, 4) \mapsto (-1, -5)$$
$$(2, 3) \mapsto (-2, -4) \quad (6,4) \mapsto (-6, -5)$$

b) Puisque

$$s_y: (x, y) \mapsto (-x, y) \text{ et } r_{(O,90°)}: (-x, y) \mapsto (-y, -x)$$

alors

$$r_{(O,90°)} \circ s_y : (x, y) \mapsto (-y, -x).$$

On trouve donc

$$(0, 1) \mapsto (-1, 0) \quad (1, 4) \mapsto (-4, -1)$$
$$(2, 3) \mapsto (-3, -2) \quad (6, 4) \mapsto (-4, -6).$$

c) Puisque

$$t_{(1,0)} : (x, y) \mapsto (x + 1, y + 0) \text{ et } s_x : (x + 1, y) \mapsto (x + 1, -y)$$

alors

$$s_x \circ t_{(1,0)} : (x, y) \mapsto (x + 1, -y).$$

On trouve donc

$$(0, 1) \mapsto (1, -1) \quad (1, 4) \mapsto (2, -4)$$
$$(2, 3) \mapsto (3, -3) \quad (6, 4) \mapsto (7, -4).$$

Réponses

a) $A'(0, -2)$, $B'(-1, -5)$, $C'(-2, -4)$, $D'(-6, -5)$.

b) $A'(-1, 0)$, $B'(-4, -1)$, $C'(-3, -2)$, $D'(-4, -6)$.

c) $A'(1, -1)$, $B'(2, -4)$, $C'(3, -3)$, $D'(7, -4)$.

Pour travailler seul

Problème 4(E)

Les triangles représentés ci-dessous sont isométriques.

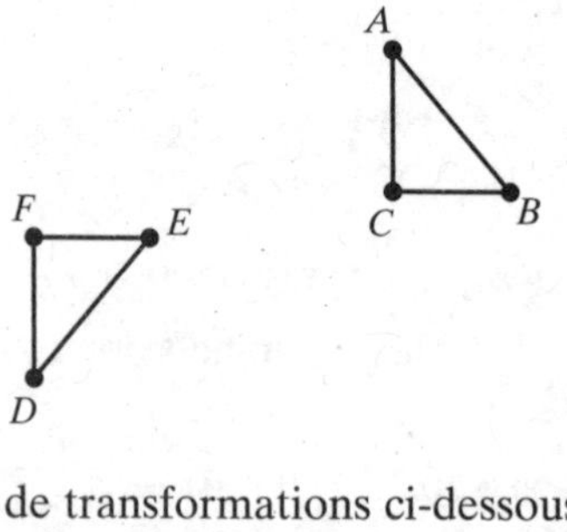

Par quelle composée de transformations ci-dessous le triangle DEF est-il l'image du triangle ABC?

A) Une rotation de 180° de centre E suivie d'une réflexion d'axe DE.

B) Une rotation de 180° de centre A suivie d'une translation par laquelle D est l'image de A.

C) Une réflexion de l'axe *CB* suivie d'une translation par laquelle *F* est l'image de *C*.

D) Une translation par laquelle *D* est l'image de *A* suivie d'une réflexion de l'axe *FE*.

Problème 5

Soit le rectangle *ABCD*.

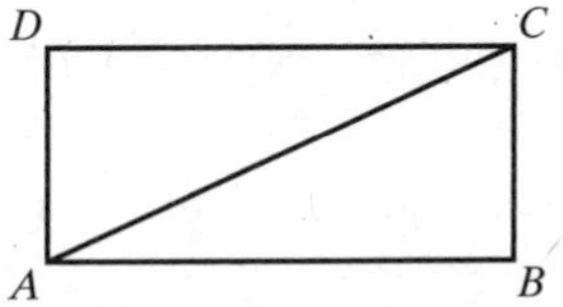

La diagonale *AC* partage ce rectangle en deux triangles, *ABC* et *CDA*.

Décrivez une transformation géométrique qui permet de déduire que ces deux triangles sont isométriques.

Problème 6(E)

Les quadrilatères *ABCD* et *A′B′C′D′* représentés dans le plan cartésien suivant sont isométriques.

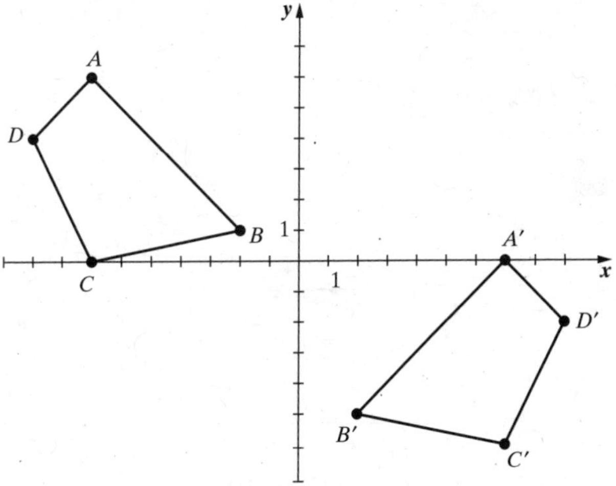

Par quelle isométrie le quadrilatère *A′B′C′D′* est-il l'image du quadrilatère *ABCD* ?

A) Une réflexion de l'axe $x = 0$ suivie d'une translation (0, 6).

B) Une translation (4, –6) suivie d'une réflexion de l'axe $x = 2$.

C) Une réflexion de l'axe $y = 0$ suivie d'une réflexion de l'axe $x = 0$.

D) Une rotation de 90° de centre (0, 0) suivie d'une translation (8, 2).

1.2 TRIANGLES ISOMÉTRIQUES

L'ESSENTIEL

- Deux polygones isométriques ont les mêmes mesures d'angles et les mêmes mesures de côtés.
- Les conditions minimales qui assurent l'isométrie de deux triangles sont :
  1. (C-C-C) Deux triangles dont les **côtés homologues** sont **congrus** sont isométriques.
  2. (C-A-C) Deux triangles qui ont **une paire d'angles homologues congrus compris entre des côtés homologues congrus** sont isométriques.
  3. (A-C-A) Deux triangles qui ont **une paire de côtés homologues congrus compris entre les sommets de deux angles homologues congrus** sont isométriques.

Pour s'entraîner

Problème 7

Soit deux triangles, ABC et DEF.

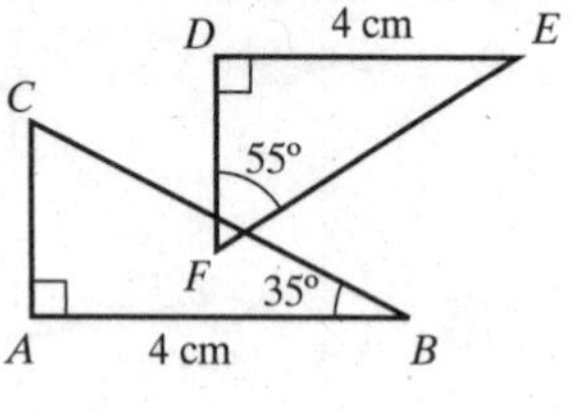

Lequel des énoncés ci-dessous permet de conclure que ces deux triangles sont isométriques ?

A) Deux triangles qui ont deux angles homologues isométriques sont isométriques.

B) Deux triangles qui ont deux côtés homologues isométriques sont isométriques.

C) Deux triangles qui ont chacun un angle droit compris entre deux côtés homologues isométriques sont isométriques.

D) Deux triangles qui ont chacun un côté de 4 cm compris entre les sommets de deux angles homologues isométriques sont isométriques.

Solution

Le côté de 4 cm est compris entre le sommet de l'angle de 90° et de 35° dans le triangle ABC et entre le sommet de l'angle de 90° et de $180° - (90° + 55°) = 35°$ dans le triangle DEF.

Réponse D.

Problème 8

Dans le trapèze isocèle ci-dessous, on a tracé les diagonales AC et BD.

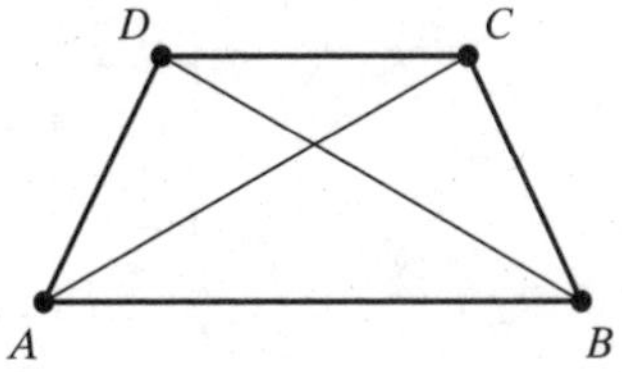

Complétez la démarche suivante afin de prouver que les triangles ABC et ABD sont isométriques.

AFFIRMATIONS	JUSTIFICATIONS
1° $\overline{AB} \cong \overline{AB}$	1° $\overline{AB}$ est le côté commun des deux triangles.
2° $\overline{BC} \cong \overline{AD}$	2° Les côtés ________________________.
3° ____________________	3° Les diagonales d'un trapèze isocèle sont congrues.
4° $\Delta ABC \cong \Delta ABC$	4° Cas d'isométrie ____________________.

Solution et réponse

AFFIRMATIONS	JUSTIFICATIONS
1° $\overline{AB} \cong \overline{AB}$	1° $\overline{AB}$ est le côté commun des deux triangles.
2° $\overline{BC} \cong \overline{AD}$	2° Les côtés **non parallèles d'un trapèze isocèle sont congrus**.
3° $\overline{\boldsymbol{AC}} \cong \overline{\boldsymbol{BD}}$	3° Les diagonales d'un trapèze isocèle sont congrues.
4° $\Delta ABC \cong \Delta ABC$	4° Cas d'isométrie **C-C-C**.

Problème 9

Trouvez le cas qui permet de justifier l'isométrie des triangles suivants.

a) ΔABC et ΔFED.

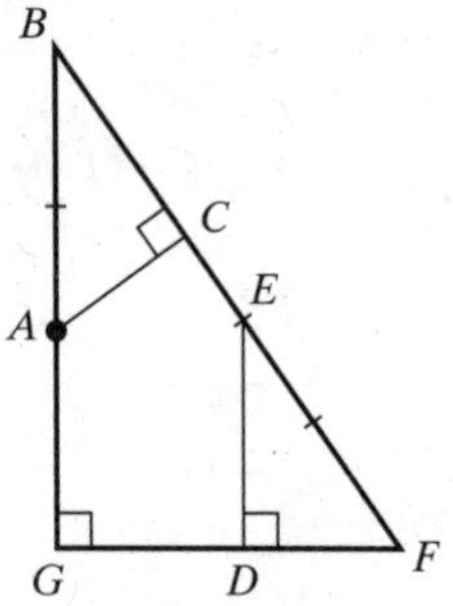

b) ΔABC et ΔDBC.

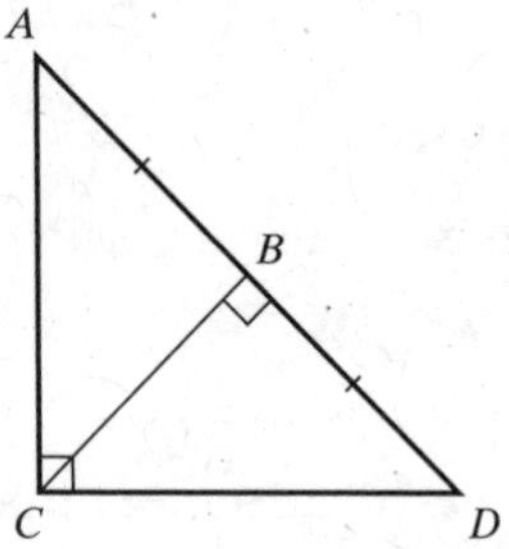

c) ΔABC et ΔCDE.

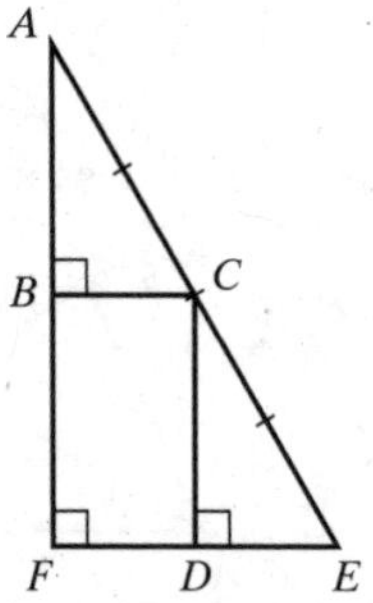

Solution

a)

AFFIRMATIONS	JUSTIFICATIONS
1° $m\ \angle ABC = 90° - m\ \angle DFE$	1° Les angles aigus d'un triangle rectangle sont complémentaires.
2° $m\ \angle DEF = 90° - m\ \angle DFE$	2° *Idem.*
3° $m\ \angle ABC = m\ \angle DEF$	3° Par transitivité de la relation d'égalité.
4° $m\overline{AB} = m\overline{FE}$	4° Par hypothèse.
5° $m\ \angle BAC = 90° - m\ \angle ABC$	5° Les angles aigus d'un triangle rectangle sont complémentaires.
6° $m\ \angle DFE = 90° - m\ \angle ABC$	6° *Idem.*
7° $m\ \angle BAC = m\ \angle EFD$	7° Par transitivité de la relation d'égalité.
8° $\Delta ABC \cong \Delta FED$	8° Cas d'isométrie A-C-A.

b)

AFFIRMATIONS	JUSTIFICATIONS
1° $m\overline{AB} = m\overline{DB}$	1° Par hypothèse.
2° $m\ \angle ABC = m\ \angle DBC = 90°$	2° Par hypothèse.
3° $m\overline{BC} = m\overline{BC}$	3° Par réflexivité de la relation d'égalité.
4° $\Delta ABC \cong \Delta DBC$	4° Cas d'isométrie C-A-C.

c)

AFFIRMATIONS	JUSTIFICATIONS
1° $m\ \angle CDE = m\ \angle BFD$	1° Par hypothèse.
2° $\overline{AF} \parallel \overline{CD}$	2° Les angles correspondants congrus ($\angle CDE$ et $\angle BFD$) sont formés par deux droites parallèles (AF et CD) et une sécante (EF).

3° m $\angle BAC$ = m $\angle DCE$	3° Les angles correspondants formés par deux droites parallèles et une sécante sont congrus.
4° m$\overline{AC}$ = m$\overline{CE}$	4° Par hypothèse.
5° m $\angle BCA$ = 90° – m$\angle BAC$	5° Les angles aigus d'un triangle rectangle sont complémentaires.
6° m $\angle DEC$ = 90° – m $\angle BAC$	6° *Idem.*
7° m $\angle BCA$ = m $\angle DEC$	7° Par transitivité de la relation d'égalité.
8° $\Delta ABC \cong \Delta CDE$	8° Cas d'isométrie A-C-A.

Réponses

a) Cas d'isométrie A-C-A.

b) Cas d'isométrie C-A-C.

c) Cas d'isométrie A-C-A.

Pour travailler seul

Problème 10(E)

Dans laquelle des situations décrites ci-dessous les triangles *ABC* et *DEF* sont-ils isométriques ?

A) m $\angle B$ = 35°	m $\overline{AC}$ = 6 cm	m $\overline{AC}$ = 5 cm
m $\angle E$ = 35°	m $\overline{DE}$ = 6 cm	m $\overline{EF}$ = 5 cm
B) m $\angle C$ = 40°	m $\overline{AB}$ = 6 cm	m $\overline{BC}$ = 5 cm
m $\angle D$ = 40°	m $\overline{DE}$ = 6 cm	m $\overline{EF}$ = 5 cm
C) m $\angle A$ = 75°	m $\angle B$ = 35°	m $\overline{BC}$ = 5 cm
m $\angle D$ = 75°	m $\angle \mathrm{E}$ = 70°	m $\overline{EF}$ = 5 cm
D) m $\angle A$= 75°	m $\angle \mathrm{C}$ = 40°	m $\overline{AC}$ = 4 cm
m $\angle D$ = 75°	m $\angle F$ = 40°	m $\overline{FE}$ = 4 cm

Problème 11(E)

Dans le parallélogramme *ABCD* illustré ci-dessous, on a tracé la diagonale *BD*.

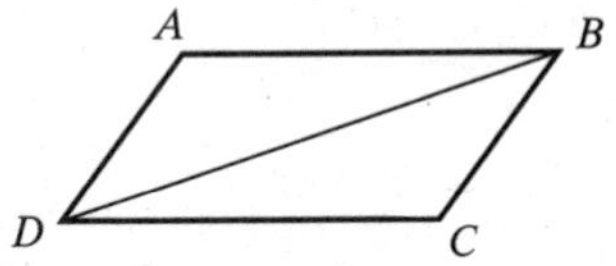

Afin de prouver que les triangles *ADB* et *CDB* sont isométriques, on amorce la démarche suivante.

Étape 1 $\overline{AB} \cong \overline{DC}$
parce que les côtés opposés d'un parallélogramme sont isométriques.

Étape 2 $\angle DAB \cong \angle BCD$
parce que ______________________________.

Étape 3 $\angle ABD \cong \angle CDB$
parce que ______________________________.

Étape 4 En conclusion, les triangles *ABD* et *CDB* sont isométriques parce que deux triangles qui ont un côté isométrique compris entre des angles homologues isométriques sont isométriques.

Complétez les étapes 2 et 3 de cette démarche.

2 Figures semblables

2.1 NOTION DE SIMILITUDE

L'ESSENTIEL

- On nomme **similitude** une transformation qui conserve la forme d'une figure, les mesures des angles homologues et le rapport des mesures des côtés homologues.
- On appelle **rapport de similitude** le rapport des mesures de deux côtés homologues.
- Une similitude peut être :
  - une isométrie* ;
  - une homothétie ;
  - une composée d'isométries ;
  - une composée d'homothéties ;
  - une composée d'homothétie et d'isométrie.

Pour s'entraîner

Problème 12

Les figures F_1 et F_2 sont-elles semblables ? Si oui, déterminez les composantes de la similitude qui associe la figure F_2 à la figure F_1.

a)

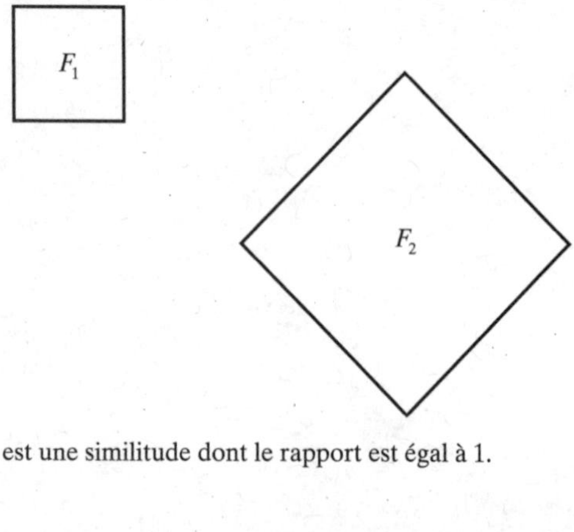

* Toute isométrie est une similitude dont le rapport est égal à 1.

b) 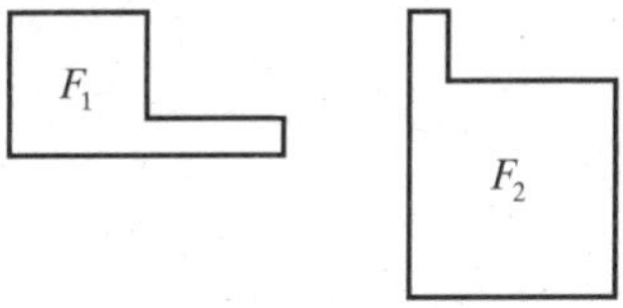

Solution

Conseil

Les étapes à suivre pour décomposer une similitude qui associe la figure F_2 à la figure F_1 sont:

1. Vérifier l'orientation des points des deux figures dans le plan cartésien.

   Si les orientations sont contraires, transformer la figure F_1 par une réflexion d'axe quelconque. L'orientation de la figure F_1' ainsi obtenue devient donc la même que celle de la figure initiale.
2. Les orientations étant les mêmes, transformer la figure F_1 (ou F_1') par une translation de façon à superposer deux sommets homologues.
3. Effectuer une rotation de la figure obtenue de façon à superposer les deux côtés des angles en ce sommet.
4. Vérifier s'il existe une homothétie qui transforme en F_2 la figure ainsi obtenue. Si oui, les figures F_1 et F_2 sont semblables.

a) L'orientation des figures F_1 et F_2 étant la même, on passe directement à l'étape 2, c'est-à-dire qu'on effectue une translation pour superposer le sommet d'un angle de la figure F_1 sur le sommet de son angle homologue de la figure F_2.

   Étape 2: translation.

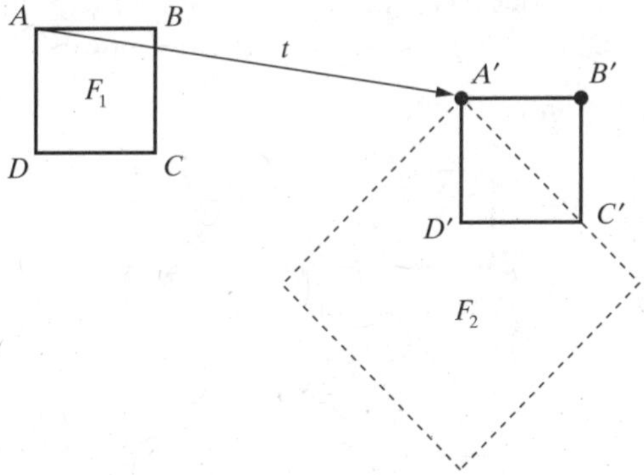

On effectue une rotation puis une homothétie, telles que les décrivent les étapes 3 et 4.

Étape 3 : rotation

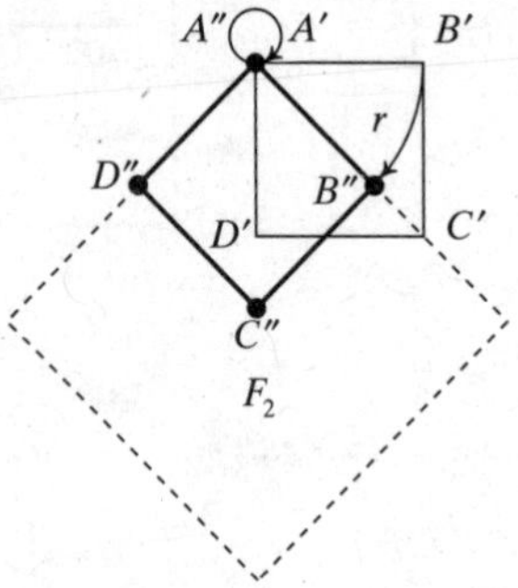

Étape 4 : homothétie

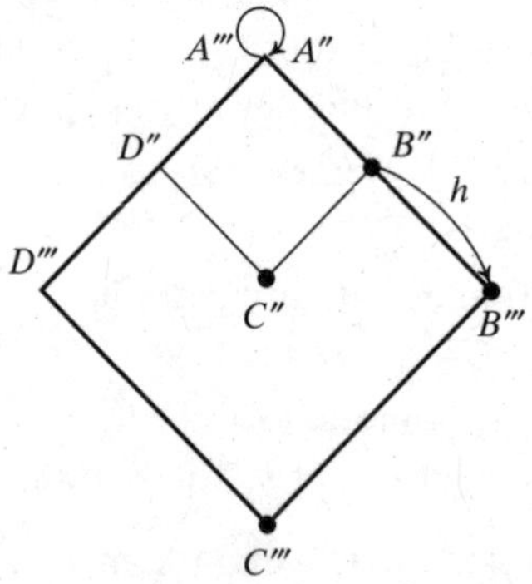

La similitude qui transforme la figure F_1 en F_2 est la composition d'une translation, d'une rotation et d'une homothétie, c'est-à-dire que

$$F_2 = (h \circ r \circ t)\ (F_1).$$

b) Les deux figures n'ont pas la même orientation des points dans le plan. On effectue d'abord une réflexion d'axe quelconque.

Étape 1 : réflexion.

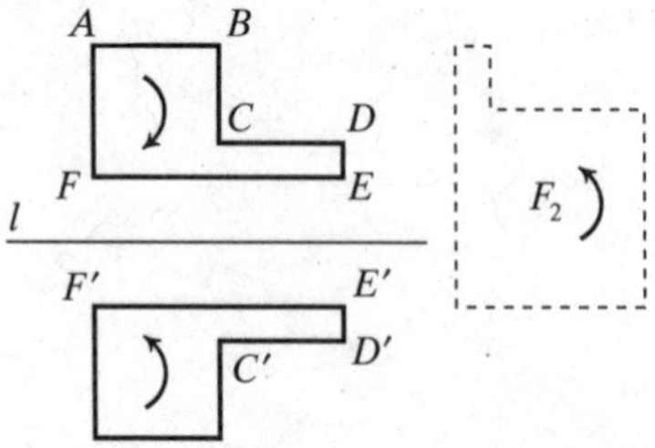

Étape 2 : translation.

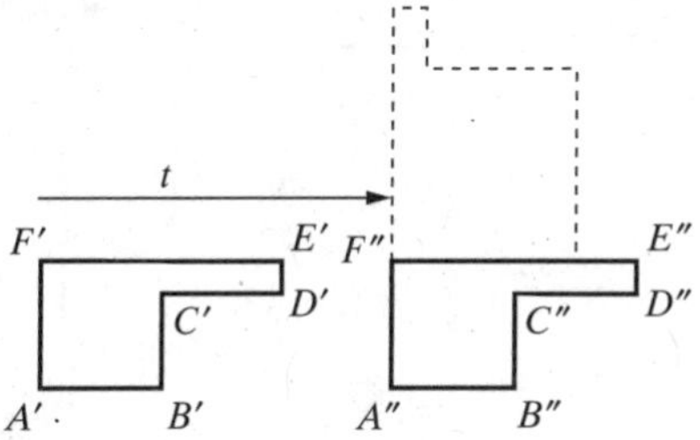

Étape 3 : rotation.

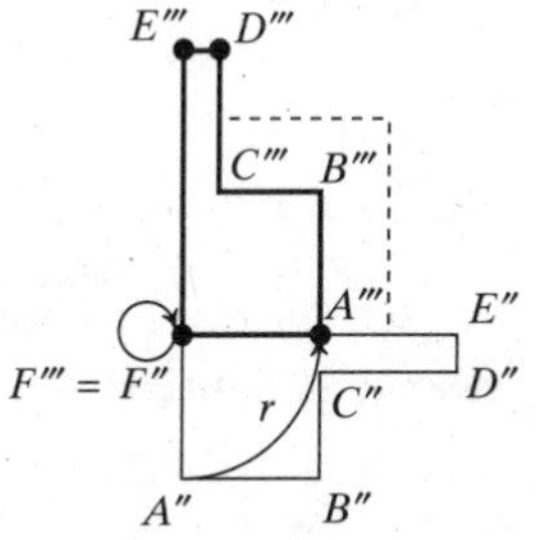

On constate qu'il n'existe pas d'homothétie qui transforme la figure $A'''B'''C'''D'''E'''F'''$ en figure F_2. Les figures F_1 et F_2 ne sont donc pas semblables.

Réponses

a) Les figures F_1 et F_2 sont semblables. La similitude qui associe la figure F_2 à F_1 est la composée d'une translation, d'une rotation et d'une homothétie.

b) Les figures F_1 et F_2 ne sont pas semblables.

Pour travailler seul

Problème 13

Parmi les figures F_1, F_2,..., F_5, trouvez celles qui sont des images du polygone $ABCDEF$ obtenues par une similitude.

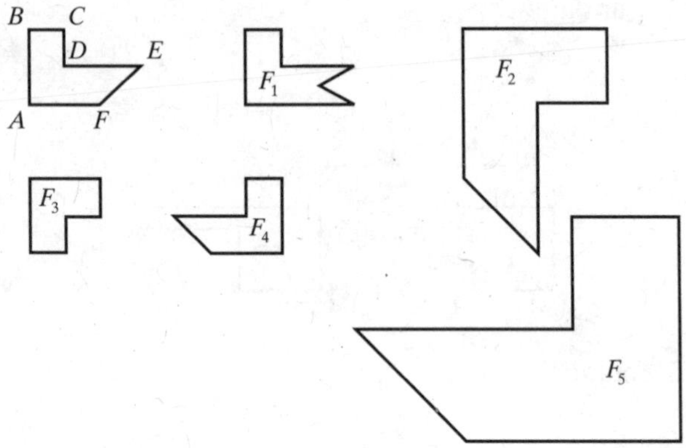

Problème 14

Les figures F_1 et F_2 sont-elles semblables ? Si oui, déterminez les composantes de la similitude qui associe la figure F_2 à la figure F_1.

a)

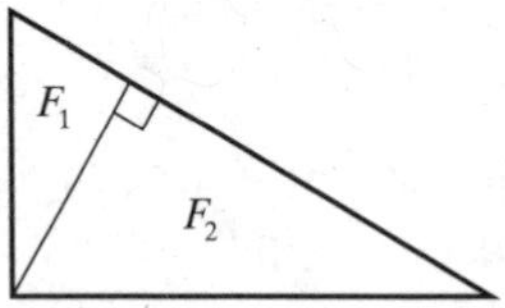

b)

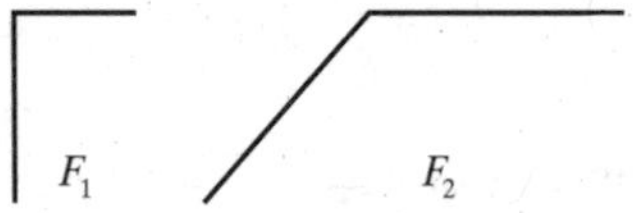

2.2 TRIANGLES SEMBLABLES

L'ESSENTIEL

- Deux polygônes semblables ont des angles homologues isométriques et les mesures de leurs côtés homologues sont proportionnelles.
- Les conditions minimales qui assurent la similitude de deux triangles sont les suivantes :
  1. Deux triangles ayant deux angles homologues congrus sont semblables (cas A-A).
  2. Deux triangles ayant un angle congru compris entre deux côtés de longueurs proportionnelles sont semblables (cas Cp-A-Cp).
  3. Deux triangles dont les trois côtés sont de mesures proportionnelles sont semblables (cas Cp-Cp-Cp).

Pour s'entraîner

Problème 15

Vérifiez si les triangles suivants sont semblables. Justifiez votre réponse.

a) Les triangles AEF et DFC, sachant que le quadrilatère $ABCD$ est un rectangle et que $\overline{FE} \perp \overline{FC}$.

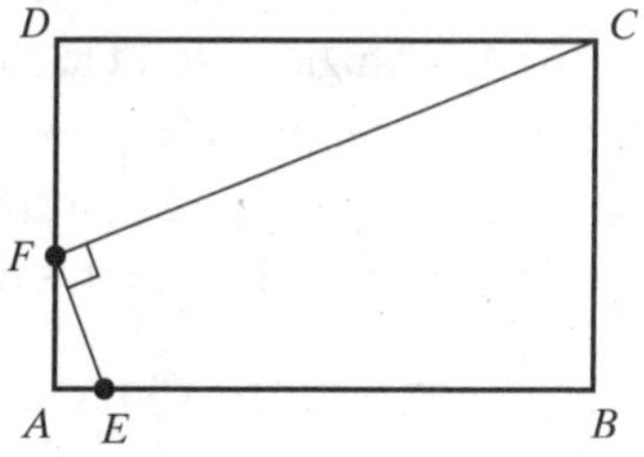

b) Les triangles ABC et DBA.

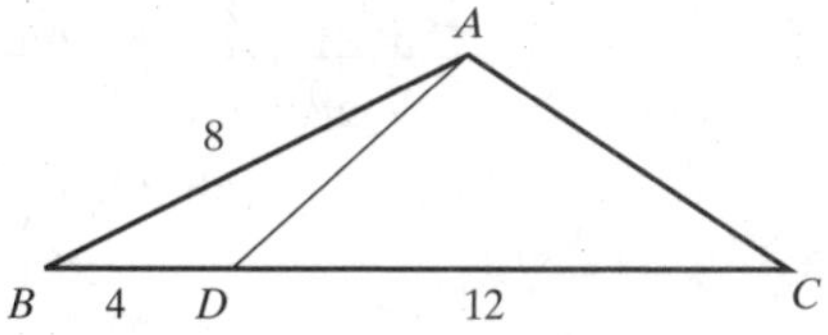

Réponses

a) Les triangles AEF et DFC sont semblables (cas A-A).

Justification :

AFFIRMATIONS	JUSTIFICATIONS
1° m $\angle EAF$ = m $\angle FDC$	1° Car $ABCD$ est un rectangle et possède donc 4 angles congrus.
2° m $\angle AFE$ = 180° – (90° + m $\angle DFC$) = 90° – m $\angle DFC$	2° Car $\angle AFE$ et $\angle EFD$ sont supplémentaires.
3° m $\angle DCF$ = 90° – m $\angle DFC$	3° Deux angles aigus d'un triangle rectangle sont complémentaires.
4° m $\angle AFE$ = m $\angle DCF$	4° Par transitivité de la relation d'égalité.

5° $\Delta AEF \sim \Delta FCD$	5° Cas de similitude A-A (affirmations 1 et 4).

b) Les triangles *ABC* et *ABD* sont semblables (cas C_p-A-C_p).

Justification :

Les longueurs de certains côtés étant données, on peut trouver les côtés les plus longs et les côtés les plus courts des deux triangles. Le côté $\overline{BC}$($m\overline{BC} = 4 + 12 = 16$) du triangle *ABC* et le côté $\overline{AB}$($m\overline{AB} = 8$) du triangle *DBA*, qui sont les côtés les plus longs, et le côté $\overline{AB}$($m\overline{AB} = 8$) du triangle *ABC* et le côté $\overline{BD}$($m\overline{BD} = 4$) du triangle *DBA*, qui sont les côtés les plus courts, constituent deux paires de côtés homologues.

AFFIRMATIONS	JUSTIFICATIONS
1° $\dfrac{m\overline{BC}}{m\overline{AB}} = \dfrac{m\overline{AB}}{m\overline{BD}}$	1° Car $\dfrac{16}{8} = \dfrac{8}{4}$.
2° $m\angle ABC = m\angle DBA$	2° Car $\angle$B est commun aux deux triangles.
3° $\Delta ABC \sim \Delta DBA$	3° Cas de similitude C_p-A-C_p.

Problème 16

Complétez la démonstration de l'énoncé :

Dans un triangle quelconque, la bissectrice d'un angle intérieur partage le côté opposé dans le même rapport que celui des mesures des deux côtés de cet angle.

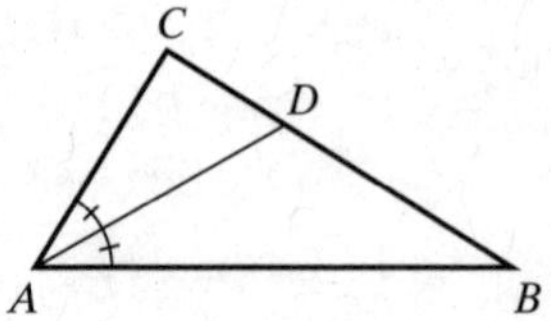

HYPOTHÈSES :

1. *ABC* est un triangle.
2. La demi-droite *AD* est la bissectrice de l'angle intérieur *A*.

CONCLUSION :

$$\frac{m\overline{CD}}{m\overline{DB}} = \frac{m\overline{AC}}{m\overline{AB}}$$

Démonstration :

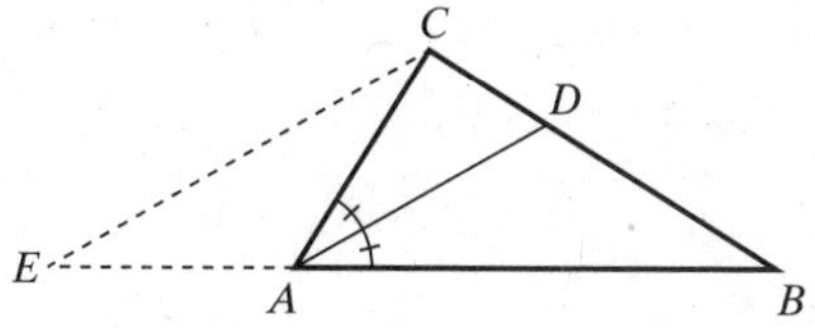

Dans la démonstration, on fait référence à la figure ci-dessus où on a tracé une parallèle à la bissectrice passant par le sommet C. Le point E est le point de rencontre de cette parallèle avec le prolongement du côté AB.

AFFIRMATIONS	JUSTIFICATIONS
1° $\frac{m\overline{CD}}{m\overline{DB}} = \frac{m\overline{EA}}{m\overline{AB}}$	1° Par ______________________ (1).
2° $\angle ECA \cong \angle CAD$	2° Les angles ______________________ (2) formés par deux droites parallèles (EC et AD) et une sécante (CA) sont congrus.
3° $\angle CAD \cong \angle DAB$	3° Par ______________________ (3).
4° $\angle ECA \cong \angle DAB$	4° Par ______________________ (4).
5° $\angle CEA \cong \angle DAB$	5° Les angles ______________________ (5) formés par deux droites parallèles (EC et AD) et une sécante (EB) sont congrus.
6° $\angle ECA \cong \angle CEA$	6° Par ______________________ (6).
7° $m\overline{EA} = m\overline{AC}$	7° Le triangle EAC ayant deux angles congrus est ______________________ (7).
8° $\frac{m\overline{CD}}{m\overline{DB}} = \frac{m\overline{AC}}{m\overline{AB}}$	8° Par substitution (les affirmations 1 et 7).

Solution et réponse

(1) Par le théorème de Thalès:

Des droites parallèles (ici EC et AD) coupées par des sécantes (EB et CB) déterminent sur ces sécantes des segments de longueurs proportionnelles.

(2) Les angles alternes internes.

(3) Par la définition de la bissectrice:

La bissectrice d'un angle est une demi-droite qui partage cet angle en deux angles congrus.

(4) Par transitivité de la relation de congruence.

(5) Les angles correspondants.

(6) Par transitivité de la relation de congruence.

(7) … isocèle.

Problème 17

Pierre et son ami demeurent au bord d'un lac. Pour connaître la distance qui sépare leurs domiciles, Pierre trace un croquis et prend les mesures nécessaires.

Trouvez la distance qui sépare le domicile de Pierre de celui de son ami. Justifiez chaque étape de votre démarche.

A: maison de l'ami de Pierre
B: maison de Pierre

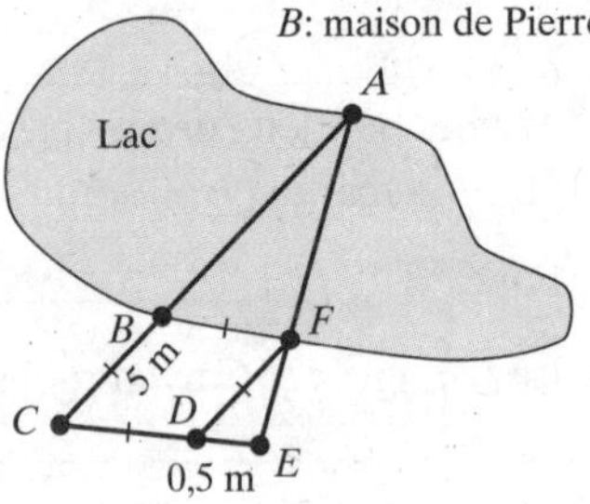

Solution

AFFIRMATIONS	**JUSTIFICATIONS**
1° $AC \parallel FD$ et $BF \parallel CD$	1° Les droites supportant les côtés opposés d'un losange sont parallèles.
2° $\angle BAF \cong \angle DFE$	2° Les angles correspondants formés par deux droites parallèles (AB et FD) et une sécante (AE) sont congrus.
3° $\angle AFB \cong \angle FED$	3° Les angles correspondants formés par deux droites parallèles (BF et CD) et une sécante (AE) sont congrus.
4° $\Delta ABF \sim \Delta FDE$	4° Par cas de similitude A-A.
5° $\dfrac{m\overline{AB}}{m\overline{FD}} = \dfrac{m\overline{BF}}{m\overline{DE}}$	5° Les côtés homologues de deux triangles semblables sont de longueur proportionnelle.
6° $m\overline{AB} = 50$ m	6° Car $x = 50$ est la solution de l'équation $\dfrac{x}{5} = \dfrac{5}{0,5}$, qu'on obtient en substituant les données dans l'affirmation 5.

Réponse 50 m.

Pour travailler seul

Problème 18

Les triangles suivants sont-ils semblables ? Justifiez chaque étape de votre démonstration.

a) Les triangles ABC et DEC.

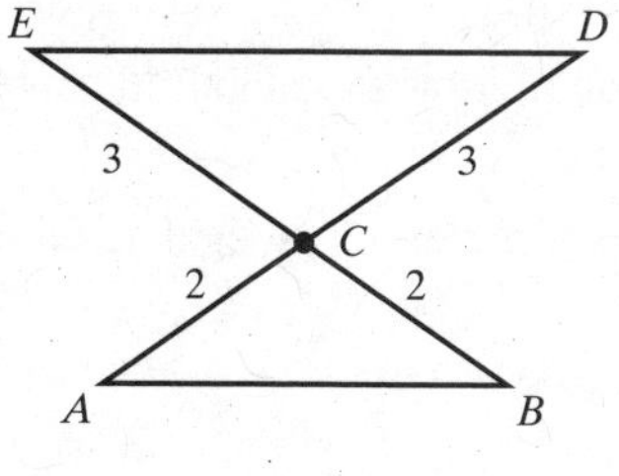

b) Les triangles ABC et ECD.

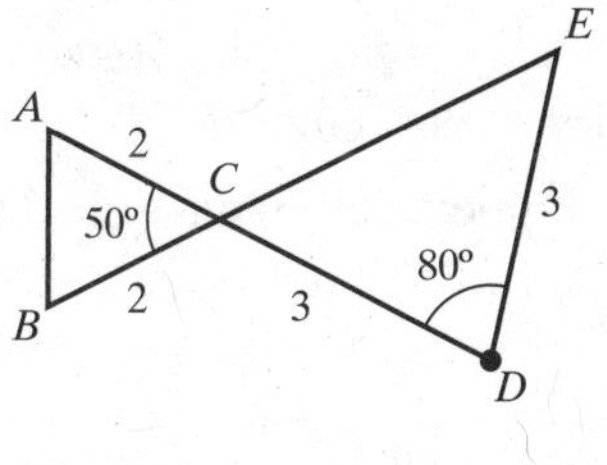

Problème 19(E)

Katie veut déterminer la hauteur d'un mât auquel est attaché un drapeau. Elle a reporté différentes mesures sur le schéma suivant.

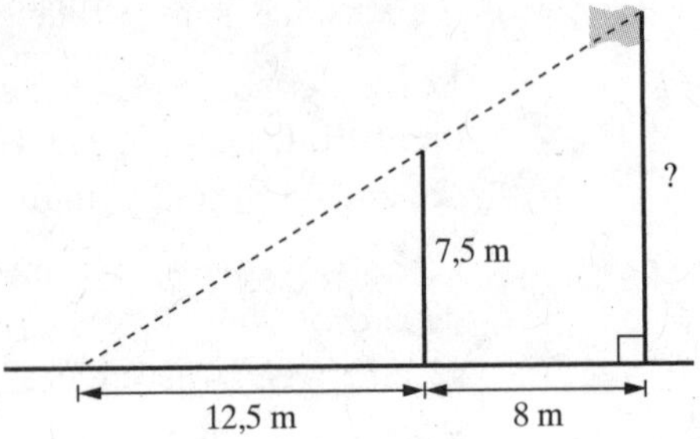

Quelle est la hauteur du mât ?

Problème 20

Vrai ou faux ?

a) Deux triangles équilatéraux sont nécessairement congrus.

b) Deux triangles isocèles sont semblables.

c) La diagonale coupe un losange en deux triangles semblables.

d) La diagonale coupe un trapèze en deux triangles semblables.

2.3 RAPPORTS DE PÉRIMÈTRES ET D'AIRES DE FIGURES SEMBLABLES ET RAPPORT DE VOLUMES DE SOLIDES SEMBLABLES

L'ESSENTIEL

- Le rapport des périmètres de deux figures semblables est égal au rapport de similitude.
- Le rapport des aires de deux figures semblables est égal au carré du rapport de similitude.
- Le rapport des volumes de deux solides semblables est égal au cube du rapport de similitude.

Pour s'entraîner

Problème 21

Dans le triangle ABC, on a tracé le parallélogramme $DECF$ tel que représenté sur la figure ci-dessous.

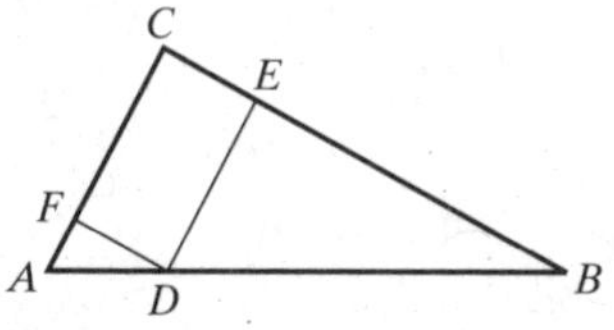

Le point D partage le côté $\overline{AB}$ dans le rapport 1 : 3, et ce, à partir du point A.

Sachant que le périmètre du triangle ADF est de 18 cm, trouvez le périmètre du triangle ABC.

Solution

Étape 1

On démontre que les triangles ABC et ADF sont semblables.

$\angle CAB \cong \angle FAD$ car c'est un angle commun.

$\angle ACB \cong \angle AFD$ car les angles correspondants formés par deux droites parallèles et une sécante sont congrus.

$\Delta ABC \cong \Delta ADF$ par propriété A-A.

Étape 2

On cherche le rapport de similitude.

Le point D partage le segment AB dans le rapport 1 : 3, il est donc situé au $\frac{1}{1+3}$ de ce segment, et ce, à partir du point A.

Le rapport de similitude étant le rapport de mesures de deux côtés homologues, on trouve

$$k = \frac{\text{m}\overline{AD}}{\text{m}\overline{AB}} = \frac{1}{4}.$$

Étape 3

On cherche le périmètre du triangle ABC.

Le périmètre du triangle ADF est de 18 cm et le rapport des périmètres de deux figures semblables est celui du rapport de similitude. On a alors

$$\frac{18\text{ cm}}{\text{P}} = \frac{1}{4}$$

d'où P = 72 cm.

Réponse 72 cm

Problème 22

Un menuisier fabrique des tables de cuisine de forme octogonale dont le plan est donné ci-dessous. L'échelle de ce plan est 1 ≙ 60.

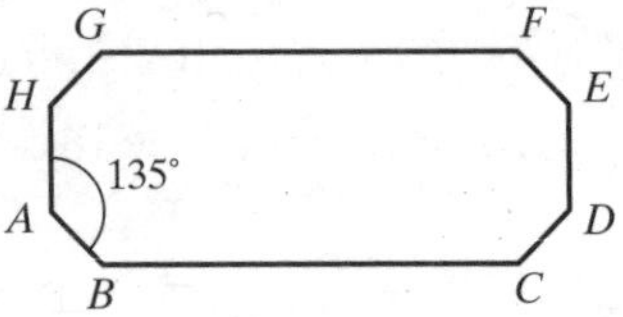

Le périmètre de l'octogone dessiné sur le plan est de 11 cm (arrondi à l'unité) et son aire est de 7,5 cm^2.

a) Quelle est la mesure de l'angle A sur l'objet réel ?

b) Combien de mètres de ruban le menuiser utilise-t-il pour faire le contour d'une table ?

c) Quelle est l'aire de l'objet réel ?

Solution

Rappel

(1) Les figures semblables ont des angles homologues isométriques.

(2) Le rapport des périmètres de deux figures semblables est égal au rapport de similitude.

(3) Le rapport des aires de deux figures semblables est égal au carré du rapport de similitude.

a) L'octogone réel et celui qui le représente sur le plan sont des figures semblables. La mesure de l'angle A sur l'objet réel est donc la même que celle du plan, soit 135°.

b) Le rapport de similitude est déterminé par l'échelle $k = \frac{1}{60}$.

Le rapport entre les périmètres étant le même, on trouve le périmètre de l'objet réel en résolvant l'équation

$$\frac{1}{60} = \frac{11 \text{ cm}}{P}$$

d'où P = 660 cm = 6,6 m.

Remarque

Le périmètre de l'octogone représenté sur le plan n'est pas donné par une valeur précise. La réponse trouvée n'est donc pas la valeur précise du périmètre de la table.

c) Le rapport de similitude étant $\frac{1}{60}$ et l'aire de l'octogone sur le plan étant de 7,5 cm^2, on trouve l'aire de l'objet réel en résolvant l'équation

$$\left(\frac{1}{60}\right)^2 = \frac{7{,}5 \text{ cm}^2}{A}$$

d'où A = 27 000 cm^2 = 2,7 m^2.

! ATTENTION

Ne pas oublier que 1 m équivaut à 100 cm, mais que 1 m^2 équivaut à 100 cm × 100 cm, donc à 10 000 cm^2.

Réponses

a) 135°

c) 2,7 m^2

b) Environ 6,6 m.

Problème 23

Dans un parc récréatif, il y a deux piscines de même forme. La longueur de la première piscine est de 15 m et sa largeur est de 10 m. Elle a une profondeur de 1,5 m. Les dimensions de la deuxième piscine sont deux fois plus grandes.

Pour remplir la petite piscine, on a utilisé 112 500 L d'eau.

a) Quelle quantité d'eau sera nécessaire pour remplir la grande piscine ?

b) Combien coûtera la toile pour protéger la grande piscine, si celle qui protège la petite a coûté 1 500 $?

Solution

Rappel

Le rapport des volumes de deux solides semblables est égal au cube du rapport de similitude.

a) Les dimensions de la grande piscine étant deux fois plus grandes, le rapport de similitude est égal à 2. Le rapport des volumes est donc 8 ($2^3 = 8$). La quantité d'eau nécessaire pour remplir la grande piscine sera 8 fois plus grande que celle nécessaire pour remplir la petite, soit $8 \times 112\,500$ L = 900 000 L.

b) La toile couvre la surface de la piscine. Le rapport des aires est le carré du rapport de similitude, soit $2^2 = 4$. Le coût sera donc 4 fois plus élevé, soit $4 \times 1\,500$ \$ = 6 000 \$.

Réponses

a) 900 000 L

b) 6 000 $

Pour travailler seul

Problème 24(E)

Les trapèzes illustrés ci-dessous sont semblables. La grande base du grand trapèze mesure 120 cm. Ses côtés obliques mesurent respectivement 90 cm et 60 cm. La petite base du petit trapèze mesure 10 cm.

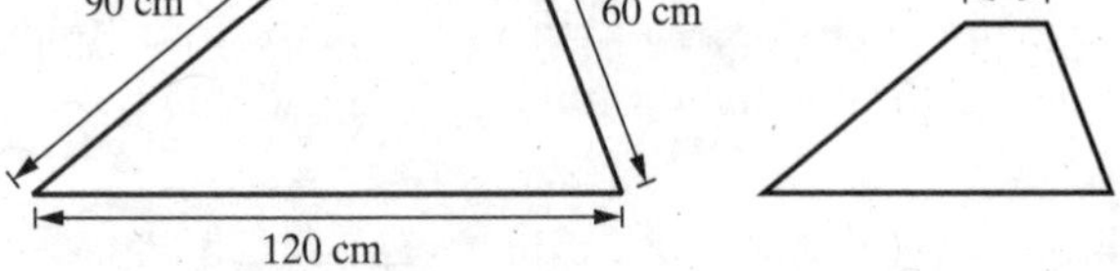

L'aire du grand trapèze est 9 fois celui du petit trapèze.

Quel est le périmètre du petit trapèze ?

A) 67 cm B) 70 cm C) 100 cm D) 120 cm

Problème 25(E)

Le triangle ABC illustré ci-dessous est rectangle en B. On trace la hauteur BH.

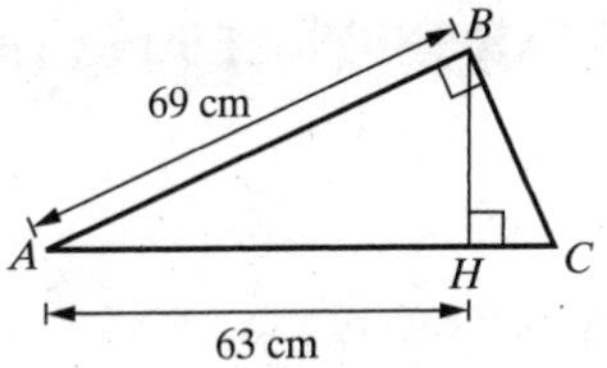

Quelle est, arrondie à l'unité, l'aire du triangle ABC ?

Problème 26(E)

Les deux contenants cylindriques droits illustrés ci-dessous sont semblables et leurs bases sont circulaires. Le volume du petit contenant est de 500 cm^3. Celui du grand contenant est de 13 500 cm^3. La hauteur du petit contenant est de 10 cm.

À l'intérieur du grand contenant, on veut insérer entièrement le plus long bâton possible.

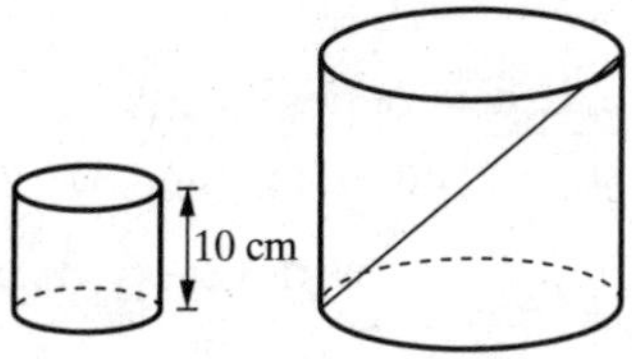

Au centième près, quelle est la longueur du plus long bâton pouvant être entièrement inséré à l'intérieur du grand contenant ?

3 Trigonométrie

3.1 TRIGONOMÉTRIE DES TRIANGLES RECTANGLES

L'ESSENTIEL

- Soit un triangle ABC rectangle en C.

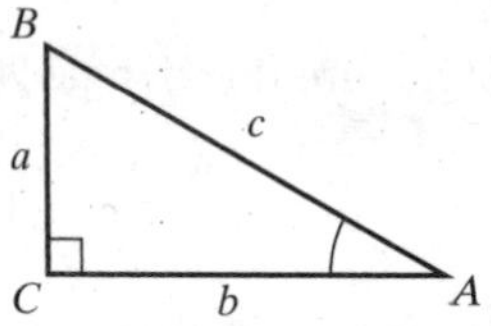

On définit trois principaux rapports trigonométriques:

$$\sin A = \frac{\text{mesure du côté opposé à } \angle A}{\text{mesure de l'hypoténuse}} = \frac{a}{c}$$

$$\cos A = \frac{\text{mesure du côté adjacent à } \angle A}{\text{mesure de l'hypoténuse}} = \frac{b}{c}$$

$$\tan A = \frac{\text{mesure du côté opposé à } \angle A}{\text{mesure du côté adjacent à à } \angle A} = \frac{a}{b}$$

On définit trois rapports inverses des rapports principaux:

$$\text{cosécante } A = \frac{1}{\sin A}$$

$$\text{sécante } A = \frac{1}{\cos A}$$

$$\text{cotangente } A = \frac{1}{\tan A}$$

- Pour trouver la mesure d'un côté ou d'un angle du triangle rectangle, on utilise les rapports trigonométriques, le théorème de Pythagore ou la relation entre les angles aigus (complémentarité), ainsi que les propriétés des triangles.

Pour s'entraîner

Problème 27

Trouvez la mesure x, arrondie à l'unité près, du côté ou de l'angle, selon le cas.

a)

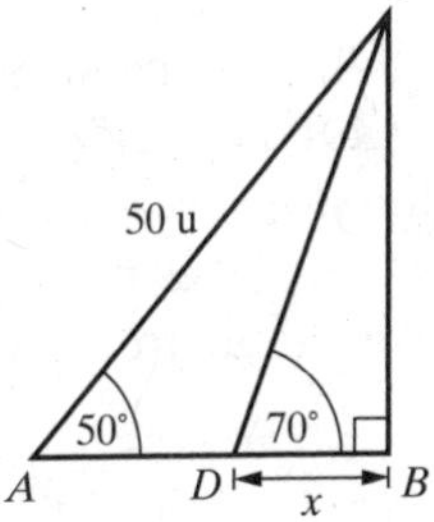

b)

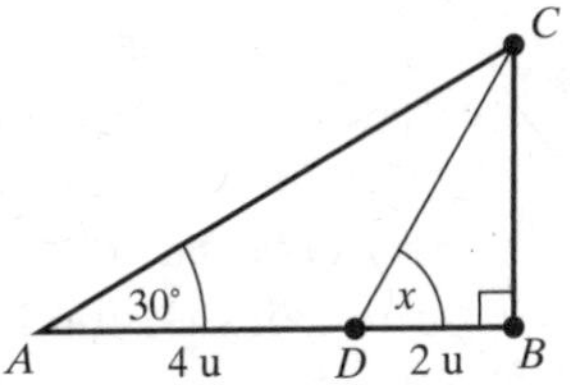

Solution

a) Dans le triangle ABC, rectangle en B, on a

$$\sin 50° = \frac{\mathrm{m}\overline{BC}}{50}$$

d'où $\mathrm{m}\overline{BC} = 50 \times \sin 50° \approx 38{,}3$.

Dans le triangle DBC, rectangle en B, on a

$$\tan 70° = \frac{\mathrm{m}\overline{BC}}{\mathrm{m}\overline{DB}} = \frac{38{,}3}{x}$$

d'où $x = \dfrac{38{,}3}{\tan 70°} \approx 13{,}94$.

Le résultat arrondi à l'unité près est 14 u.

b) Dans le triangle ABC, rectangle en B, on a

$$\tan 30° = \frac{\mathrm{m}\overline{BC}}{4+2}$$

d'où $\mathrm{m}\overline{BC} = 6 \tan 30° \approx 3{,}464$.

Dans le triangle DBC, rectangle en B, on a

$$\tan x = \frac{\mathrm{m}\overline{BC}}{2} \approx \frac{3{,}464}{2} = 1{,}732$$

d'où $x = 60°$.

Réponses

a) 14 u

b) 60°

Problème 28

Deux garçons veulent connaître l'altitude d'un avion qui passe tous les jours au-dessus du parc où ils s'adonnent à leurs jeux. Ils s'éloignent à une distance de 250 m l'un de l'autre et mesurent les angles d'élévation sous lesquels ils observent cet avion. Au moment où l'avion se trouve au-dessus de la ligne qui relie les positions des deux garçons, ces angles mesurent respectivement 88° et 80°. À quelle altitude (arrondie au mètre) l'avion vole-t-il ?

Solution

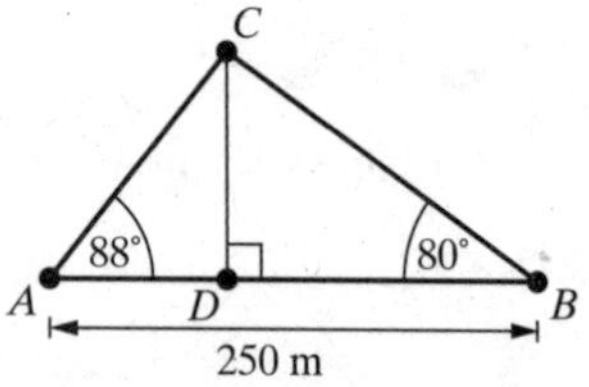

Dans les triangles ADC et DBC, rectangles en D, on a

$$\tan 88° = \frac{\mathrm{m}\overline{CD}}{\mathrm{m}\overline{AD}} \text{ et } \tan 80° = \frac{\mathrm{m}\overline{CD}}{\mathrm{m}\overline{DB}}.$$

De plus

$$\mathrm{m}\overline{DB} = 250 - \mathrm{m}\overline{AD}.$$

On obtient un système de deux équations à deux inconnues

$$(x = \mathrm{m}\overline{AD} \text{ et } y = \mathrm{m}\overline{CD})$$

(1) $28{,}636\,3 = \dfrac{y}{x}$

(2) $5{,}671\,3 = \dfrac{y}{250 - x}$

Le couple-solution de ce système est (41, 1 183), où les deux coordonnées sont arrondies à l'unité près.

Réponse L'avion vole à 1 183 m d'altitude.

Problème 29

Le diamètre de la base d'un cône droit et sa hauteur mesurent respectivement 20 cm et 17 cm.

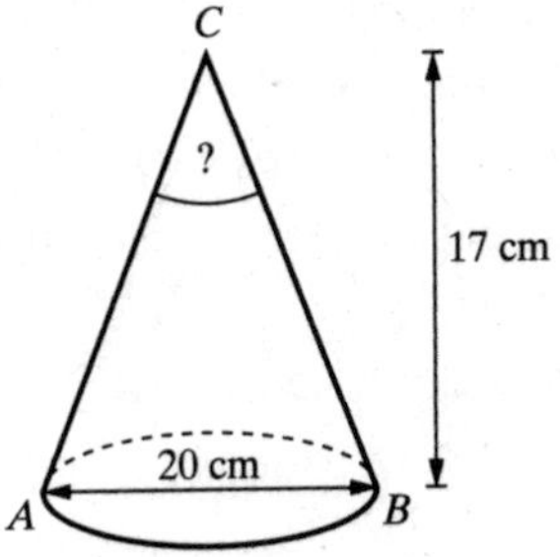

Quelle est, au degré près, la mesure de l'angle au sommet de ce cône ?

Solution

En sectionnant ce cône en deux parties isométriques, on obtient une face qui est un triangle isocèle dont la base et la hauteur mesurent respectivement 20 cm et 17 cm, et dont l'angle au sommet et celui du cône sont congrus.

De plus, la hauteur d'un cône droit partage la section en deux triangles isométriques.

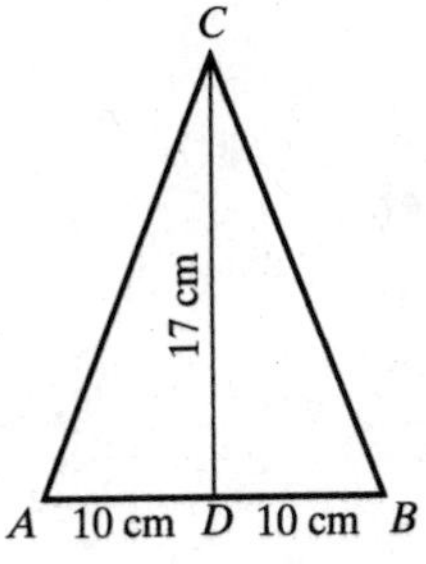

On a donc

$$\mathrm{m}\angle ACB = 2 \times \mathrm{m}\angle DCB$$

et

$$\tan \angle DCB = \frac{10}{17} \Rightarrow \mathrm{m}\angle DCB = 30{,}5°$$

d'où $\mathrm{m}\angle ACB = 2 \times 30{,}5° = 61°$.

Réponse 61°

Pour travailler seul

Problème 30

Parmi les énoncés suivants, lesquels sont vrais ?

A) Dans deux triangles rectangles semblables, les rapports trigonométriques des angles homologues sont égaux.

B) Le sinus et le cosinus sont les seuls parmi les rapports principaux qui ne peuvent pas dépasser l'unité.

C) La tangente d'un angle est toujours supérieure à 1.

D) Le sinus d'un angle est égal au cosinus de son angle complémentaire.

Problème 31

Trouvez la mesure x du côté ou de l'angle, selon le cas.

a)

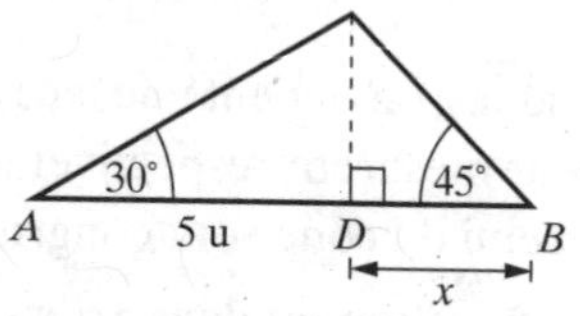

b)

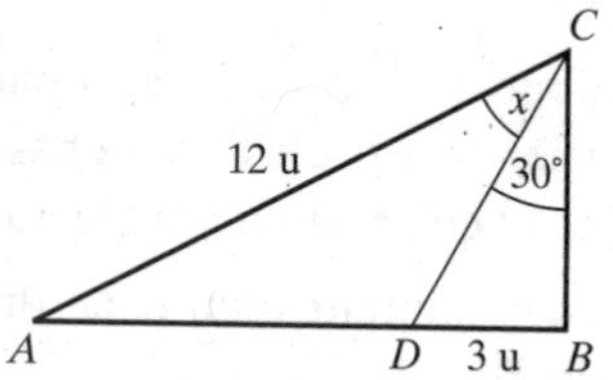

Problème 32 (E)

Le rectangle *PQRS* ci-dessous représente le dessus d'une table de billard. Les segments de droite *BC* et *CS* représentent la trajectoire suivie par une des boules de billard.

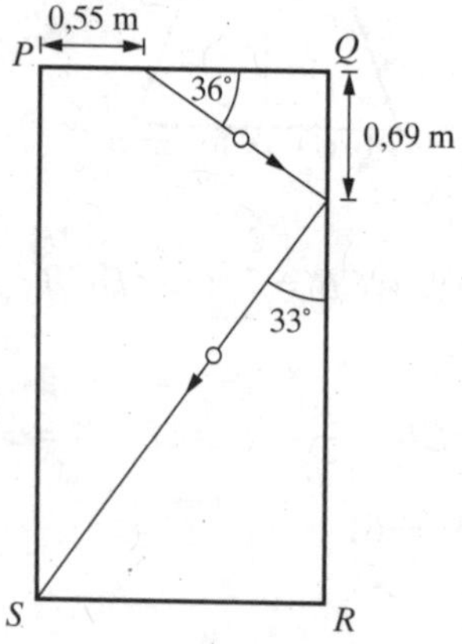

Quelle est, au dixième de mètre près, la distance parcourue par la boule ?

3.2 TRIGONOMÉTRIE DES TRIANGLES QUELCONQUES

L'ESSENTIEL

- Résoudre un triangle consiste à trouver les mesures de tous ses côtés et de tous ses angles.
- Les triangles quelconques se résolvent à l'aide de la loi des sinus ou de celle des cosinus.
- **Loi des sinus**

  Dans tout triangle, le rapport de la mesure du côté et du sinus de l'angle opposé à ce côté reste constant.

  $$\frac{a}{\sin A} = \frac{b}{\sin B} = \frac{c}{\sin C}$$

  On utilise la loi des sinus lorsqu'on connaît la mesure d'un côté, la mesure de l'angle opposé à ce côté et la mesure d'un autre élément du triangle.
- **Loi des cosinus**

  Dans tout triangle, on a:

  $a^2 = b^2 + c^2 - 2bc \cos A$;

  $b^2 = a^2 + c^2 - 2ac \cos B$;

  $c^2 = a^2 + b^2 - 2ab \cos C$.

  On utilise la loi des cosinus lorsqu'on connaît les mesures de deux côtés et la mesure de l'angle compris entre ces deux côtés, ou lorsqu'on connaît les mesures des trois côtés du triangle.
- Pour tout angle A, on a:

  $\sin A = \sin (180° - A)$;

  $\cos A = - \cos (180° - A)$.

Pour s'entraîner

Problème 33

Résolvez les triangles suivants.

a)

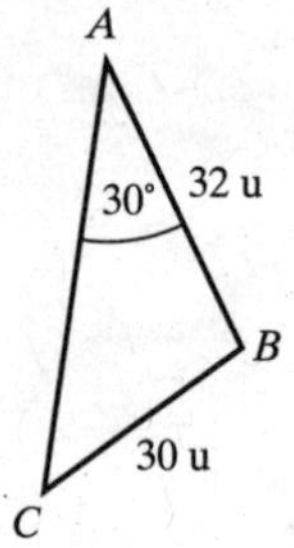

c)

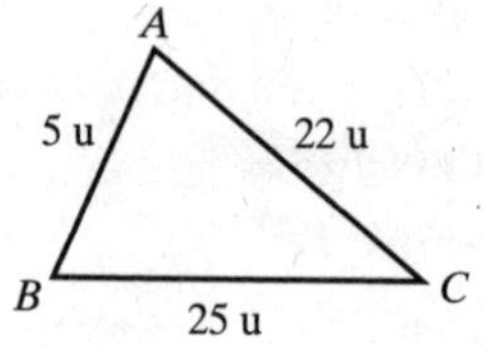

b)

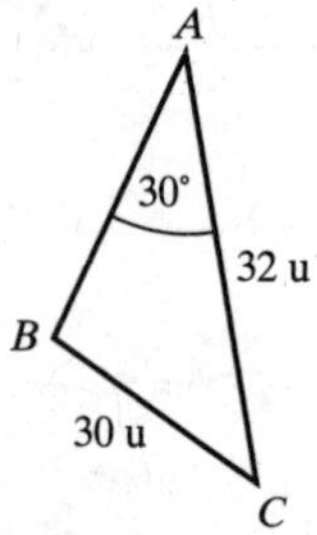

d)

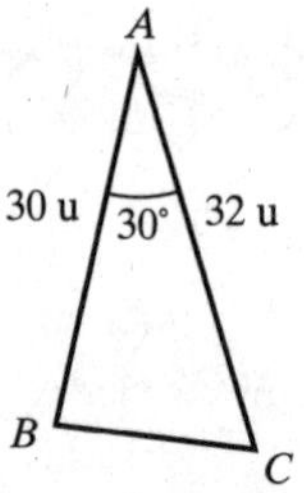

Solution

a) Données : $m\angle A = 30°$, $a = m\overline{BC} = 30$ u, $b = m\overline{AC} = 32$ u.

On applique la loi des sinus.

$$\frac{30 \text{ u}}{\sin 30°} = \frac{32 \text{ u}}{\sin B} = \frac{c}{\sin C}$$

Étape 1

On trouve la mesure de l'angle B.

$$\frac{30 \text{ u}}{\sin 30°} = \frac{32 \text{ u}}{\sin B} \Rightarrow \sin B = \frac{32 \text{ u} \times \sin 30°}{30 \text{ u}}$$

$$\Rightarrow m\angle B = 32° \text{ (arrondi à l'unité près)}$$

Étape 2

On trouve la mesure de l'angle C.

$m\angle C = 180° - (m\angle A + m\angle B) = 118°$, car la somme des trois angles d'un triangle est de 180°.

Étape 3

On cherche la mesure c du côté AB à l'aide de la loi des sinus.

$$\frac{30\text{ u}}{\sin 30°} = \frac{c}{\sin 118°} \Rightarrow c = \frac{32\text{ u} \times \sin 118°}{\sin 30°}$$
$$= 53\text{u (arrondi à l'unité près)}$$

b) Données : $m\angle A = 30°$, $a = m\overline{BC} = 30$ u, $b = m\overline{AC} = 32$ u.

On applique la loi des sinus.

$$\frac{30\text{ u}}{\sin 30°} = \frac{32\text{ u}}{\sin B} = \frac{c}{\sin C}$$

Étape 1

On trouve la mesure de l'angle B.

$$\frac{30\text{ u}}{\sin 30°} = \frac{32\text{ u}}{\sin B} \Rightarrow \sin B = \frac{32\text{ u} \times \sin 30°}{30\text{ u}}$$
$$\Rightarrow m\angle B = 180° - 32° = 148° \text{ (arrondi à l'unité près)}$$

Puisque l'angle B est un angle obtus, il est supplémentaire à celui qu'on trouve à l'aide de la calculatrice.

ATTENTION

La calculatrice donne toujours la mesure de l'angle aigu. Il est très important de savoir si on cherche la mesure d'un angle aigu ou d'un angle obtus lorsqu'on applique la loi des sinus.

Étape 2

On trouve la mesure de l'angle C.

$m\,\angle C = 180° - (m\,\angle A + m\,\angle B) = 2°$, car la somme des trois angles d'un triangle est de 180°.

Étape 3

On cherche la mesure c du côté AB à l'aide de la loi des sinus.

$$\frac{30\text{ u}}{\sin 30°} = \frac{c}{\sin 2°} \Rightarrow c = \frac{30\text{ u} \times \sin 2°}{\sin 30°} = 2\text{ u (arrondie à l'unité près)}$$

c) Données : $a = m\overline{BC} = 25$ u, $b = m\overline{AC} = 22$ u, $c = m\overline{AB} = 5$ u.

On applique la loi des cosinus.

Étape 1

On cherche la mesure de l'angle A.

$$a^2 = b^2 + c^2 - 2bc\cos A$$

$$25^2 = 22^2 + 5^2 - 2 \times 22 \times 5 \times \cos A$$
$$\Rightarrow \cos A = \frac{22^2 + 5^2 - 25^2}{2 \times 22 \times 5} \approx -0{,}5272$$
$$\Rightarrow \text{m}\angle A = 122° \text{ (arrondi à l'unité près)}$$

Étape 2

On cherche la mesure de l'angle B.

$$22^2 = 25^2 + 5^2 - 2 \times 25 \times 5 \times \cos B$$
$$\Rightarrow \cos B = \frac{25^2 + 5^2 - 22^2}{2 \times 25 \times 5} \approx -0{,}6640$$
$$\Rightarrow \text{m}\angle B = 48° \text{ (arrondi à l'unité près)}$$

Remarque

Pour trouver la mesure de l'angle B, la loi des sinus est aussi applicable, car on connaît déjà la mesure de l'angle A et celle du côté qui lui est opposé.

Étape 3

On cherche la mesure du troisième angle du triangle ABC.

m $\angle C = 180° - (122° + 48°) = 10°$, car la somme des mesures de trois angles d'un triangle est de 180°.

d) Données : m $\angle A = 30°$, $b = \text{m}\overline{AC} = 32$ u, $c = \text{m}\overline{AB} = 30$ u.

On utilise la loi des cosinus.

Conseil

On utilise la formule de la loi des cosinus, qui indique le cosinus de l'angle dont la mesure est donnée.

Étape 1

On cherche la mesure a du côté BC.

$a^2 = 32^2 + 30^2 - 2 \times 32 \times 30 \times \cos 30° \approx 261{,}23 \Rightarrow a \approx 16{,}16$ u ($a = 16$ u arrondi à l'unité près)

Remarque

Comme on utilise a pour les étapes qui suivent, il est essentiel de prendre la valeur la plus précise possible. La différence entre la valeur exacte et la valeur arrondie influe sur le résultat du calcul.

Étape 2

On cherche la mesure de l'angle B.

$$\frac{16{,}16}{\sin 30°} = \frac{32}{\sin B} \Rightarrow \sin B = \frac{32 \times \sin 30°}{16{,}16} = 0{,}990\,1$$

$$\Rightarrow \text{m}\angle = 82° \text{ (arrondi à l'unité près)}$$

Remarque

Si on avait utilisé la valeur a arrondie à l'unité près dans l'équation, soit 16, on aurait trouvé m $\angle B = 90°$.

Étape 3

On cherche la mesure de l'angle C.

$$180° - (30° - 82°) = 68°$$

Réponses

a) $\text{m}\angle A = 30°$, $\text{m}\angle \text{B} = 32°$, $\text{m}\angle C = 118°$, $\text{m}\overline{BC} = 30$ u, $\text{m}\overline{AC} = 32$ u, $\text{m}\overline{AB} = 53$ u ;

b) $\text{m}\angle A = 30°$, $\text{m}\angle \text{B} = 148°$, $\text{m}\angle C = 2°$, $\text{m}\overline{BC} = 30$ u, $\text{m}\overline{AC} = 32$ u, $\text{m}\overline{AB} = 2$ u ;

c) $\text{m}\angle A = 122°$, $\text{m}\angle \text{B} = 48°$, $\text{m}\angle C = 10°$, $\text{m}\overline{BC} = 25$ u, $\text{m}\overline{AC} = 22$ u, $\text{m}\overline{AB} = 5$ u ;

d) $\text{m}\angle A = 30°$, $\text{m}\angle \text{B} = 82°$, $\text{m}\angle C = 68°$, $\text{m}\overline{BC} = 16$ u, $\text{m}\overline{AC} = 32$ u, $\text{m}\overline{AB} = 30$ u.

Problème 34

Deux forces, valant respectivement 12 et 14 newtons, agissent sur un objet en formant un angle de 32° entre elles. Trouvez la grandeur de la force résultante (arrondie à l'unité près), sachant qu'elle est représentée par la diagonale du parallélogramme construit sur ces deux forces.

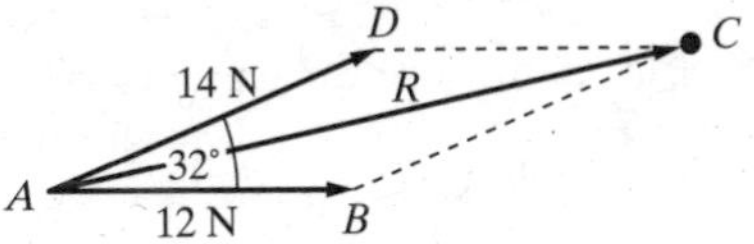

Solution

La grandeur de la résultante R correspond à la mesure du côté $\overline{AC}$ du triangle ABC.

Dans le parallélogramme $ABCD$, les côtés $\overline{AD}$ et $\overline{BC}$ sont opposés, donc congrus, et les angles DAB et ABC sont consécutifs, donc supplémentaires.

Dans le triangle ABC, on connaît les éléments suivants :

$$c = \text{m}\overline{AB} = 12\text{N},\ a = \text{m}\overline{BC} = \text{m}\overline{AD} = 14\text{N},\ \text{m}\angle B = 180° - 32° = 148°.$$

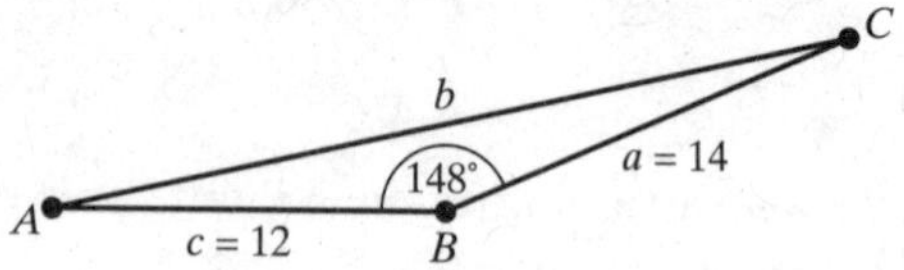

On applique la loi des cosinus.

On écrit la formule qui comporte le cosinus de l'angle B, soit

$$b^2 = a^2 + c^2 - 2ac \cos B = 14^2 + 12^2 - 2 \times 14 \times 12 \times \cos 148° \approx 624{,}94$$

d'où $b = 25$ N (arrondi à l'unité près).

Réponse La grandeur de la résultante est de 25 newtons.

Pour travailler seul

Problème 35 (E)

Dans la figure ci-dessous, $\text{m}\overline{PS} = 10$ cm, $\text{m}\overline{PR} = 27$ cm et $\text{m}\overline{TQ} = 6$ cm.

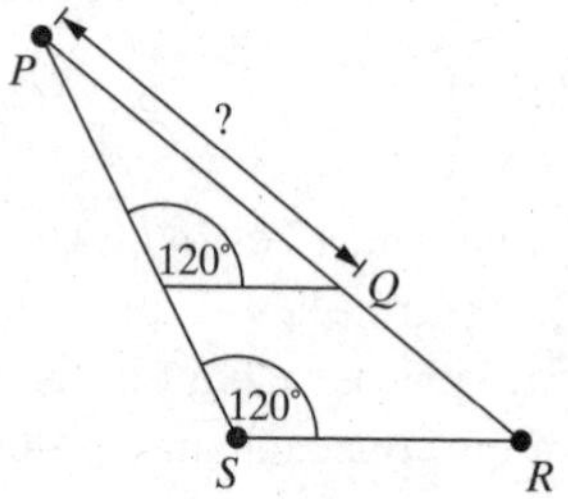

Quelle est, au dixième près, la mesure du segment PQ ?

Problème 36 (E)

Un arpenteur doit déterminer la distance entre deux phares A et B situés sur les rives opposées du fleuve Saint-Laurent.

Un pylône C lui sert de repère afin de déterminer certaines mesures. L'arpenteur a reporté les mesures obtenues sur le schéma ci-dessous.

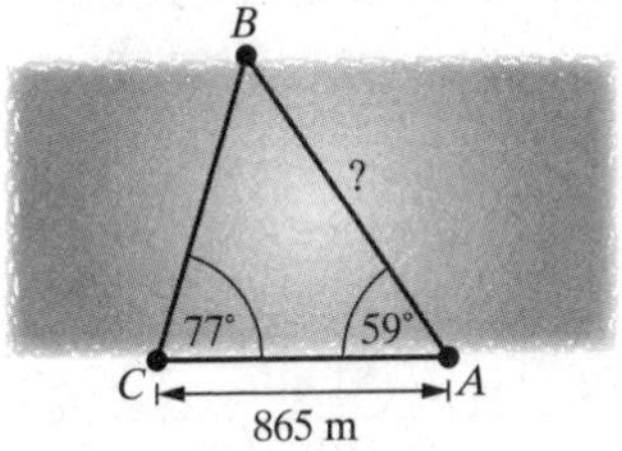

Quelle est, arrondie à l'unité, la distance entre les phares A et B ?

A) 1 213 m B) 1 067 m C) 983 m D) 617 m

Problème 37 (E)

Le terrain de Jean-Marc est situé en bordure d'un lac. Jean-Marc veut installer un cordon de sécurité à la surface de l'eau afin de délimiter une zone de baignade. Il a reporté différentes mesures sur le schéma suivant.

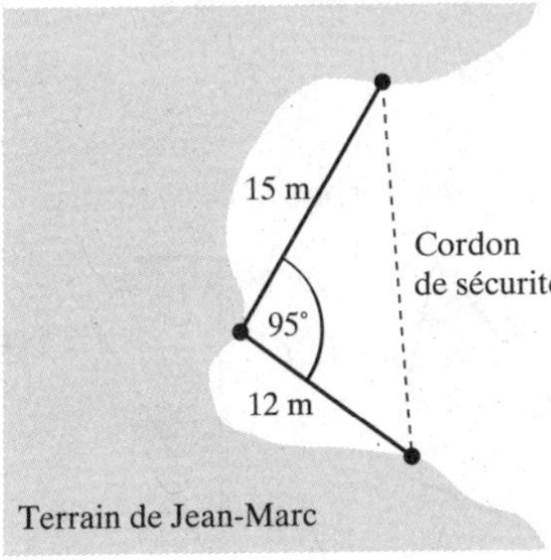

Quelle est, au mètre près, la longueur du cordon de sécurité ?

Vérifiez vos acquis

1. (E) D'après l'illustration ci-dessous, quelle isométrie permet d'obtenir les points A', B', C' et D' comme images respectives des points A, B, C et D ?

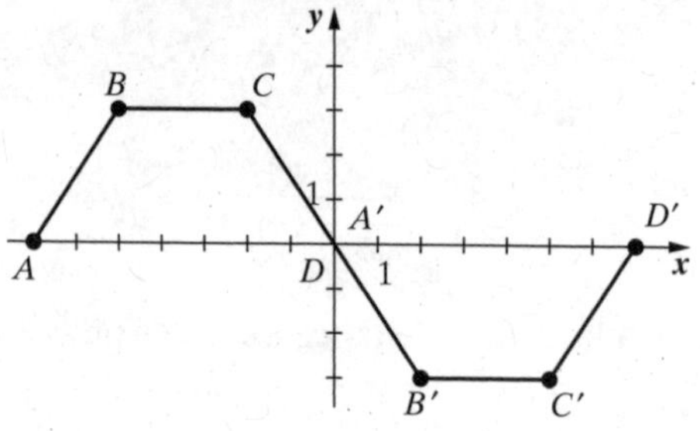

A) Une réflexion par rapport à l'axe des x suivie d'une réflexion par rapport à l'axe des y.

B) Une translation qui fait correspondre le point A' au point A suivie d'une réflexion par rapport à l'axe des x.

C) Une réflexion par rapport à la droite CD suivie d'une rotation de –90° de centre D.

D) Une rotation de 180° de centre D.

2. (E) Laquelle des quatre paires de triangles illustrées ci-dessous est formée de deux triangles qui sont nécessairement isométriques ?

A) 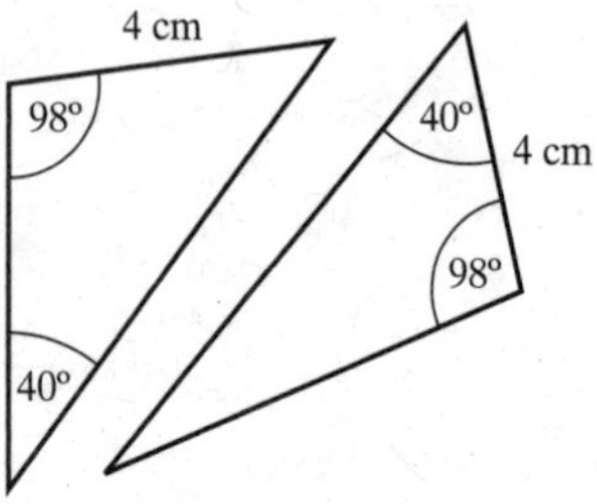

B) 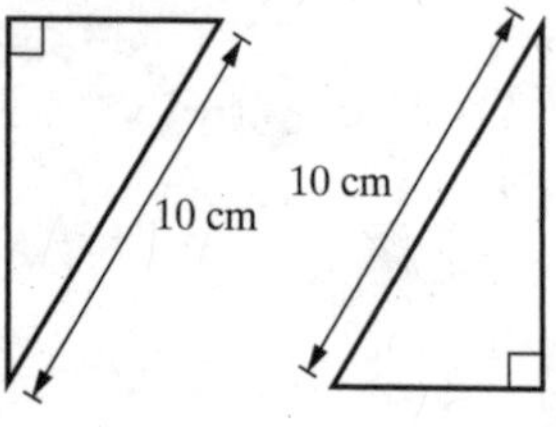

C) 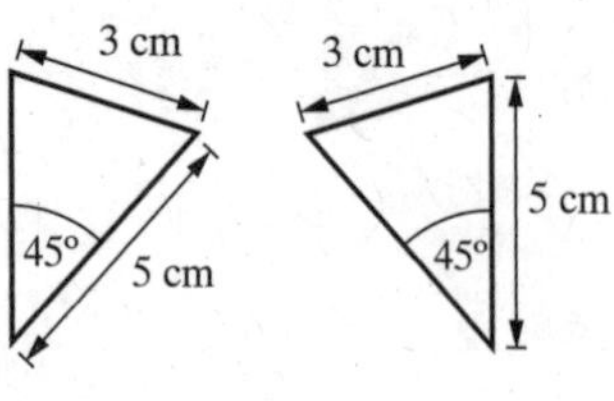

D) 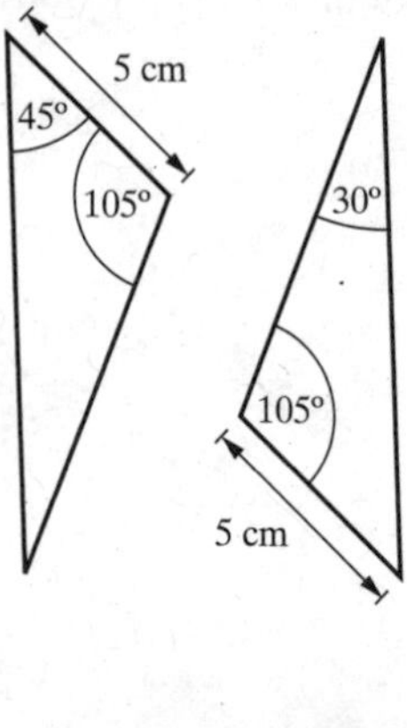

3. (E) Sur la figure illustrée ci-dessous, la diagonale AC est la bissectrice des angles A et C.

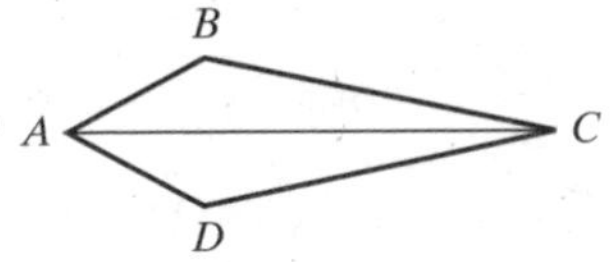

Quel énoncé permet de conclure que les triangles ABC et ADC sont isométriques ?

A) Deux triangles qui ont tous leurs côtés homologues isométriques sont isométriques.

B) Deux triangles qui ont un côté isométrique compris entre des angles homologues isométriques sont isométriques.

C) Deux triangles qui ont un angle isométrique compris entre des côtés homologues isométriques sont isométriques.

D) Deux triangles qui ont deux angles homologues isométriques sont isométriques.

4. Le point E est le point d'intersection des segments de droite AD et BC illustrés ci-dessous.

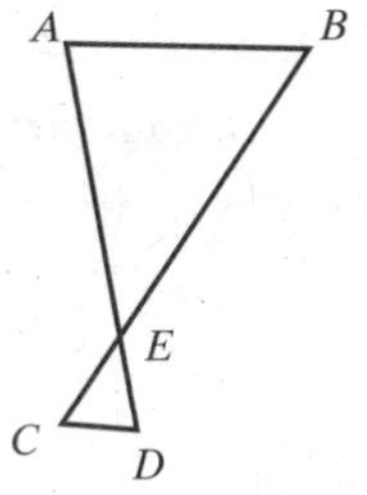

De plus, $\overline{AB} \parallel \overline{CD}$, $\text{m}\overline{AE} = 18$ cm, $\text{m}\overline{AB} = 15$ cm, $\overline{\text{m}BE} = 21$ cm et $\text{m}\overline{CD} = 5$ cm.

On élabore la démarche suivante afin de déterminer la mesure du segment CE.

Étape 1	$\angle AEB \cong \angle CDE$	parce que deux angles opposés par le sommet sont isométriques.
Étape 2	$\angle BAE \cong \angle CDE$	parce que...
Étape 3	$\Delta ABE \sim \Delta DCE$	parce que deux triangles qui ont deux angles homologues isométriques sont semblables.

Étape 4 $\dfrac{m\overline{CE}}{m\overline{BE}} = \dfrac{m\overline{DC}}{m\overline{AB}}$ parce que...

$\dfrac{m\overline{CE}}{21 \text{ cm}} = \dfrac{5 \text{ cm}}{15 \text{ cm}}$ donc $m\overline{CE} = 7$ cm.

Complétez les étapes 2 et 4 de cette démarche.

5. (E) Une sculpture est composée de deux cônes circulaires droits semblables.

L'apothème du grand cône mesure 36 cm. Le rayon de la base du petit cône mesure 12 cm.

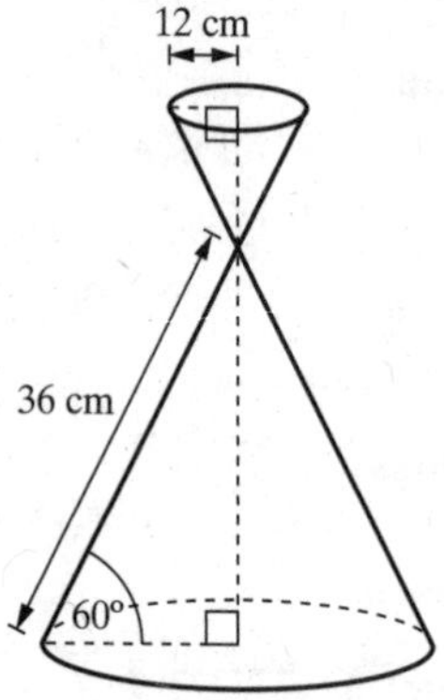

Quelle est, au centimètre près, la hauteur totale de la sculpture ?

6. (E) Les deux rectangles illustrés ci-dessous sont semblables. Le petit rectangle mesure 5 cm sur 12 cm. Le périmètre du grand rectangle est de 85 cm.

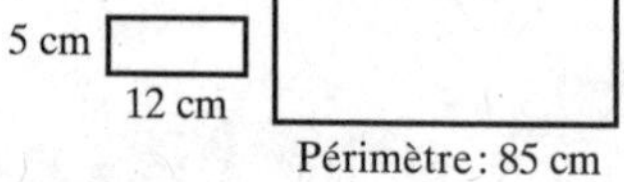

Quelle est l'aire du grand rectangle ?

7. (E) Les prismes illustrés ci-dessous sont semblables. Le volume du petit prisme est de 72 cm^3 et sa hauteur est de 6 cm. Le volume du grand prisme est de 1 125 cm^3.

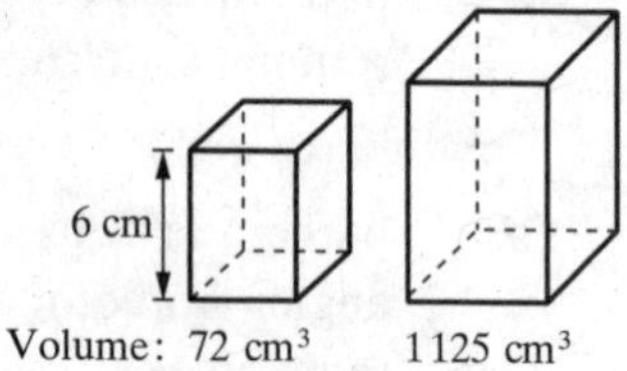

Quelle est l'aire de la base du grand prisme ?

8. (E) Une compagnie fabrique deux colonnes de son. Les deux colonnes sont des prismes semblables. La hauteur de la petite colonne mesure 40 cm et l'aire de sa base est de 250 cm^2. L'aire de la base de la grande colonne est de 490 cm^2.

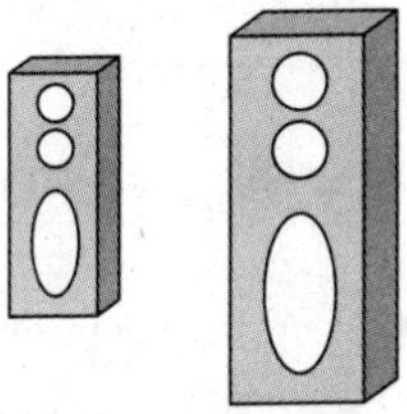

Quel est le volume de la grande colonne ?

9. (E) Dans le plan cartésien ci-dessous, on a appliqué au triangle ABC une homothétie de centre C afin d'obtenir le triangle PRC.

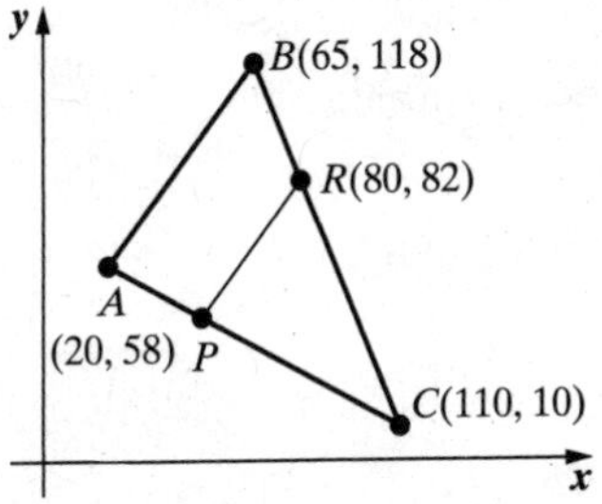

Quelles sont les coordonnées du point P ?

10. (E) Les coordonnées des sommets d'un triangle ABC sont indiquées dans le plan cartésien suivant.

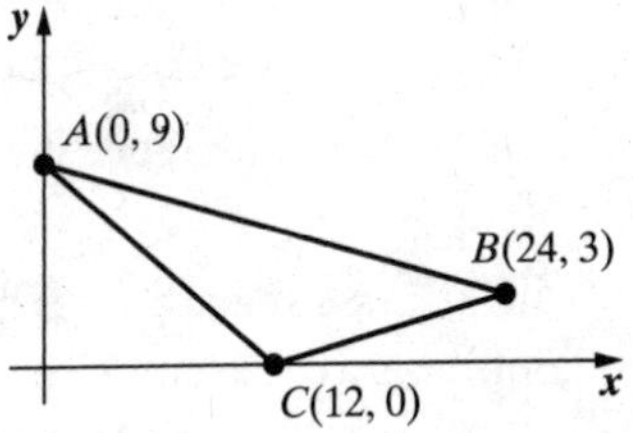

On applique une similitude au triangle ABC et on obtient le triangle $A'B'C'$ dont l'aire est de 200 cm^2.

Quel est le rapport de la similitude appliquée ?

11. (E) Jean fabrique un patio ayant la forme d'un trapèze rectangle. Les dimensions du patio sont indiquées sur la figure suivante.

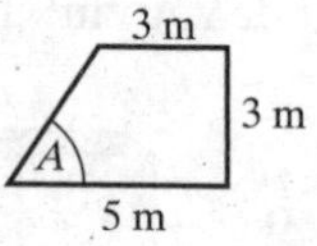

Pour tailler certaines pièces de bois, Jean doit connaître la mesure de l'angle *A*.

Quelle est, au degré près, la mesure de l'angle *A* ?

12. (E) Dans un quadrilatère *ABCD*, on a tracé le segment de droite *DE*.

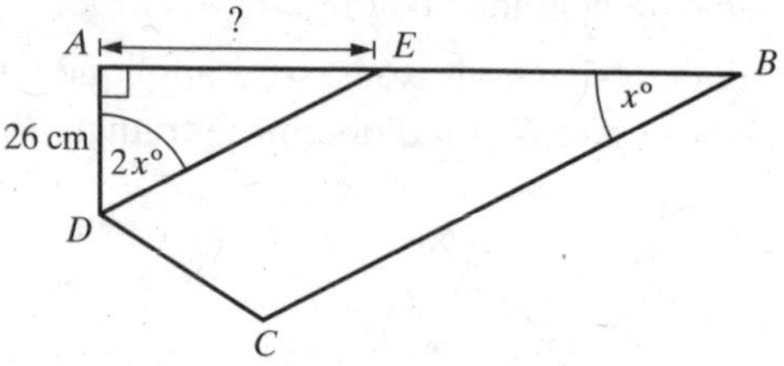

On sait que $\overline{DE} \parallel \overline{CD}$, $m\angle ABC = x°$, $m\angle ADE = 2x°$, $m\angle DAE = 90°$ et $mAD = 26$ cm.

Quelle est, au centimètre près, la mesure du segment *AE* ?

13. (E) Soit le triangle *ABC*.

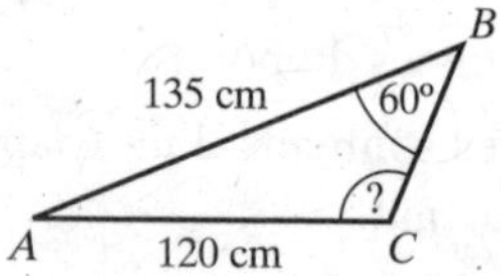

Quelle est, au degré près, la mesure de l'angle obtus *ACB* ?

14. (E) Un arpenteur doit déterminer la distance entre deux chalets situés de part et d'autre d'un étang.

L'arpenteur a reporté différentes mesures sur le schéma ci-dessous. Dans ce schéma, les chalets sont représentés par les points *P* et *R*.

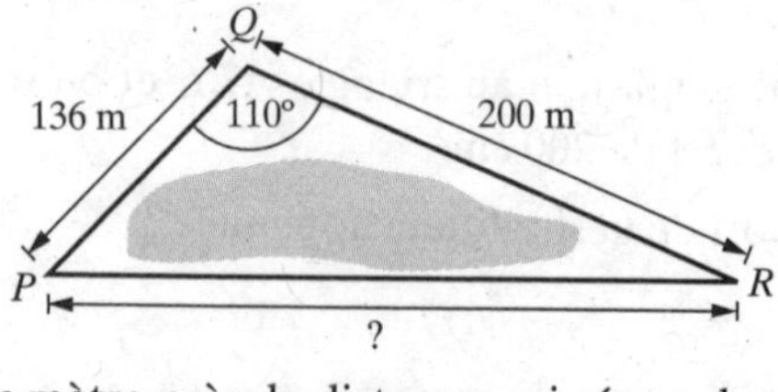

Quelle est, au mètre près, la distance qui sépare les deux chalets ?

15. (E) Dans un rectangle $ABCD$, on a tracé la diagonale BD. On a

$$m\overline{BC} = 80 \text{ mm et } m\angle ABD = 20°.$$

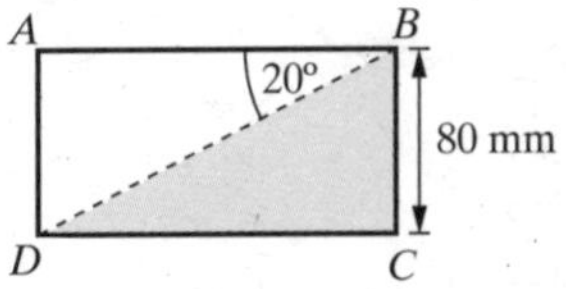

On coupe le rectangle par une diagonale DB pour former deux triangles rectangles. On effectue ensuite une translation du triangle BDC afin que les côtés DC et AB soient superposés.

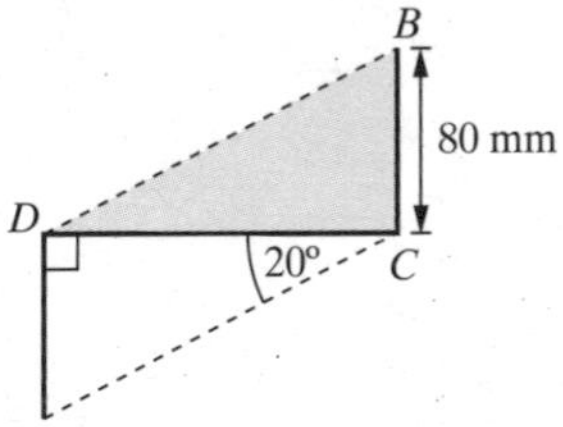

On obtient ainsi un parallélogramme.

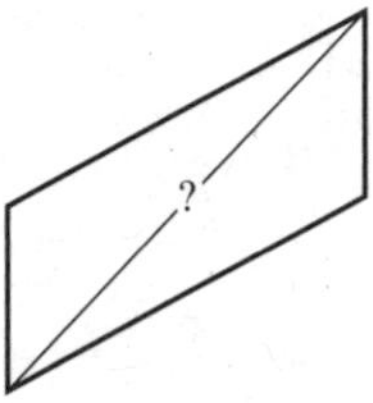

Quelle est, au millimètre près, la mesure de la grande diagonale du parallélogramme ?

Module III

STATISTIQUES

1. Collecte de données
1.1 Étude statistique
1.2 Échantillonage

2. Analyse de données statistiques
2.1 Diagramme de quartiles
2.2 Mesures de tendance centrale

1 Collecte de données

1.1 ÉTUDE STATISTIQUE

L'ESSENTIEL

- La **population** représente l'ensemble des éléments auxquels on se réfère dans une étude statistique.
- Un **échantillon** est un sous-ensemble de la population.
- Un échantillon est dit **représentatif** s'il est un portrait fidèle de la population, c'est-à-dire si toutes les caractéristiques de la population sont représentées dans l'échantillon.
- Un échantillon qui n'est pas représentatif est dit **biaisé**.
- Un **recensement** est une étude statistique effectuée sur tous les éléments d'une population.
- Un **sondage** est une étude statistique effectuée sur tous les éléments d'un échantillon.
- Une **enquête** est une étude statistique habituellement menée par des experts et recourant à diverses techniques de collecte de données.

Pour s'entraîner

Problème 1

Quel type d'étude statistique proposez-vous dans chacune des situations suivantes ? Donnez un argument appuyant votre décision.

a) Un journaliste étudie la popularité d'un groupe de musiciens parmi les adolescents du Québec.

b) Un professeur de mathématiques veut savoir combien d'heures hebdomadaires ses élèves consacrent en moyenne à leurs devoirs.

c) Le quotidien *La Presse* étudie la popularité du premier ministre du Québec.

d) Le maire de Montréal veut connaître l'opinion publique concernant la fusion des municipalités de l'île.

e) Avant de prendre une décision sur l'adoption d'une nouvelle loi municipale dans un petit village, on organise un référendum.

Solution et réponses

a) Sondage. Le grand nombre d'adolescents au Québec oblige la tenue d'un sondage.

b) Recensement. La population de la classe est faible et le professeur veut connaître la réponse de chacun de ses élèves.

c) Sondage. La population est nombreuse.

d) Sondage. La population est nombreuse.

e) Recensement. Dans un référendum, la question est posée à toute la population.

Problème 2

À la suite de la rénovation de son commerce, un restaurateur veut connaître le degré de satisfaction de ses clients. Pour ce faire, il effectue deux types d'études.

1. Au cours de la première journée de réouverture, il interroge les 165 clients qui sont venus à son restaurant.
2. Tout au long de la première semaine, il interroge chaque jour 10 clients choisis au hasard.

Pour chacune de ces deux études, déterminez:

a) la population et sa taille;

b) le type d'étude statistique;

c) la taille de l'échantillon.

Solution

a) 1. Les clients venus la première journée représentent la population. La taille de la population est donc de 165 clients.
   2. Les clients du restaurant venus au cours de la semaine constituent la population, dont on ignore la taille.

b) 1. Recensement. Le propriétaire interroge tous les clients au cours d'une journée.
   2. Sondage. Le propriétaire interroge une certaine partie de ses clients, un sous-ensemble des clients, au cours d'une semaine.

c) 1. L'échantillon a la même taille que la population, soit 165 clients.
   2. Le propriétaire interroge 10 clients par jour pendant une semaine, soit 7 jours. La taille de l'échantillon est donc de 70 clients.

Réponses

a) 1. L'ensemble des clients au cours d'une journée, 165 clients.
   2. L'ensemble des clients au cours d'une semaine, dont on ignore la taille.

b) 1. Recensement.
   2. Sondage.

c) 1. 165 personnes.
   2. 70 personnes.

Problème 3

Afin de commander de nouveaux volumes pour la bibliothèque scolaire, la bibliothécaire veut connaître les goûts des élèves de l'école en matière de lecture.

Lequel des échantillons ci-dessous est le plus représentatif ?

A) Au cours d'une semaine, elle interroge tous les élèves venus à la bibliothèque pendant la recréation.

B) Elle choisit au hasard 50 noms en tenant compte de la proportion d'élèves selon leur âge.

C) Elle choisit au hasard 50 noms en tenant compte de la proportion d'élèves selon leur âge et leur sexe.

D) Elle distribue un questionnaire dans une classe choisie au hasard de chaque niveau scolaire.

Solution

A) Le groupe d'élèves qui vient à la bibliothèque pendant la récréation n'est pas un portrait fidèle de l'école entière.

B) Les goûts en lecture ne dépendent pas exclusivement de l'âge de l'élève.

C) L'échantillon est assez représentatif. L'âge et le sexe sont les deux facteurs les plus déterminants pour les choix de lecture des jeunes.

D) Une classe ne donne pas toujours le portrait fidèle de l'ensemble des élèves du niveau, donc une classe par niveau n'est pas non plus représentative de toute l'école.

Réponse C.

Problème 4

À l'aide des mots ci-dessous, remplissez les espaces vides dans le texte suivant.

recensement, population, échantillon, représentatif, biaisé

Un __________ permet de dresser la liste complète de tous les éléments d'une population. Pour former un __________, on laisse le hasard dresser la liste des éléments qui en feront partie. L'échantillon d'une population est __________ lorsque ses éléments possèdent les mêmes caractéristiques que la population. Un échantillon qui n'est pas représentatif est dit __________. Les résultats fournis par l'étude d'un échantillon __________ permettent d'obtenir des généralités valables pour toute la __________.

Réponse

Un **recensement** permet de dresser la liste complète de tous les éléments d'une population. Pour former un **échantillon**, on laisse le hasard dresser la liste des éléments qui en feront partie. L'échantillon d'une population est **représentatif** lorsque ses éléments possèdent les mêmes caractéristiques que la population. Un échantillon qui n'est pas représentatif est dit **biaisé**. Les résultats fournis par l'étude d'un échantillon **représentatif** permettent d'obtenir des généralités valables pour toute la **population**.

Pour travailler seul

Problème 5

Quel est le type de l'étude statistique choisie dans chacune des situations ci-dessous ?

a) Afin de savoir combien lui coûtera une vidange d'huile, Pierre visite quelques garagistes de la ville.

b) Afin de savoir combien lui coûtera une vidange d'huile, Pierre téléphone à tous les garagistes de la ville.

c) Afin de connaître l'éfficacité d'un nouveau médicament, la compagnie pharmaceutique consulte des médecins.

d) Afin de connaître la popularité d'un jeune chanteur, un journaliste visite quelques écoles secondaires.

Problème 6(E)

Quel énoncé ci-dessous décrit un sondage ?

A) Plusieurs touristes interrogent le guide d'un site touristique pour connaître son histoire.

B) Pour connaître le nombre de camions qui ont traversé la frontière hier, on interroge un douanier.

C) Le responsable d'un groupe de touristes interroge tous les passagers de l'autobus afin de choisir le prochain site à visiter.

D) Un transporteur aérien interroge quelques passagers afin de connaître leur degré de satisfaction par rapport aux services offerts.

Problème 7(E)

Afin d'estimer le nombre d'élèves de 5e secondaire qui ont un travail à temps partiel, la direction d'une école fait un sondage auprès de 60 élèves.

Le tableau suivant présente la répartition des 750 élèves inscrits dans cette école.

Année	Nombre d'élèves
3e secondaire	300
4e secondaire	250
5e secondaire	200

Lequel des échantillons décrits ci-dessous est le plus représentatif de la population visée par ce sondage ?

A) On choisit au hasard 20 élèves de 3e secondaire, 20 de 4e secondaire et 20 de 5e secondaire.

B) On choisit au hasard 60 élèves parmi les 750 élèves de cette école.

C) On choisit au hasard 60 élèves parmi les 200 élèves de 5e secondaire.

D) On choisit au hasard 24 élèves de 3e secondaire, 20 de 4e secondaire et 16 de 5e secondaire.

1.2 ÉCHANTILLONNAGE

L'ESSENTIEL

- La méthode d'**échantillonnage purement aléatoire** consiste à choisir les éléments d'un échantillon au hasard.
- On utilise la **méthode stratifiée** pour choisir un échantillon dans le cas d'une population non homogène, formée d'individus de nature différente. L'échantillon doit être formé de groupes, appelés strates, qui sont représentés dans l'échantillon selon le même rapport que dans la population.
- La **méthode systématique** nécessite une liste des éléments de la population. Elle consiste à appliquer un même procédé pour choisir les éléments de la liste, en commençant par un élément choisi au hasard.
- Si la population est divisée en plusieurs groupes, appelés grappes, et si l'échantillon est formé de tous les éléments d'un certain nombre de grappes (choisies au hasard), on dit que l'échantillon est choisi par **échantillonnage par grappes**.

Pour s'entraîner

Problème 8

Pour connaître l'opinion des contribuables sur un projet d'enfouissement de câbles électriques, le maire d'un village interroge :

a) les propriétaires de toutes les maisons situées dans 6 rues choisies au hasard ;

b) 50 propriétaires choisis au hasard dans la liste des comptes de taxes ;

c) chaque dixième abonné inscrit dans l'annuaire téléphonique.

Pour chacune des situations ci-dessus, nommez la méthode utilisée pour choisir l'échantillon.

Réponses

a) Échantillonnage par grappes.

b) Échantillonnage purement aléatoire.

c) Échantillonnage systématique.

Problème 9

Le tableau suivant montre la répartition des 1 500 élèves d'une école primaire.

Âge	Filles	Garçons
[6, 8[	93	94
[8, 10[	312	415
[10, 12[	340	246

On veut former un échantillon représentatif. Laquelle des méthodes proposées ci-dessous est la plus appropriée ?

A) On sélectionne au hasard 40 élèves de chacun des groupes d'âge.

B) On place les noms des élèves par ordre alphabétique et on sélectionne chaque 10e nom de la liste.

C) Dans chaque groupe d'âge, on sélectionne au hasard 10 % des filles ou 10 % des garçons.

D) On choisit au hasard 10, 30 et 35 filles et 10, 40 et 25 garçons respectivement des premier, deuxième et troisième groupes d'âge.

Solution

La population est hétérogène, divisée en plusieurs groupes. Pour former un échantillon représentatif, tous les groupes doivent être représentés dans l'échantillon, et ce, dans les mêmes rapports.

Réponse D.

Pour travailler seul

Problème 10(E)

Le tableau suivant montre la répartition des 13 000 électeurs d'une ville selon différentes strates.

Âge	Femmes	Hommes	Total
[18, 30[	1 200	1 100	2 300
[30, 45[	2 600	2 300	4 900
[45, 60[	1 800	2 100	3 900
[60, +∞	100	900	1 900
Total	6 600	6 400	13 000

On veut former un échantillon de 390 personnes. Cet échantillon doit être représentatif des strates du tableau.

Combien de femmes âgées de 30 à 45 ans doit-il y avoir dans cet échantillon ?

Problème 11 (E)

Un journaliste veut faire paraître l'article suivant.

Au Québec, les retraités souffrent de solitude.

C'est ce que nous a révélé un sondage effectué auprès de 50 résidents d'un centre pour personnes âgées de Sherbrooke.

VOUS SENTEZ-VOUS SEUL ?

Les personnes interrogées sont âgées de 75 à 89 ans.

	Femmes	Hommes
Oui	82 %	80 %
Non	18 %	20 %

Le rédacteur en chef de la revue est insatisfait de l'article, car le sondage mené par le journaliste comporte plusieurs sources de biais.

Le journaliste veut faire un deuxième sondage en s'assurant que les résultats seront représentatifs de l'opinion des retraités du Québec.

Relevez 3 sources de biais dans le premier sondage et, pour chacune d'elles, précisez la correction à apporter.

2 Analyse de données statistiques

2.1 MESURES DE POSITION, DIAGRAMME DES QUARTILES

L'ESSENTIEL

- Les quartiles Q_1, Q_2 et Q_3 sont des mesures de position qui partagent un ensemble ordonné (croissant ou décroissant) de données en quatre sous-ensembles de même taille.
- Le quartile Q_2, appelé **médiane**, occupe la position centrale de la distribution. Si la taille n de la série de données est un nombre impair, Q_2 est la donnée située au centre de la série, c'est-à-dire la donnée dont le rang est $\frac{n+1}{2}$, $Q_2 = x_{\frac{n+1}{2}}$.

  Si la taille n de la série est un nombre pair, Q_2 est la moyenne arithmétique des deux données situées au centre, c'est-à-dire des données dont les rangs sont $\frac{n}{2}$ et $\frac{n}{2}+1$, $Q_2 = \frac{x_{\frac{n}{2}} + x_{\frac{n}{2}+1}}{2}$.
- À l'aide de trois quartiles, du minimum (x_{min}) et du maximum (x_{max}) de la distribution, on construit un diagramme appelé **diagramme de quartiles**, qui permet d'examiner de façon visuelle la dispersion ou la concentration des données statistiques.

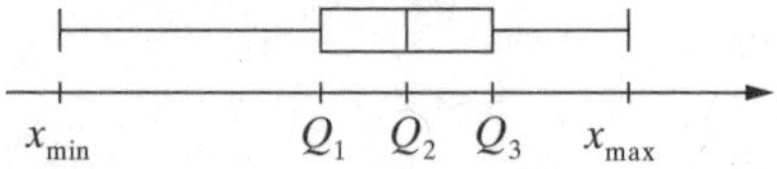

- La différence entre les données maximale et minimale est appelée l'**étendue** de la distribution.

$$E = x_{max} - x_{min}$$

- La différence entre le troisième et le premier quartile est appelée l'**étendue interquartile**.

$$EI = Q_3 - Q_1$$

- On nomme quintiles les quatre mesures de position qui divisent en cinq parties une série de données ordonnées.

- Les cinq parties renfermant chacune environ 20 % des données sont appelées **rangs cinquièmes***.

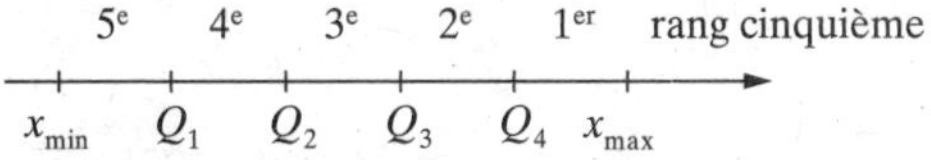

- Si $G(x)$ représente le nombre de données supérieures à x et $E(x)$ le nombre de répétitions de la donnée x dans la série, alors le rang cinquième de la donnée x est

$$R_5(x) = 5 \times \frac{G(x) + \frac{1}{2}E(x)}{n} + \frac{1}{2}^{**}.$$

- On appelle **centiles** les 99 mesures de position qui partagent une série de données en 100 parties, appelées rangs centiles.
- Le **rang centile** d'une donnée x, $R_{100}(x)$, est le pourcentage des données qui la précèdent dans la série ordonnée par ordre croissant.

  Si $N(x)$ représente le nombre de données inférieures à x et $E(x)$ le nombre de répétitions de la donnée x dans la série, alors le rang centile de x est

$$R_{100}(x) \approx 100 \times \frac{\mathrm{N}(x) + \frac{1}{2}\mathrm{E}(x)}{n}^{***}.$$

- Une donnée x dont on connaît le rang centile est une donnée dont le rang est déterminé par la valeur, arrondie à l'entier, trouvée à l'aide de la formule

$$\frac{R_{100}(x)}{100} \times n.$$

Attention !

* Deux rangs cinquièmes successifs sont disjoints, donc deux données égales doivent appartenir au même rang cinquième.

** Le rang cinquième est un nombre entier : c'est le résultat arrondi à l'unité près.

*** Le rang centile est le résultat arrondi à l'unité supérieure.

Pour s'entraîner

Problème 12

La série suivante de données représente les dépenses hebdomadaires moyennes en nourriture, par individu, pour un groupe de 14 familles de 4 personnes choisies au hasard.

28,15	31,10	25,45	32,75	31,80	25,20	27,45
33,15	21,10	27,85	33,25	30,20	34,20	25,50

a) Trouvez la médiane et 2 autres quartiles de la distribution, puis représentez ces mesures dans un diagramme des quartiles.

b) À partir du diagramme des quartiles construit en a), donnez une caractéristique de cette distribution.

Solution et réponses

! ATTENTION

On ne peut déterminer des mesures de position que si l'ensemble des données est ordonné.

On met les données en ordre croissant.

21,10; 25,20; 25,45; 25,50; 27,45; 27,85; 28,15; 30,20; 31,10; 31,80; 32,75; 33,15; 33,25; 34,20

La taille de l'ensemble des données étant un nombre pair, la médiane est la moyenne arithmétique de deux données situées au centre, soit la 7e et la 8e.

$$Q_2 = \frac{x_7 + x_8}{2} = \frac{28{,}15 + 30{,}20}{2} = 29{,}175$$

Le sous-ensemble des 7 premières données est partagé en 2 parties égales par la 4e donnée, et le sous-ensemble des 7 dernières données est partagé en 2 parties égales par la 11e donnée. On a alors

$$Q_1 = 25{,}50 \text{ et } Q_3 = 32{,}75.$$

De plus, $x_{min} = 21{,}10$ et $x_{max} = 34{,}20$. À l'aide de 3 quartiles, du minimum et du maximum, on construit le diagramme de quartiles.

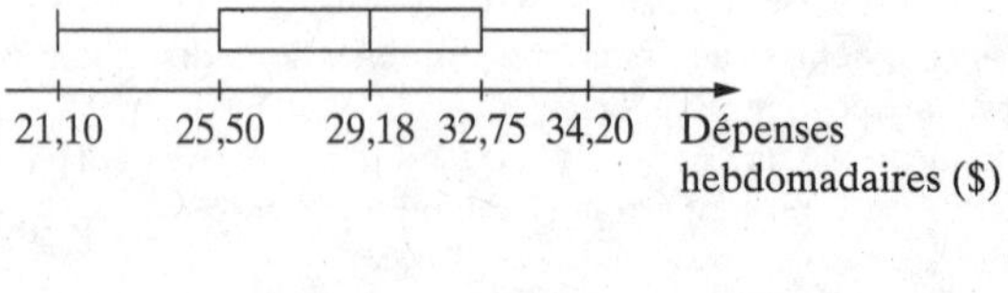

b) Les conclusions qu'on peut tirer de ce diagramme sont les suivantes :

1° 50 % des familles de 4 personnes dépensent chaque semaine entre 25,50 $ et 32,75 $ par personne pour la nourriture ;

2° les dépenses sont davantage concentrées autour des plus grandes dépenses ;

3° les dépenses sont davantage dispersées autour des dépenses les plus faibles.

Problème 13

Les diagrammes suivants représentent respectivement les dépenses hebdomadaires par individu pour l'alimentation d'un groupe de familles de 4 personnes et d'un groupe de familles de 3 personnes.

Familles de 4 personnes :

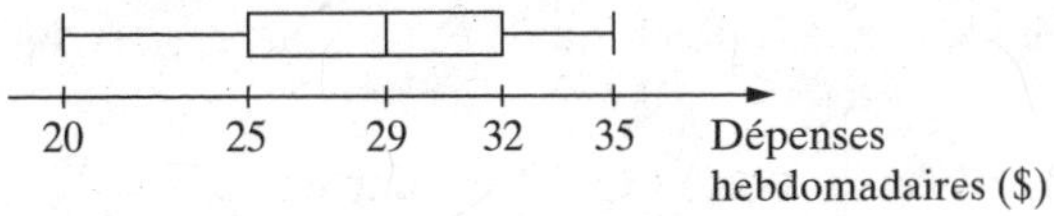

Famille de 3 personnes :

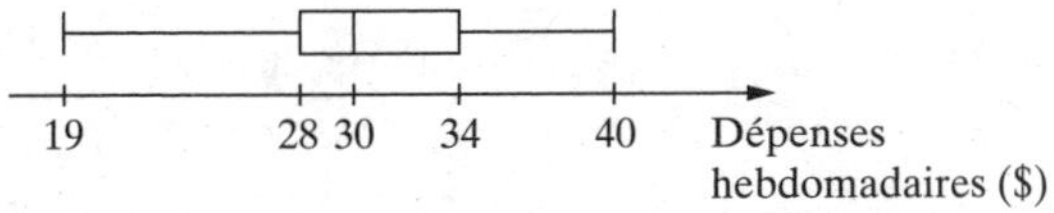

a) Remplissez le tableau suivant.

	x_{max}	x_{min}	Q_1	Q_2	Q_3	E	EI
Famille de 4 personnes							
Famille de 3 personnes							

b) Quelles sont les principales caractéristiques qui distinguent ces deux distributions ?

c) Y a-t-il une caractéristique commune à ces deux distributions ?

Solution et réponses

a)

	x_{max}	x_{min}	Q_1	Q_2	Q_3	E	EI
Famille de 4 personnes	20	35	25	29	32	15	7
Famille de 3 personnes	19	40	28	30	34	21	6

b) En comparant les deux diagrammes, on peut conclure que :

1° les dépenses hebdomadaires par individu des familles de 3 personnes sont davantage dispersées ;

2° les dépenses par individu des familles de 4 personnes sont dispersées de façon plus uniforme dans les 4 quarts que celles des familles de 3 personnes ;

3° les dépenses par individu des familles de 3 personnes sont très concentrées dans le deuxième quart et très dispersées dans le premier quart.

c) Exemple de réponse : L'étendue interquartile, *EI*.

Problème 14

Le diagramme suivant indique les résultats de deux classes à un examen de mathématique.

Classe A		Classe B
5	2	
6	3	
5 9	4	5 9
5 6 6 6	5	0 6 7 7
0 0 1 2 2 3 3 4 4 5 6 6 6 7 8 9	6	0 1 3 4 8 8 9 9
0 1 7 7 7 8 8 9	7	0 0 2 2 3 5 5 5 8 8 9 9 9
0 0 1 2 8	8	0 2 2 5 5 9
1	9	0 0 1 5 5 6 8

a) Dans quel rang cinquième de chaque distribution se situe un élève ayant la note 80 ?

b) Quel serait son rang cinquième si on regroupait les deux classes ?

c) La note de passage étant 60, quel est son rang centile dans chacune des séries ?

d) 10 % des élèves ont obtenu la mention « très bien ». Trouvez la note à partir de laquelle on peut obtenir cette mention.

Solution

a) **Classe A**

La série compte 38 données. Les rangs cinquièmes renferment donc chacun environ 8 données ($38 \div 5 = 7{,}6 \approx 8$).

$$\underbrace{25,36,45,49,55,56,56,56}_{5^{e}\text{ rang cinquième}},\underbrace{60,60,61,62,62,63,63}_{4^{e}\text{ rang cinquième}},\underbrace{64,64,65,66,66,66,67,68}_{3^{e}\text{ rang cinquième}},$$

$$\underbrace{69,70,71,77,77,77,78,78}_{2^{e}\text{ rang cinquième}},\underbrace{79,80,80,81,82,88,91}_{1^{er}\text{ rang cinquième}}$$

Un élève ayant la note 80 est situé dans le 1er rang cinquième.

Classe B

Il y a 40 élèves dans cette classe, chaque rang cinquième renferme donc environ 8 données.

$$\underbrace{45,49,50,56,57,57,60,61}_{5^{e}\text{ rang cinquième}},\underbrace{63,64,68,68,69,69,70,70}_{4^{e}\text{ rang cinquième}},$$

$$\underbrace{72,72,73,75,75,75,78,78}_{3^{e}\text{ rang cinquième}},\underbrace{79,79,79,80,82,82,85,85}_{2^{e}\text{ rang cinquième}},$$

$$\underbrace{89,90,90,91,95,95,96,98}_{1^{er}\text{ rang cinquième}}$$

Un élève ayant la note 80 se situe dans le 2e rang cinquième.

Remarque

On peut calculer le rang cinquième à l'aide de la formule :

$$R_5(x) = 5 \times \frac{G(x) + \frac{1}{2}E(x)}{n} + \frac{1}{2}$$

où x est la donnée dont on cherche le rang cinquième, n représente la taille de la série, et $G(x)$ et $E(x)$ désignent le nombre de données supérieures à x et le nombre de répétitions de la donnée x dans la série.

Dans la classe A, il y a 4 notes supérieures à 80 et 2 notes de 80 :

$$\mathrm{R}_5(80) = 5 \times \frac{4 + \frac{1}{2} \times 2}{38} + \frac{1}{2} \approx 1{,}16 = 1 \text{ (arrondi à l'unité près)},$$

par conséquent $\mathrm{R}_5(80) = 1$.

Dans la classe B, il y a 12 notes supérieures à 80, et un seul résultat de 80:

$$R_5(80) = 5 \times \frac{12 + \frac{1}{2} \times 1}{40} + \frac{1}{2} = 2{,}062\,5 = 2 \text{ (arrondi à l'unité près)},$$

par conséquent $R_5(80) = 2$.

b) On ordonne l'ensemble des notes des 2 classes mises ensemble et on partage la nouvelle série en 5 groupes renfermant chacun environ 16 éléments ($78 \div 5 = 15{,}6 \approx 16$):

$$\underbrace{25, 36, 45, 45, 49, 49, 50, 55, 56, 56, 56, 56, 57, 57, 60, 60, 60}_{5^e \text{ rang cinquième}},$$

$$\underbrace{61, 61, 62, 62, 63, 63, 63, 64, 64, 64, 65, 66, 66, 66, 67}_{4^e \text{ rang cinquième}}$$

$$\underbrace{68, 68, 68, 69, 69, 69, 70, 70, 70, 71, 72, 72, 73, 75, 75, 75}_{3^e \text{ rang cinquième}},$$

$$\underbrace{77, 77, 77, 78, 78, 78, 78, 79, 79, 79, 79, 80, 80, 80, 81}_{2^e \text{ rang cinquième}},$$

$$\underbrace{82, 82, 82, 85, 85, 88, 89, 90, 90, 91, 91.95, 95, 96, 98}_{1^{er} \text{ rang cinquième}}$$

Un élève ayant la note 80 se situerait alors dans le 2e rang cinquième.

Pour calculer le rang cinquième à l'aide de la formule, on trouve d'abord

$$G(80) = 16, E(80) = 3$$

et on obtient

$$R_5(80) = 5 \times \frac{16 + \frac{1}{2} \times 3}{78} + \frac{1}{2} \approx 1{,}62 = 2 \text{ (arrondi à l'unité près)}.$$

c) Dans la classe A, 8 élèves ont obtenu un résultat inférieur à 60 et 2 élèves ont un résultat égal à 60:

$$R_{100}(60) = 100 \times \frac{8 + \frac{1}{2} \times 2}{38} \approx 23{,}68 = 24 \text{ (arrondi à l'unité supérieure)}$$

Dans la classe B, il y a 6 notes inférieures à 60 et un élève avec un résultat de 60:

$$R_{100}(60) = 100 \times \frac{6 + \frac{1}{2} \times 1}{40} \approx 16{,}25 = 17 \text{ (arrondi à l'unité supérieure)}$$

d) Puisque 10 % des élèves ont obtenu la mention très bien, la note x à partir de laquelle cette mention a été accordée est celle dont le rang centile est 90. Dans la série de toutes les notes, on a 70 données inférieures ou égales à x. En effet,

$$\frac{R_{100}(x)}{100} \times 78 = \frac{90}{100} \times 78 = 70{,}2 = 70 \text{ (arrondi à l'unité près).}$$

La 70e donnée de la série est la note 89. Les élèves ayant la note 89 ou plus ont obtenu la mention très bien.

Réponses

a) $R_5(80) = 1$ dans la classe A ;

$R_5(80) = 2$ dans la classe B.

b) $R_5(80) = 2$ dans l'ensemble des deux classes.

c) $R_{100}(60) = 24$ dans la classe A ;

$R_{100}(60) = 17$ dans la classe B.

d) À partir de la note 89.

Pour travailler seul

Problème 15 (E)

On a relevé le salaire annuel des 146 employés d'une entreprise. Le diagramme de quartiles ci-dessous a été construit à partir des données recueillies.

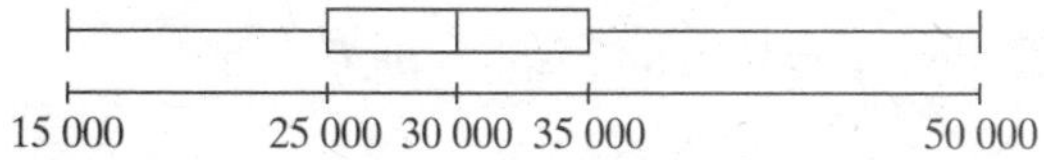

Laquelle des affirmations suivantes est vraie ?

A) La moyenne des salaires annuels des employés est de 30 000 $.

B) Parmi les employés, 18 ont un salaire annuel inférieur à 20 000 $.

C) Au moins 73 employés ont un salaire annuel supérieur à 35 000 $.

D) Il y a plus d'employés dont le salaire annuel est supérieur à 35 000 $ que d'employés dont le salaire annuel est inférieur à 25 000 $.

Problème 16 (E)

Voici les résultats des 127 élèves d'une école à un examen. Les résultats sont présentés en ordre croissant.

$$40\ 40\ 45\ 48\ \underbrace{\ \ldots\ }_{\text{16 résultats}}\ 54\ 55\ 55\ 56\ 56\ 57\ 57\ 58\ 59\ 60\ 60\ 61\ \underbrace{\ \ldots\ }_{\text{12 résultats}}$$

$$61\ 62\ 63\ 63\ 64\ 64\ 64\ 65\ 66\ \underbrace{\ \ldots\ }_{\text{5 résultats}}\ 66\ 67\ \underbrace{\ \ldots\ }_{\text{8 résultats}}$$

$$68\ 68\ 69\ 69\ 69\ 70\ 70\ 70\ 71\ 71\ 71\ 72\ 72\ 73\ 74\ \underbrace{\ \ldots\ }_{\text{14 résultats}}$$

$$82\ 83\ 83\ 83\ 83\ 85\ 86\ \underbrace{\ \ldots\ }_{\text{20 résultats}}\ 98\ 98\ 100$$

Parmi les quatre affirmations suivantes, laquelle est vraie ?

A) Le plus petit résultat classé dans le 3e rang cinquième est 65.

B) Le plus grand résultat classé dans le 5e rang cinquième est 55.

C) Un élève dont le résultat est 60 est classé dans le 2e rang cinquième.

D) Un élève dont le résultat est 71 est classé dans le 3e rang cinquième.

Problème 17 (E)

Les résultats obtenus par 198 élèves à un examen de mathématique sont présentés ci-dessous, en ordre croissant.

$$\underbrace{50, 50, 52, \ldots, 79, 79}_{\text{163 résultats}}\ \ \underbrace{80, 81, 81, \ldots, 99, 100}_{\text{35 résultats}}$$

À cet examen, Claude a obtenu un résultat de 80.

Quel rang centile est associé au résultat de Claude ?

2.2 MESURES DE TENDANCE CENTRALE

L'ESSENTIEL

- La somme de toutes les données d'une série divisée par sa taille est appelée **moyenne***.

$$\bar{x} = \frac{x_1 + x_2 + ... + x_n}{n}$$

- La moyenne d'une série de données groupées en classes est la somme des produits des milieux des classes et de leur fréquence, divisée par la taille de la série**.
- La donnée la plus fréquente (si elle existe) est dite **mode*****.
- Le quartile Q_2 est appelé **médiane** ****.
- La médiane d'une série de données groupées en classes peut être trouvée à l'aide du tableau de fréquences et de fréquences cumulées ou par la formule

$$\text{Md} \approx I_m + \frac{\frac{n}{2} - F_{m-1}}{f_m} \times a_m,$$

où

n = la taille de la série;

m = le numéro de classe où se situe la médiane;

I_m = la limite inférieure de la classe m;

f_m = la fréquence de la classe m;

F_{m-1} = la fréquence cumulée de la classe $m - 1$;

a_m = l'amplitude de la classe m.

---

* En général, la moyenne est la meilleure mesure de tendance centrale, car elle est influencée par toutes les données. Cependant, la moyenne n'est pas une mesure représentative d'une série ayant des valeurs extrêmes ou d'une série dont la distribution des données est asymétrique.

** La moyenne ne peut pas être utilisée si les classes extrêmes sont ouvertes.

*** On représente par le mode une distribution de données qualitatives.

**** On représente par la médiane une série où il y a des données extrêmes ou dont la distribution des données est asymétrique.

Pour s'entraîner

Problème 18

Pour chaque série de données, choisissez la mesure de tendance centrale qui est la plus représentative et trouvez sa valeur.

a) Nombre d'élèves par classe dans une école secondaire fréquentée par 2 054 élèves.

Nombre d'élèves par classe	Nombre de classes
10	1
26	2
27	3
28	9
29	15
30	10
31	15
32	7
33	5
35	2

b) Choix d'une troisième langue par les élèves de 4e secondaire dans une école.

Langue choisie	Nombre d'élèves
Espagnol	100
Allemand	50
Italien	25
Autre	70

c) Taille des élèves d'une classe.

Taille	Nombre d'élèves
[150, 155[	2
[155, 160[	5
[160, 165[	7
[165, 170[	6
[170, 175[	2
[175, 180[	5
[180, 185[	3

d) Taille des filles d'un club sportif.

Taille	Nombre de filles
< 155	2
[155, 160[	4
[160, 165[	3
[165, 170[	5
[170, 175[	8
[175, 180[	6
≥180	2

Solution

a) La donnée 10 étant une donnée extrême, on choisit plutôt la médiane comme la mesure de tendance centrale la plus représentative.

Il y a 69 classes dans cette école, la médiane est donc la 35e donnée de la série ordonnée.

$$\text{Md} = x_{35} = 30$$

b) Les données étant qualitatives, on représente cette série par le mode, soit la donnée la plus fréquente, ici l'espagnol.

c) Il n'y a pas ici de contraintes (valeurs extrêmes ou asymétrie), on peut donc représenter cette série par la moyenne, qui est en général la meilleure mesure de tendance centrale. Pour trouver la moyenne d'une série de données groupées en classe, on trouve le milieu de chaque classe et le produit du milieu et de la fréquence de la classe. Ensuite, on additionne tous les produits et on divise cette somme par la taille de la série. Le tableau suivant peut être utile pour noter les résultats du calcul.

Classe	Milieu de la classe	Fréquence	Produit (fréquence × milieu)
[150, 155[	152,5	2	305,0
[155, 160[	157,5	5	787,5
[160, 165[	162,5	7	1 137,5
[165, 170[	167,5	6	1 005,0
[170, 175[	172,5	2	345,0
[175, 180[	177,5	5	887,5
[180, 185[	182,5	3	547,5
Σ		n = 30	5 015,0

La moyenne de cette série est

$$\bar{x} = \frac{5\,015}{30} \approx 167{,}17.$$

d) Puisque les classes extrêmes sont ouvertes, on représente cette série par la médiane.

Il y a 30 filles dans ce groupe, la médiane est donc la moyenne entre les 15e et 16e données. On trouve ces deux données à l'aide du tableau de fréquences cumulatives.

Classe	Fréquence	Fréquence cumulative
< 155	2	2
[155, 160[	4	6
[160, 165[	3	9
[165, 170[	5	14
[170, 175[	8	22 (22 > 15)
[175, 180[	6	
≥180	2	

Les données x_{15} et x_{16} appartiennent toutes deux à la classe [170, 175[. On a Md $\in$ [170,175[.

Pour calculer la médiane de cette distribution, on peut aussi appliquer la formule

$$\text{Md} \approx I_m + \frac{\frac{n}{2} - F_{m-1}}{f_m} \times a_m,$$

où $n = 30$, $m = 5$, $I_m = 170$, $f_m = f_5 = 8$, $F_{m-1} = F_4 = 14$ et

$$a_m = 175 - 170 = 5.$$

Alors,

$$\text{Md} \approx 170 + \frac{(\frac{30}{2} - 14)}{8} \times 5 = 170{,}625.$$

Réponses

a) Médiane, Md = 30.

b) Mode, Mo = langue espagnole.

c) Moyenne, $\bar{x} = 167{,}17$.

d) Médiane, Md ≈ 170,625.

Pour travailler seul

Problème 19

Le diagramme ci-dessous représente les résultats de deux classes à un examen de mathématiques.

Classe A		Classe B
	5	6 7
9 7 5 4 4 4 4 3 3 3 2 2 1 1 0 0	6	0 0 1 1 2 3 4 6 8 8 9 9
9 8 7 6 5 5 5 5 5 5 5 4 4 4 3 2 1 1 0	7	0 0 1 2 2 2 3
2 2 1 1 0	8	0 2 3 4 5 5 5 5 7 7 8 9
	9	0 2 5 6 8
	10	0 0

Comparez les résultats des deux classes en les représentant par :

a) leur médiane ;

b) leur moyenne ;

c) le diagramme de quartiles.

Vérifiez vos acquis

1. Quel énoncé ci-dessous décrit un recensement ?
   A) Afin de déterminer le coût d'une piscine, Alain visite quelques détaillants de sa région.
   B) Afin de connaître le nombre de résidents qui possèdent une piscine, un évaluateur visite toutes les résidences d'une municipalité.
   C) Afin de connaître l'impact des pastilles désinfectantes sur le pH de l'eau, un détaillant en piscines consulte des chimistes.
   D) Un fabricant consulte des consommateurs afin de créer un modèle de piscine correspondant à leurs goûts.
2. Le tableau ci-dessous montre la répartition des 630 employés d'une entreprise.

Âge	Femmes	Hommes
Entre 18 et 34 ans	104	64
Entre 35 et 49 ans	84	126
50 ans ou plus	42	210

   Un conseiller veut connaître la situation financière des employés de cette entreprise qui sont âgés de 50 ans ou plus. Afin d'effectuer un sondage, il forme un échantillon de 90 employés.

   Lequel des échantillons suivants est représentatif de la population visée par ce sondage ?
   A) 90 personnes choisies au hasard parmi les employés de l'entreprise.
   B) 45 femmes et 45 hommes choisis au hasard parmi les employés de l'entreprise.
   C) 15 femmes et 75 hommes choisis au hasard parmi les employés de l'entreprise âgés de 50 ans ou plus.
   D) 24 personnes âgées entre 18 et 34 ans, 30 personnes âgées entre 35 et 49 ans et 36 personnes âgées de 50 ans ou plus choisies au hasard parmi les employés de l'entreprise.
3. Les données ci-dessous représentent la taille, en centimètres, de 28 enfants inscrits à la même colonie de vacances.

101	101	102	103	103	104	104	105	105	106
108	110	112	116	117	119	121	122	123	124
124	126	127	127	128	130	130	132		

   Représentez cette distribution à l'aide d'un diagramme de quartiles.

4. Une distribution statistique est représentée par le diagramme de quartiles ci-dessous.

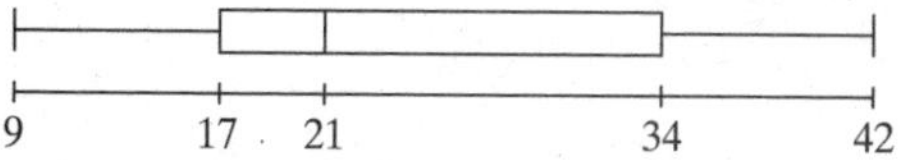

Dans cette distribution :

- il y a 13 données,
- les données sont différentes les unes des autres,
- chaque donnée est une valeur entière,
- les données 37 et 40 s'y trouvent.

Quelles peuvent être, en ordre croissant, les 13 données de cette distribution ?

5. Les données ci-dessous représentent, en dollars, le loyer mensuel de 679 familles qui habitent le même quartier.

$$\underbrace{375, \ldots, 470,}_{\text{460 données}}\ \underbrace{475, \ldots, 475,}_{\text{6 données}}\ \underbrace{480, \ldots, 725}_{\text{213 données}}$$

Quel rang centile est associé au loyer mensuel de 475 $?

6. Les données ci-dessous représent la taille, en centimètres, de 300 enfants.

$$\underbrace{58, \ldots, 83, 84, 84,}_{\text{90 données}}\ \underbrace{85, 86, \ldots, 120}_{\text{210 données}}$$

Quel est le rang centile associé à un enfant qui mesure 85 cm ?

CORRIGÉ

Module I

Module II

Module III

MODULE I

Pour travailler seul

Problème 5

Réponses

a) R_1:

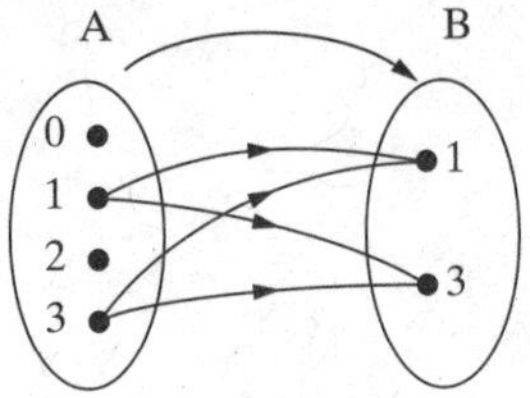

R_2:

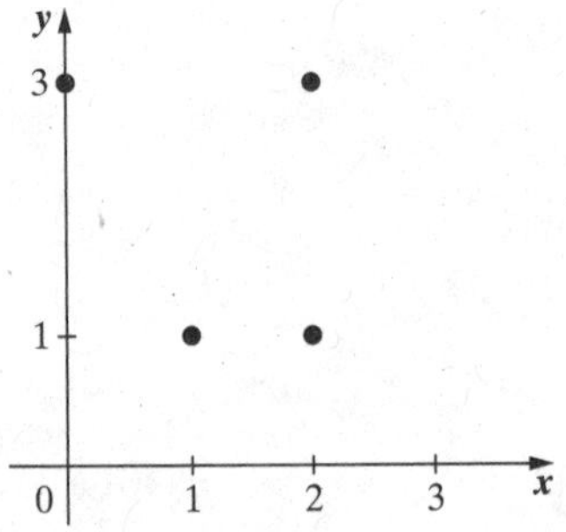

$R_3 = \{(0, 3), (2, 1)\}$

b) R_1 n'est pas fonctionnelle. Deux flèches partent du point $x = 1$ de l'ensemble de départ.

R_2 n'est pas fonctionnelle. La droite verticale $x = 2$ rencontre le graphique cartésien de cette relation en deux points.

R_3 est fonctionnelle. Les abscisses des points du graphe sont toutes distinctes.

Problème 6

Rappel

La fonction définie tout simplement par sa règle a pour ensemble de départ et pour ensemble d'arrivée l'ensemble des nombres réels, ℝ.

Toutes les fonctions sont définies par une même règle, soit $f(x) = x^2$. Déterminons pour chaque fonction son ensemble de départ et son ensemble d'arrivée.

	Ensemble de départ	Ensemble d'arrivée
A)	ℕ	ℕ
B)	ℝ	ℝ
C)	ℕ	ℕ
D)	$\mathbb{R}_+$	$\mathbb{R}_+$
E)	ℕ	ℕ
F)	ℝ	ℝ

Si les trois caractéristiques essentielles de deux fonctions sont les mêmes, les fonctions sont identiques. Les descriptions en A, C et E représentent donc une même fonction, et les descriptions en B et en F représentent une autre fonction. Le description en D en représente une troisième.

Réponse

1re fonction : A, C et E ;

2e fonction : B et F ;

3e fonction : D.

Problème 7

Réponse

A et d : modèle linéaire de variation directe ;

B et a : modèle du deuxième degré ;

C et e : modèle de valeur absolue ;

D et b : modèle linéaire de variation partielle ;

E et c : modèle de variation inverse ;

F et f : modèle de variation exponentielle.

Problème 8

Réponses

a) $f(x) = \dfrac{9}{5}x + 32$

b)

x [°C]	–10	–5	0	5	10	100
$y = f(x)$ [°F]	14	23	32	41	50	212

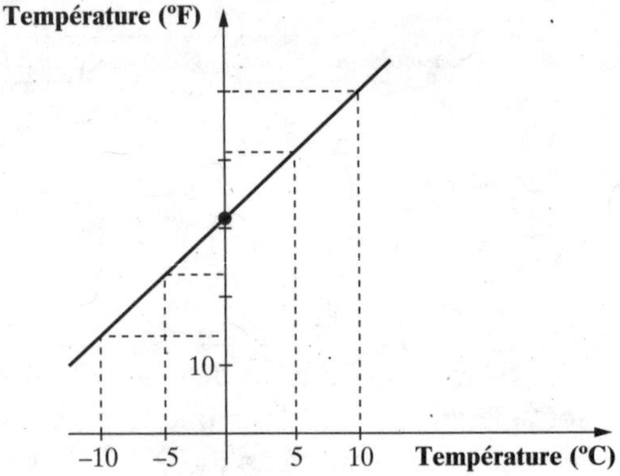

c) 32 °F et 212 °F.

Problème 11

Réponses

a)

t	0	1	2	3	4	5	6	7	8
$h(t)$	0	28	48	60	64	60	48	28	0

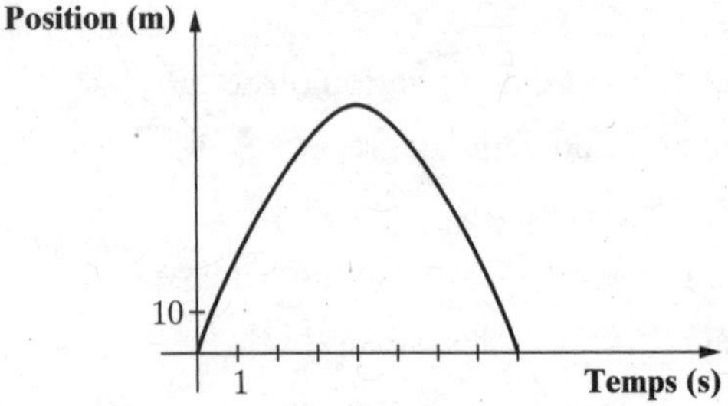

b) La règle est représentée par une parabole, c'est donc le modèle du deuxième degré.

c) Après **4** secondes, l'objet atteindra sa hauteur maximale, soit **64** m. En montant, l'objet atteindra la hauteur de 39 m après **1,5** s. Après **8** s, l'objet retombera au sol. Ce temps correspond à une des solutions de l'équation $-\mathbf{4t^2 + 32t = 0}$.

Problème 12

ATTENTION

Il ne faut pas oublier qu'une fonction constante dans un intervalle est croissante et décroissante dans cet intervalle.

Réponse D.

Problème 13

Réponse A, C et E.

Problème 17

Solution et réponses

a) Il s'agit d'une translation, $t_{(1, 0)}$, qui provoque un glissement horizontal d'une unité vers la droite.

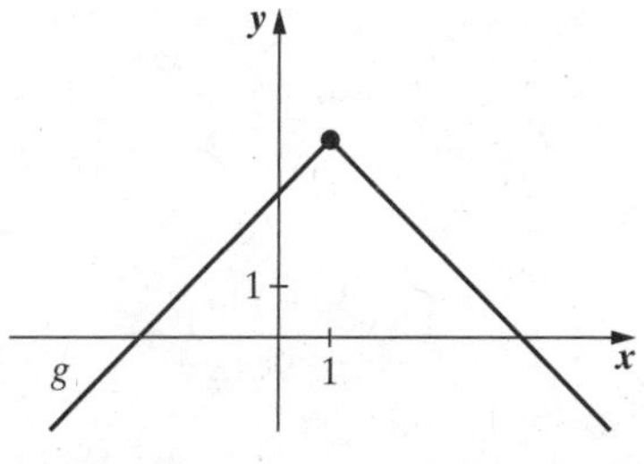

La règle de la fonction image est $g(x) = f(x - 1) = 4 - |x - 1|$.

b) Il s'agit d'un changement d'échelle sur l'axe des y (allongement, car le paramètre est supérieur à 1).

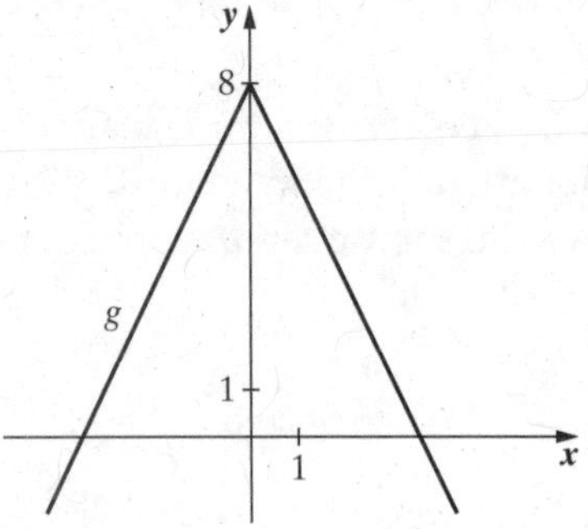

La règle de la nouvelle fonction est

$$g(x) = 2f(x) = 2(4 - |x|) = 8 - 2|x|.$$

c) Il s'agit de la réflexion S_x qui provoque un retournement autour de l'axe des x.

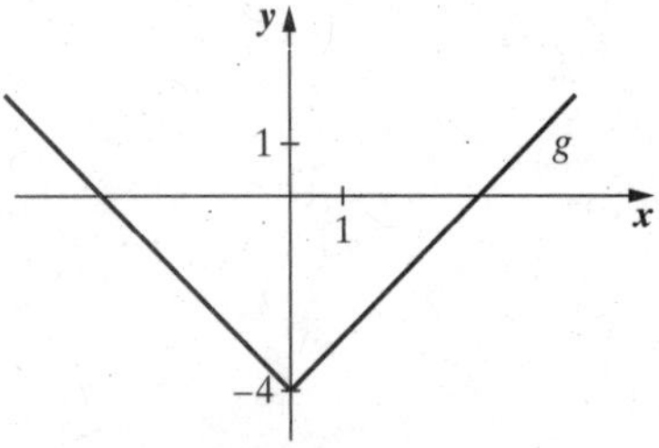

La règle de la fonction image est $g(x) = -f(x) = -(4 - |x|) = |x| - 4$.

Problème 18

$f_1(x) = -3^x$

La courbe f subit un retournement autour de l'axe des x (changement de signe de la variable dépendante). Cette transformation géométrique s'écrit ainsi:

$$(x, y) \mapsto (x, -y)$$

Les images des points A et B sont alors

$$(0, 1) \mapsto (0, -1) \text{ et } (1, 3) \mapsto (1, -3).$$

Cette règle correspond au graphique en B.

$f_2(x) = 3^{-x} - 2$

La courbe f subit deux transformations successives: un retournement par rapport à l'axe des y (changement de signe de la variable indépendante) et un glissement vertical de 2 unités vers le bas (on soustrait 2 à la variable dépendante). Les transformations s'écrivent algébriquement ainsi :

$$(x, y) \mapsto (-x, y) \mapsto (-x, y-2)$$

Les images des points A et B sont alors

$$(0, 1) \mapsto (0, -1) \text{ et } (1, 3) \mapsto (-1, 1).$$

Cette règle correspond au graphique en C.

$$f_3(x) = 3^{-x+2} = 3^{-(x-2)}$$

La courbe f subit deux transformations successives : un retournement par rapport à l'axe des y suivi d'un glissement horizontal de 2 unités vers la droite (on soustrait 2 à la variable indépendante). Les transformations s'écrivent algébriquement ainsi :

$$(x, y) \mapsto (-x, y) \mapsto (-(x-2), y)$$

Les images des points A et B sont alors

$$(0, 1) \mapsto (2, 1) \text{ et } (1, 3) \mapsto (1, 3).$$

Cette règle correspond au graphique en D.

Note : Le graphique en A ne correspond à aucune règle.

Problème 19

Réponses

a) $g(x) = f(x+2) - 2 = 2(x+2) - 3 - 2 = 2x - 1$

b) $g(x) = f\left(\frac{x}{3}\right) = \left(\frac{x}{3}\right)^2 - 2\left(\frac{x}{3}\right) - 2 = \frac{1}{9}x^2 - \frac{2}{3}x - 2$

c) $g(x) = 3f(x) = 3\sqrt{2x+3}$

d) $g(x) = f(x-1) + 2 = \frac{1}{x-1} + 2$

Problème 20

Dans la règle de la fonction g, on reconnaît trois transformations successives, soit un glissement horizontal d'une unité vers la droite, un retournement par rapport à l'axe des x et un glissement vertical de 3 unités vers le haut. Ces transformations s'écrivent algébriquement ainsi :

$$(x, y) \mapsto (x+1, y) \mapsto (x+1, -y) \mapsto (x+1, -y+3)$$

On détermine deux points appartenants au graphique de f, par exemple A(3, 2) et B(2, 4), et on trouve leur image :

$$(3, 2) \mapsto (4, 1) \text{ et } (2, 4) \mapsto (3, -1).$$

La fonction g est donc représentée par le graphique C.

Réponse C.

Problème 23

a) Modèle de variation exponentielle.

b)

x	-2	$-\frac{3}{2}$	-1	$-\frac{1}{2}$	0	$\frac{1}{2}$	1	$\frac{3}{2}$	2
$f(x)$	–1,97	–1,94	–1,88	–1,75	–1,5	–1	0	2	6

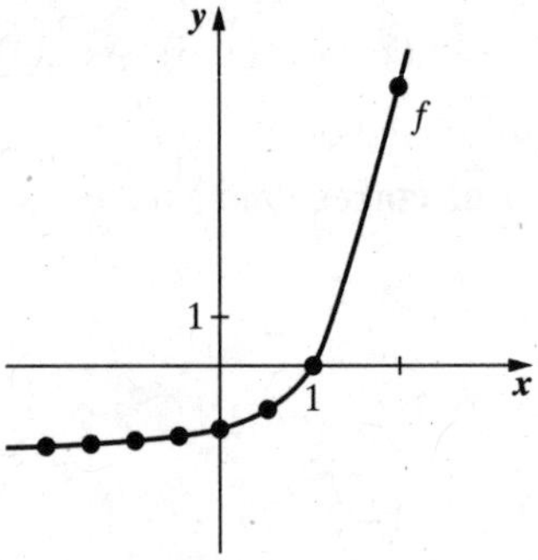

Problème 26

$$\left(\frac{3}{2}\right)^3 \sqrt[3]{\left(\frac{3^4}{2^4}\right)^{-\frac{1}{2}}\left(\frac{2}{3}\right)^7}$$

$$= \left(\frac{3}{2}\right)^3 \sqrt[3]{\left(\left(\frac{3}{2}\right)^4\right)^{-\frac{1}{2}}\left(\frac{2}{3}\right)^7}$$ Loi : puissance d'un quotient.

$$= \left(\frac{3}{2}\right)^3 \sqrt[3]{\left(\frac{3}{2}\right)^{-2}\left(\frac{2}{3}\right)^7}$$ Loi : puissance d'une puissance.

$$= \left(\frac{3}{2}\right)^3 \sqrt[3]{\left(\frac{2}{3}\right)^{2}\left(\frac{2}{3}\right)^7}$$ Définition : puissance d'exposant négatif.

$= \left(\frac{3}{2}\right)^3 \sqrt[3]{\left(\frac{2}{3}\right)^9}$	Loi : produit de puissances de même base.
$= \left(\frac{3}{2}\right)^3 \left(\frac{2}{3}\right)^3$	Définition : puissance d'exposant fractionnaire.
$= \left(\frac{3}{2}\right)^3 \left(\frac{3}{2}\right)^{-3}$	Définition : puissance d'exposant négatif.
$= \left(\frac{3}{2}\right)^0$	Loi : produit de puissances de même base.
$= 1$	Définition : puissance d'exposant 0.

Problème 27

On a $\left(a^{-3}\right)^n = a^{-3n} = \frac{1}{a^{3n}}$.

Réponse C.

Problème 33

Réponses

a) Vrai.

b) Faux. Dans l'expression $\sqrt{2x}$, l'exposant de la variable x n'est pas un entier positif.

c) Vrai.

d) Faux. L'exposant de la variable y n'est pas un entier positif.

e) Faux. C'est un monôme, car $2x + 4x = 6x$.

f) Faux. C'est un trinôme. En effet,

$$(2x + 4y)^2 = (2x + 4y) \times (2x + 4y) = 4x^2 + 16xy + 16y^2.$$

Problème 34

Il y a 4 monômes semblables dans la liste. Le monôme $-2,58x^3y^2$ n'est pas semblable aux 4 autres.

Réponse $-2,58x^3y^2$

Problème 35

a) $A + B - C = -\frac{2}{3}xy + (3x + 2y) - \left(\frac{1}{2}xy + 2x\right)$

$$= \underbrace{\frac{2}{3}xy - \frac{1}{2}xy}_{-\frac{7}{6}xy} \underbrace{+3x - 2x}_{x} + 2y$$

$$= -\frac{7}{2}xy + x + 2y$$

b) $A \times B + B \times C = -\frac{2}{3}xy \times (3x + 2y) + (3x + 2y) \times \left(\frac{1}{2}xy + 2x\right)$

$$= -\frac{2}{3}xy \times 3x - \frac{2}{3}xy \times 2y + 3x \times \frac{1}{2}xy + 3x \times 2x$$

$$+ 2y \times \frac{1}{2}xy + 2y \times 2x$$

$$= -2x^2y - \frac{4}{3}xy^2 + \frac{3}{2}x^2y + 6x^2 + xy^2 + 4xy$$

$$= \underbrace{-2x^2y + \frac{3}{2}x^2y}_{-\frac{1}{2}x^2y} \underbrace{-\frac{4}{3}xy^2 + xy^2}_{-\frac{1}{3}xy^2} + 6x^2 + 4xy$$

$$= -\frac{1}{2}x^2y - \frac{1}{3}xy^2 + 6x^2 + 4xy$$

c) $A \times B \times C = -\frac{2}{3}xy \times (3x + 2y) \times \left(\frac{1}{2}xy + 2x\right)$

$$= \left(-\frac{2}{3}xy \times 3x - \frac{2}{3}xy \times 2y\right) \times \left(\frac{1}{2}xy + 2x\right)$$

$$= \left(-2x^2y - \frac{4}{3}xy^2\right) \times \left(\frac{1}{2}xy + 2x\right)$$

$$= -2x^2y \times \frac{1}{2}xy - \frac{4}{3}xy^2 \times \frac{1}{2}xy - 2x^2y \times 2x - \frac{4}{3}xy^2 \times 2x$$

$$= -x^3y^2 - \frac{2}{3}x^2y^3 - 4x^3y - \frac{8}{3}x^2y^2$$

Réponses

a) $-\frac{7}{2}xy + x + 2y$

b) $-\frac{1}{2}x^2y - \frac{1}{3}xy^2 + 6x^2 + 4xy$

c) $-x^3y^2 - \frac{2}{3}x^2y^3 - 4x^3y - \frac{8}{3}x^2y^2$

Problème 36

a) On calcule l'aire du parallélogramme à l'aide de la formule :

$$A = b \times h.$$

Ici, $b = x - 3$ et $h = 2x + 5$. On a donc

$$A = (x-3) \times (2x+5) = 2x^2 + 5x - 6x - 15 = 2x^2 - x - 15.$$

b) Le périmètre étant la somme de tous les côtés, on a

$$22x + 4 = (9x + 2) + 3x + (5x + 2) + C(x).$$

D'où

$$\begin{aligned} C(x) &= 22x + 4 - (9x + 2) - 3x - (5x + 2) \\ &= \underbrace{22x - 9x - 3x - 5x}_{5x} \underbrace{+ 4 - 2 - 2}_{0} \\ &= 5x. \end{aligned}$$

c) L'aire du trapèze étant $A = 6x^2$, on commence par trouver sa hauteur.

$$A = \frac{(B+b) \times h}{2}$$

$$6x^2 \frac{[(5x+2)+(x-2)] \times h}{2} \Rightarrow h = \frac{12x^2}{6x} = 2x$$

Le périmètre du trapèze est donc

$$\begin{aligned} P(x) &= (5x + 2) + (3x - 1) + (x - 2) + 2x \\ & \underbrace{5x + 3x + x + 2x}_{11x} \underbrace{+ 2 - 1 - 2}_{-1} = 11x - 1 \end{aligned}$$

d) Le périmètre du trapèze est la somme de ses 4 côtés :

$$P(x) = (9x + 2) + C(x) + (5x + 2) + (3x)$$

Pour trouver le côté manquant, $C(x)$, on utilise le théorème de Pythagore.

$C(x) = \sqrt{(3x)^2 + (4x)^2} = \sqrt{25x^2} = 5x$, étant donné que x est positif.

Le périmètre de ce trapèze est donc

$$P(x) = (9x + 2) + (5x) + (5x + 2) + (3x) = 22x + 4.$$

! ATTENTION

Ne pas oublier que $\sqrt{x^2} = |x| = \begin{cases} x \text{ pour } x \geq 0 \\ -x \text{ pour } x \leq 0 \end{cases}$.

Problème 42

Il est possible de ramener les termes de ce polynôme à 3 groupes.

$$\underbrace{2a(b-3x)}\underbrace{-b+3x}\underbrace{-(b-x)(3x-b)}$$

Le binôme $(b-3x)$ étant le facteur commun, on obtient

$$2a(b-3x)-1(b-3x)-(b-x)(-b+3x)$$
$$= 2a(b-3x)-1(b-3x)+(b-x)(b-3x)$$
$$(b-3x)\left[\frac{2a(b-3x)}{b-3x}-\frac{b-3x}{b-3x}+\frac{(b-x)(b-3x)}{b-3x}\right]$$
$$= (b-3x)[2a-1+(b-x)] = (b-3x)(2a+b-x-1).$$

b) Il n'existe aucun facteur commun aux 4 termes de ce polynôme. Cependant, x est un facteur commun aux 2 premiers termes et $2ab$ est un facteur commun aux 2 derniers termes.

On procède alors par double mise en évidence.

$$x-3a^2bx+2ab-6a^3b^2 = \underbrace{x-3a^2bx}+\underbrace{2ab-6a^3b^2}$$
$$= x\left(\frac{x}{x}-\frac{3a^2bx}{x}\right)+2ab\left(\frac{2ab}{2ab}-\frac{6a^3b^2}{2ab}\right)$$
$$= x(1-3a^2b)+2ab(1-3a^2b)$$
$$= (1-3a^2b)\left[\frac{x(1-3a^2b)}{(1-3a^2b)}+\frac{2ab(1-3a^2b)}{(1-3a^2b)}\right]$$
$$= (1-3a^2b)(x+2ab)$$

Réponses

a) $(b-3x)(2a+b-x-1)$

b) $(1-3a^2b)(x+2ab)$

Problème 43

a) On procède ici par simple mise en évidence.

$$x^2-xy^2 = x\,(x-y^2)$$

ATTENTION

Ce binôme n'est pas une différence de carrés.

b) Ce binôme est une différence de carrés. On a

$$-81x^6 + 25y^8z^4 = 25y^8z^4 - 81x^6 = (5y^4z^2)^2 - (9x^3)^2$$
$$= (5y^4z^2 + 9x^3)(5y^4z^2 - 9x^3).$$

c) $(x-1)^2 - 4 = (x-1)^2 - 2^2 = [(x-1)-2][(x-1)+2] = (x-3)(x+1)$

Réponses

a) $x\,(x - y^2)$

b) $(5y^4z^2 + 9x^3)(5y^4z^2 - 9x^3)$

c) $(x-3)(x+1)$

Problème 44

a) $-2a^2 + 7a - 6$

La somme étant $m + n = 7$ et le produit $m \times n = -2 \times -6 = 12$, on trouve $m = 4$ et $n = 3$.

$$-2a^2 + 7a - 6 = -2a^2 + 4a + 3a - 6$$
$$= -2a(a-2) + 3(a-2)$$
$$= (a-2)(-2a+3)$$

b) $y^8 - 8y^4 - 128$

Ce trinôme est de forme

$$y^{2k} + by^k + c.$$

On peut donc appliquer la double mise en évidence.

La somme étant $m + n = -8$ et le produit $m \times n = -128$, on trouve $m = 8$ et $n = -16$.

$$y^8 - 8y^4 - 128 = y^8 + 8y^4 - 16y^4 - 128$$
$$= y^4(y^4 + 8) - 16(y^4 + 8)$$
$$= (y^4 + 8)(y^4 - 16)$$

Le binôme $y^4 - 16$ étant une différence de carrés, il peut être décomposé à son tour en facteurs.

$$y^4 - 16 = (y^2 + 4)(y^2 - 4) = (y^2 + 4)(y + 2)(y - 2)$$

c) $a^2 - 51ab + 50b^2$

La somme étant $m + n = -51$ et le produit $m \times n = 50$, on trouve $m = -1$ et $n = -50$.

$$\begin{aligned} a^2 - 51ab + 50b^2 &= a^2 - ab - 50ab + 50b^2 \\ &= a(a - b) - 50b(a - b) \\ &= (a - b)(a - 50b) \end{aligned}$$

Réponses

a) $(a - 2)(-2a + 3)$

b) $(y^4 + 8)(y^2 + 4)(y + 2)(y - 2)$

c) $(a - b)(a - 50b)$

Problème 45

Conseil

Pour choisir la forme factorielle d'un trinôme parmi les décompositions données, on peut se servir du produit P et de la somme S de deux nombres *m* et *n*, sachant que

$$x^2 + \mathrm{S}\,x + \mathrm{P} = (x + m)(x + n).$$

a) $\mathrm{S} = m + n = 12 > 0$ et $\mathrm{P} = m \times n = 35 > 0$.

On trouve $m = 5$ et $n = 7$. La réponse est B.

b) $\mathrm{S} = m + n = -12 < 0$ et $\mathrm{P} = m \times n = 35 > 0$.

On trouve $m = -5$ et $n = -7$. La réponse est A.

c) $\mathrm{S} = m + n = 2 > 0$ et $\mathrm{P} = m \times n = -35 < 0$.

On trouve $m = -5$ et $n = +7$. La réponse est D.

d) $\mathrm{S} = m + n = -2 < 0$ et $\mathrm{P} = m \times n = -35 < 0$.

On trouve $m = +5$ et $n = -7$. La réponse est C.

Réponse a et B, b et A, c et D, d et C.

Problème 46

Réponse

$x^2 - 2x + 5 = x^2 - 2x + 1 - 1 + 5 = (x - 1)^2 + 4$

La somme de carrés ne peut pas être décomposée en facteurs, le trinôme n'est donc pas factorisable.

Problème 47

a) $-7x^2 + 23x - 6$

Décomposition par la double mise en évidence.

La somme étant $m + n = 23$ et le produit $m \times n = -7 \times -6 = 42$, on trouve $m = 21$ et $n = 2$.

$$\begin{aligned}-7x^2 + 23x - 6 &= -7x^2 + 21x + 2x - 6\\ &= -7x(x - 3) + 2(x - 3)\\ &= (x - 3)(-7x + 2)\end{aligned}$$

b) $(2x^2 - 21)^2 - x^2$

D'abord, en factorisant une différence de carrés, on obtient

$$\begin{aligned}(2x^2 - 21)^2 - x^2 &= (2x^2 - 21 - x)(2x^2 - 21 + x)\\ &= (2x^2 - x - 21)(2x^2 + x - 21).\end{aligned}$$

Ensuite, on décompose chacun des trinômes par double mise en évidence ou par complétion de carré. On obtient

$$(2x^2 - 21)^2 - x^2 = (2x - 7)(x + 3)(2x + 7)(x - 3).$$

c) $4x^2 - 16x + 8 = 4(x^2 - 4x + 2)$

La double mise en évidence ne peut pas servir à décomposer en facteurs le trinôme $x^2 - 4x + 2$. En effet, il n'existe pas deux entiers dont la somme S = –4 et dont le produit P = 2. Toutefois, on peut factoriser le trinôme en faisant une complétion de carré.

$$\begin{aligned}4(x^2 - 4x + 2) &= 4[x^2 - 4x + (-2)^2 - (-2)^2 + 2]\\ &= 4[(x - 2)^2 - 2]\\ &= 4[(x - 2)^2 - (\sqrt{2})^2]\\ &= 4(x - 2 + \sqrt{2})(x - 2 - \sqrt{2})\end{aligned}$$

Remarque

Si la double mise en évidence n'est pas toujours applicable, en revanche, la complétion de carré est une méthode de factorisation générale.

Réponses

a) $(x - 3)(-7x + 2)$

b) $(2x - 7)(x + 3)(2x + 7)(x - 3)$

c) $4(x - 2 + \sqrt{2})(x - 2 - \sqrt{2})$

Problème 51

a) $\dfrac{18a^2b^3 - 8a^4b}{18b^4 - 24ab^3 + 8a^2b^2}$

$= \dfrac{2a^2b(3b-2a)(3b+2a)}{2b^2(3b-2a)(3b-2a)}$ (On a factorisé le numérateur et le dénominateur.)

$= \dfrac{a^2(3b+2a)}{b(3b-2a)}$ (On a simplifié les facteurs communs.)

b) $\dfrac{a^3 - ab^2}{a^4b^2 + 2a^3b^3 + a^2b^4} = \dfrac{a(a-b)(a+b)}{a^2b^2(a+b)(a+b)} = \dfrac{a-b}{ab^2(a+b)}$

Réponses

a) $\dfrac{a^2(3b+2a)}{b(3b-2a)}$ b) $\dfrac{a-b}{ab^2(a+b)}$

Problème 52

a) Si $xy \neq 0$ et $xy - x^2 \neq 0$, c'est-à-dire si $x \neq 0$, $y \neq 0$ et $x \neq y$, on a

$$\frac{x^2-y^2}{xy} - \frac{xy-y^2}{xy-x^2} = \frac{x^2-y^2}{xy} - \frac{y(x-y)}{x(y-x)}$$

$$= \frac{x^2-y^2}{xy} - \frac{-y(y-x)}{x(y-x)} = \frac{x^2-y^2}{xy} - \frac{-y}{x}$$

$$= \frac{x^2-y^2}{xy} + \frac{y}{x} = \frac{x^2-y^2}{xy} + \frac{y}{x} \times \frac{y}{y}$$

$$= \frac{x^2-y^2}{xy} + \frac{y^2}{xy} = \frac{x^2-y^2+y^2}{xy} = \frac{x^2}{xy} = \frac{x}{y}.$$

b) Si $3x - 2 \neq 0$, $4 - 9x^2 \neq 0$ et $6x + 4 \neq 0$, c'est-à-dire si $x \neq \pm\dfrac{2}{3}$, on a

$$\frac{2}{3x-2} + \frac{2x-1}{4-9x^2} - \frac{x}{6x+4} = \frac{2}{3x-2} - \frac{2x-1}{(3x-2)(3x+2)} - \frac{x}{2(3x+2)}$$

$$= \frac{2}{3x-2} \times \frac{2(3x+2)}{2(3x+2)} - \frac{2x-1}{(3x-2)(3x+2)} \times \frac{2}{2} - \frac{x}{2(3x+2)} \times \frac{3x-2}{3x-2}$$

$$= \frac{(12x+8) - (4x-2) - (3x^2-2x)}{2(3x-2)(3x+2)}$$

$$= \frac{-3x^2+10x+10}{2(3x-2)(3x+2)}.$$

Réponses

a) $\dfrac{x^2-y^2}{xy}-\dfrac{xy-y^2}{xy-x^2}=\dfrac{x}{y}$ si $x\neq 0$, $y\neq 0$ et $x\neq y$.

b) $\dfrac{2}{3x-2}+\dfrac{2x-1}{4-9x^2}-\dfrac{x}{6x+4}=\dfrac{-3x^2+10x+10}{2(3x-2)(3x+2)}$ si $x\neq \pm\dfrac{2}{3}$.

Problème 53

a) $\dfrac{x^2+5x+4}{3x-3y}\times\dfrac{3x^2+9x+6}{x^2+6x+8}\div\dfrac{(x+y)(x+1)^2}{x^2-y^2}$

$$=\frac{x^2+5x+4}{3x-3y}\times\frac{3x^2+9x+6}{x^2+6x+8}\times\frac{x^2-y^2}{(x+y)(x+1)^2}$$

$$=\frac{(x+1)(x+4)}{3(x-y)}\times\frac{3(x+2)(x+1)}{(x+2)(x+4)}\times\frac{(x+y)(x-y)}{(x+y)(x+1)^2}=1$$

b) $\dfrac{-x+3}{x^2-x-6}+\dfrac{1}{x+4}\times\dfrac{x^2+2x-8}{x^2-4}$

La multiplication est une opération prioritaire. On calcule d'abord

$$\frac{1}{x+4}\times\frac{x^2+2x-8}{x^2-4}=\frac{1}{x+4}\times\frac{(x-2)(x+4)}{(x+2)(x-2)}=\frac{1}{x+2}.$$

Puis, on additionne :

$$\frac{-x+3}{x^2-x-6}+\frac{1}{x+2}=\frac{-(x-3)}{(x-3)(x+2)}+\frac{1}{x+2}=\frac{-1}{x+2}+\frac{1}{x+2}=0$$

c) $\left(\dfrac{y+2}{y^2+3y+2}+\dfrac{2y-6}{y^2-5y+6}\right)\times\dfrac{y^2-y-2}{3y^2+3y}$

L'opération entre parenthèses est une opération prioritaire. On calcule d'abord

$$\frac{y+2}{y^2+3y+2}+\frac{2y-6}{y^2-5y+6}$$

$$=\frac{y+2}{(y+1)(y+2)}+\frac{2(y-3)}{(y-2)(y-3)}=\frac{1}{y+1}+\frac{2}{y-2}$$

$$=\frac{1}{y+1}\times\frac{y-2}{y-2}+\frac{2}{y-2}\times\frac{y+1}{y+1}$$

$$=\frac{y-2+2y+2}{(y+1)(y-2)}=\frac{3y}{(y+1)(y-2)}.$$

Ensuite, on multiplie :

$$\frac{3y}{(y+1)(y-2)} \times \frac{y^2-y-2}{3y^2+3y} = \frac{3y}{(y+1)(y-2)} \times \frac{(y+1)(y-2)}{3y(y+1)}$$
$$= \frac{1}{y+1}$$

Réponses

a) 1

b) 0

c) $\frac{1}{y+1}$

Problème 54

a) Pour additionner des fractions rationnelles, il faut d'abord les ramener au même dénominateur et en additionner ensuite les numérateurs.

b) Les fractions $\frac{1}{x}$ et $\frac{3}{x+2}$ ne sont pas équivalentes, car on a additionné fautivement le nombre 2 au numérateur et au dénominateur.

Pour obtenir une fraction équivalente, on multiplie (ou on divise) le numérateur et le dénominateur par un même nombre différent de zéro.

c) On peut réduire une fraction en simplifiant ses facteurs communs. Ici, x n'est pas le facteur commun, mais un des termes du numérateur et du dénominateur.

d) La réduction de cette fraction est incorrecte, car $(x - 1)$ n'est pas un facteur du numérateur.

e) Il faut d'abord ramener ces deux fractions au même dénominateur. Les dénominateurs $x - 3$ et $3 - x$ ne sont pas les mêmes.

f) Il n'y a pas d'erreur dans ce développement. Il est cependant préférable de trouver le plus petit dénominateur commun, qui est $x - 3$.

g) On n'a pas placé de parenthèses devant le numérateur de la fraction à soustraire. Le signe du dernier terme est donc erroné.

Problème 57

a) La règle $f(x) = 4$ représente une fonction constante transformée. Sa courbe représentative est une droite horizontale. On l'associe alors au graphique en B.

b) La règle $f(x) = 2x$ représente une fonction affine transformée (variation directe). Sa courbe représentative est une droite oblique qui passe par l'origine. La réponse est D.

c) La règle $f(x) = -2x + 1$ représente une fonction affine de variation partielle. Sa courbe représentative est une droite oblique dont l'ordonnée à l'origine est différente de zéro. Ici, $b = 1$. La réponse est A.

d) La règle $f(x) = 0$ représente une fonction constante transformée. Sa courbe représentative est une droite horizontale passant par l'origine. On l'associe alors au graphique en C.

e) La règle $f(x) = -3$ représente une fonction constante transformée. Sa courbe représentative est une droite horizontale. On l'associe alors au graphique en E.

Réponse a et B, b et D, c et A, d et C, e et E.

Problème 58

L'énoncé A est vrai. Une fonction polynomiale n'a pas de restrictions sur son domaine.

L'énoncé B est faux. La fonction constante peut servir de contre-exemple.

L'énoncé C est vrai. Par définition,

$$f \text{ est croissante} \Leftrightarrow \forall x_1, x_2 \in \text{dom} f,\ x_1 < x_2 \Rightarrow f(x_1) \leq f(x_2)$$

et

$$f \text{ est décroissante} \Leftrightarrow \forall x_1, x_2 \in \text{dom} f,\ x_1 < x_2 \Rightarrow f(x_1) \geq f(x_2).$$

La fonction constante correspond aux définitions.

L'énoncé D est faux. Il est vrai que la valeur $x = 0$ est un zéro de cette fonction. Cependant, cette fonction admet une infinité de zéros.

L'énoncé E est faux. Une droite verticale, par exemple, ne représente pas une fonction affine.

L'énoncé F est faux. La fonction $f(x) = 0$ peut servir de contre-exemple.

Réponse A et C.

Problème 59

a) Cette règle représente une fonction affine de variation partielle.

b) On remplit la table de valeurs avant de faire le graphique.

x	−5	0	5
y	23	32	41

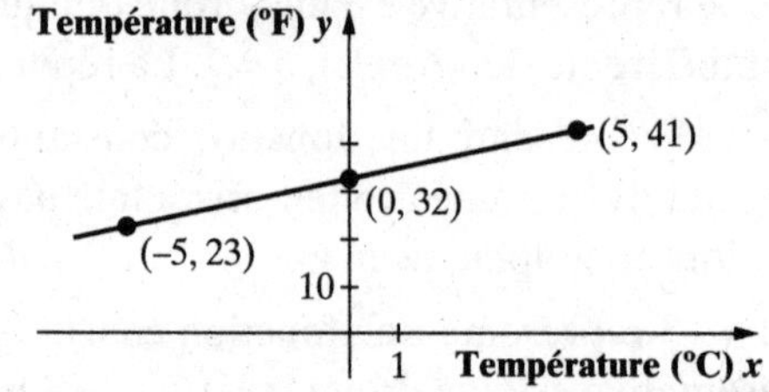

c) Le taux de variation d'une relation est le rapport entre la variation des ordonnées et la variation correspondante des abscisses, c'est-à-dire

$$\frac{y_2 - y_1}{x_2 - x_1} = \frac{41 - 32}{5 - 0} = \frac{9}{5} = 1{,}8.$$

Le taux de variation de cette relation est donc $1{,}8\ ^{\circ}\mathrm{F}/_{^{\circ}\mathrm{C}}$.

Remarque

Le taux de variation d'une fonction affine correspond à la pente de la droite qui représente cette fonction. Il est donc égal à la valeur du paramètre *a* de la règle de la fonction affine.

d) Pour transformer 0 °F en degrés Celsius, il faut trouver le zéro de la fonction, c'est-à-dire résoudre l'équation $\frac{9}{5}x + 32 = 0$.

On trouve $x = -\frac{32}{\frac{9}{5}} = -\frac{160}{9} \approx -17{,}78\ ^{\circ}\mathrm{C}$

e) Pour déterminer l'intervalle où la fonction *f* est positive, il faut résoudre l'inéquation $f(x) \geq 0$.

$$\begin{aligned}\frac{9}{5}x + 32 \geq 0 &\Leftrightarrow \frac{9}{5}x + 32 - 32 \geq -32\\ &\Leftrightarrow \frac{9}{5}x \geq -32\\ &\Leftrightarrow \frac{5}{9} \times \frac{9}{5}x \geq -32 \times \frac{5}{9}\\ &\Leftrightarrow x \geq -\frac{160}{9}\end{aligned}$$

L'intervalle recherché est donc $\left[-\frac{160}{9}, +\infty\right.$.

Réponses

a) Fonction affine de variation partielle.

b) Voir solution.

c) $1{,}8\ {}^{\circ}\mathrm{F}/{}^{\circ}\mathrm{C}$.

d) $-\frac{160}{9}\ {}^{\circ}\mathrm{C} \approx -17{,}78\ {}^{\circ}\mathrm{C}$

e) $\left[-\frac{160}{9}, +\infty\right.$.

Problème 63

Conseil

Une fonction quadratique ayant deux zéros dont la somme et le produit sont respectivement S et P est représentée par la règle

$$f(x) = a(x^2 - \mathrm{S}x + \mathrm{P}).$$

On peut donc écrire directement la forme générale de la règle, soit

$$f(x) = a(x^2 + 2x - 15).$$

La parabole représentant la fonction f passe par le point (–3, 6). On a donc

$$6 = a\left((-3)^2 + 2(-3) - 15\right)$$

d'où $a = -\frac{1}{2}$ et $f(x) = -\frac{1}{2}(x^2 + 2x - 15)$.

Réponse $f(x) = -\frac{1}{2}(x^2 + 2x - 15)$

Problème 64

a) Puisque $f(-2) = f(4) = 10$, les points (–2, 10) et (4, 10) sont deux points de la parabole symétriques par rapport à l'axe de symétrie. L'axe de symétrie passe donc par le point de coordonnée $\frac{-2+4}{2} = 1$. Son équation est $x = 1$.

b) Les deux zéros sont symétriques par rapport à l'axe de symétrie. On connaît un zéro, soit $x_1 = 3$. L'autre satisfait donc l'équation $\frac{x+3}{2} = 1$, d'où $x_2 = -1$.

c) Les deux zéros étant $x_1 = 3$ et $x_2 = -1$, on écrit la règle de f sous forme factorielle, $f(x) = a(x - 3)(x + 1)$.

De plus, à l'aide des coordonnées d'un point de la table de valeurs, on trouve la valeur du paramètre a.

$$10 = a(-2 - 3)(-2 + 1), \text{ d'où } a = 2.$$

Enfin, $f(x) = 2(x - 3)(x + 1)$.

La forme générale de la règle de cette fonction est donc

$$f(x) = 2x^2 - 4x - 6.$$

Réponses

a) $x = 1$

b) $x_1 = 3, x_2 = -1$

c) $f(x) = 2x^2 - 4x - 6$

Problème 65

Les valeurs h et k représentent les coordonnées du sommet de la parabole. L'abscisse du sommet de la parabole de f est un nombre négatif et celle du sommet de la parabole de g est un nombre positif. Alors, la valeur de h augmente. L'ordonnée du sommet de la parabole de f est un nombre positif et celle du sommet de la parabole de g est un nombre négatif. Alors, la valeur de k diminue.

Réponse C.

Problème 69

a) Méthode suggérée : par factorisation d'une différence de carrés.

$$\begin{aligned} 2x^2 - 32 = 0 &\Leftrightarrow 2(x - 4)(x + 4) = 0 \\ &\Leftrightarrow x - 4 = 0 \text{ ou } x + 4 = 0 \\ &\Leftrightarrow x = 4 \text{ ou } x = -4 \end{aligned}$$

On a alors E.S. = {-4, 4}.

b) Méthode suggérée : formule quadratique.

Ici, on a $a = 10$, $b = -30$ et $c = 21$.

Alors $b^2 - 4ac = (-30)^2 - 4(10)(21) = 60 > 0$. Par conséquent, l'équation a deux solutions réelles distinctes :

$$x_1 = \frac{-b - \sqrt{b^2 - 4ac}}{2a} = \frac{-(-30) - \sqrt{60}}{2(10)} = \frac{30 - 2\sqrt{15}}{20} = \frac{15 - \sqrt{15}}{10}$$

$$x_2 = \frac{-b + \sqrt{b^2 - 4ac}}{2a} = \frac{15 + \sqrt{15}}{10}$$

c) Méthode suggérée : par décomposition en facteurs.

Par une double mise en évidence, on obtient

$$3x^2 - 7x - 6 = (x - 3)(3x + 2).$$

On a donc

$$\begin{aligned} 3x^2 - 7x - 6 = 0 &\Leftrightarrow (x - 3)(3x + 2) = 0 \\ &\Leftrightarrow x - 3 = 0 \text{ ou } 3x + 2 = 0 \\ &\Leftrightarrow x = 3 \text{ ou } x = -\frac{2}{3}. \end{aligned}$$

d) Méthode suggérée : application de la forme canonique du trinôme quadratique.

$$\begin{aligned} 2x^2 - 12x + 10 = 0 &\Leftrightarrow 2(x - 3)^2 - 8 = 0 \\ &\Leftrightarrow (x - 3)^2 = 4 \\ &\Leftrightarrow x - 3 = \pm 2 \\ &\Leftrightarrow x = 3 + 2 = 5 \text{ ou } x = 3 - 2 = 1 \end{aligned}$$

Réponse

a) E. S. = $\{-4, 4\}$

b) E. S. = $\left\{\frac{15 - \sqrt{15}}{10}, \frac{15 + \sqrt{15}}{10}\right\}$

c) E. S. = $\left\{-\frac{2}{3}, 3\right\}$

d) E. S. = $\{1, 5\}$

Problème 70

a) Cette hauteur correspond à l'ordonnée du point initial de la fonction, c'est-à-dire à la valeur de h pour $t = 0$. On a ici $h(0) = 61$.

b) On cherche la valeur de t qui correspond à la hauteur de 800 m. Cette valeur satisfait l'équation $-4t^2 + 120t + 61 = 800$.

Puisque $-4t^2 + 120t + 61 = 800 \Leftrightarrow -4t^2 + 120t - 739 = 0$, on a $a = -4$, $b = 120$, $c = -739$ et $b^2 - 4ac = 2576 > 0$.

Cette équation a donc deux solutions réelles distinctes:

$$x_1 = \frac{-120 - \sqrt{2\,576}}{2(-4)} \approx 21{,}34 \text{ et } x_2 = \frac{-120 + \sqrt{2\,576}}{2(-4)} \approx 8{,}66.$$

Le projectile atteindra l'altitude de 800 m deux fois. Une première en montant, après 8,66 s, et une deuxième fois, en descendant, après 21,34 s.

c) Le maximum de la fonction quadratique correspond à l'ordonnée du sommet de la parabole qui représente cette fonction. Pour trouver le sommet, on utilise la forme canonique de la fonction quadratique.

$$\begin{aligned} h(t) &= -4t^2 + 120t + 61 \\ &= -4\left(t^2 - 30t - \frac{61}{4}\right) \\ &= -4\left(t^2 - 30t + (-15)^2 - (-15)^2 - \frac{61}{4}\right) \\ &= 4\left((t - 15)^2 - 225 - \frac{61}{4}\right) \\ &= 4(t - 15)^2 + 961 \end{aligned}$$

Les coordonnées du sommet sont (15, 961). La hauteur maximale atteinte par ce projectile est donc 961 m.

d) Puisqu'au sol la hauteur est égale à 0, ce problème revient à chercher la solution de l'équation $h(t) = 0$.

Par la méthode basée sur l'application de la forme canonique, on trouve

$$\begin{aligned} -4t^2 + 120t + 61 = 0 &\Leftrightarrow -4(t - 15)^2 + 961 = 0 \\ &\Leftrightarrow -4(t - 15)^2 = -961 \\ &\Leftrightarrow (t - 15)^2 = 240{,}25 \\ &\Leftrightarrow t - 15 = \pm\sqrt{240{,}25} \\ &\Leftrightarrow t = 15 + 15{,}5 \text{ ou } t = 15 - 15{,}5 \\ &\Leftrightarrow t = 30{,}5 \text{ ou } t = -0{,}5. \end{aligned}$$

Le temps étant toujours une valeur positive, on rejette la seconde solution.

Réponses

a) 61 m

b) Après 8,6 s, puis après 21,4 s.

c) 961 m

d) 30,5 s

Problème 72

a) La représentation de la fonction f est une parabole, et celle de la fonction g, une droite.

La règle de la somme $f + g$ est

$$(f+g)(x) = f(x) + g(x) = 2x^2 - 1 + x + 2 = 2x^2 + x + 1.$$

La représentation graphique de cette fonction est donc une parabole.

Remarque

On peut utiliser la forme canonique et les graphiques des fonctions des bases respectives pour tracer la courbe représentative d'une fonction.

$\boldsymbol{f(x) = 2x^2 - 1}$

La courbe représentative de la fonction quadratique de base a subi un glissement vertical de 1 unité vers le bas et un allongement vertical.

$\boldsymbol{g(x) = x + 2}$

La courbe représentative de la fonction affine de base a subi un déplacement vertical de 2 unités vers le haut.

$$\boldsymbol{(f+g)(x) = 2x^2 + x + 1 = 2\left(x + \frac{1}{4}\right)^2 + \frac{7}{8}}$$

La courbe représentative de la fonction quadratique de base a subi un glissement horizontal d'un quart d'unité vers la gauche, un glissement vertical de sept huitièmes d'unité vers le haut et un allongement vertical.

b) La représentation de la fonction f est une parabole, et celle de la fonction h, une droite horizontale.

La règle de la différence $f - g$ est

$$(f-h)(x) = f(x) - h(x) = 2x^2 - 1 - (-2) = 2x^2 + 1.$$

La parabole représentant la fonction quadratique de base a donc subi un glissement vertical d'une unité vers le haut et un allongement vertical.

c) La représentation de la fonction g est une droite, et celle de la fonction h, une droite horizontale.

La règle du produit $g \times h$ est

$$(g \times h)(x) = g(x) \times h(x) = (x + 2) \times (-2) = -2x - 4.$$

La droite représentant la fonction affine de base a subi un allongement vertical suivi d'un retournement et d'un glissement vertical de 4 unités vers le bas.

Réponses

a)

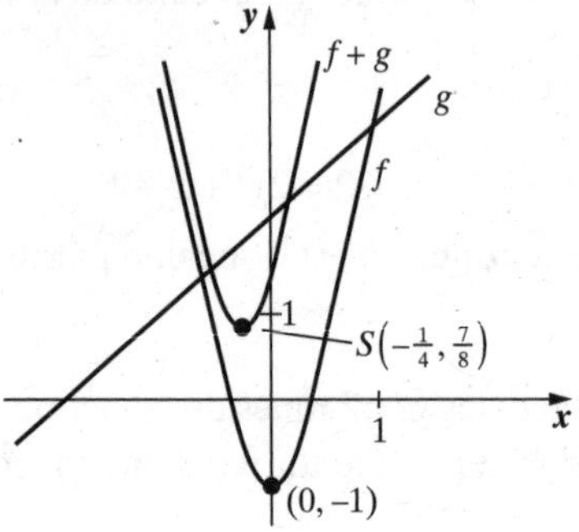

b)

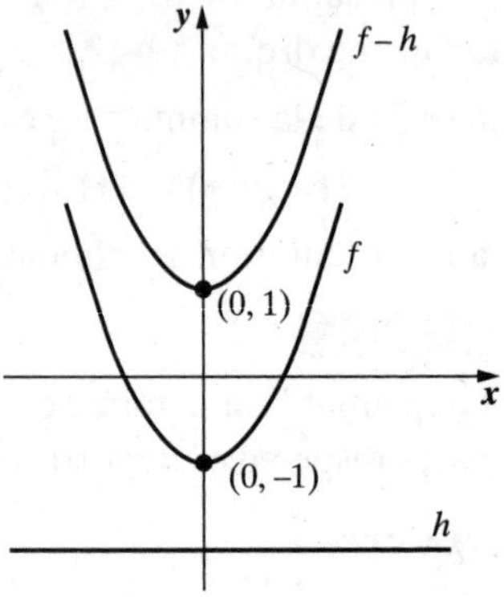

c)

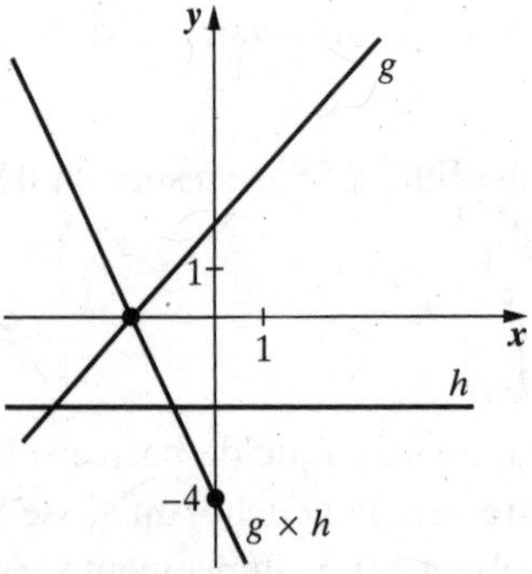

Problème 73

A) Vrai. Si $f(x) = a_1x + b_1$ et $g(x) = a_2x + b_2$ représentent deux fonctions de degré 1 ($a_1 \neq 0$ et $a_2 \neq 0$), la règle

$$f(x) \times g(x) = (a_1x + b_1)(a_2x + b_2) = a_1a_2x^2 + (a_1\,b_2 + a_2b_1)x + b_1b_2$$

représente une fonction de degré 2 ($a_1a_2 \neq 0$).

B) Faux. Les fonctions f et g, telles que $f(x) = 2x + 1$ et $g(x) = -2x + 1$, peuvent servir de contre-exemples.

C) Faux. Les fonctions f et g définies précédemment possèdent chacune un zéro, tandis que leur somme, qui est une fonction constante, n'a pas de zéro.

D) Vrai. On a

$$f(x) \times g(x) = 0 \Leftrightarrow f(x) = 0 \text{ ou } g(x) = 0.$$

Réponse B et C.

Problème 76

Réponses

a)

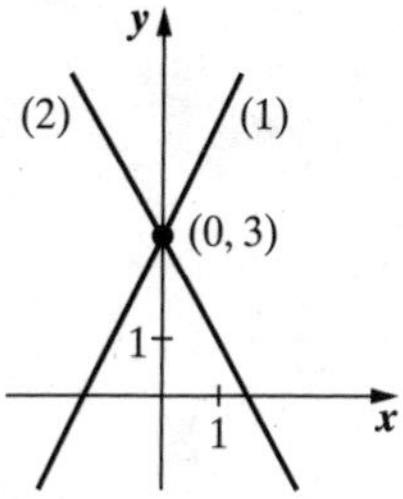

Le système a une solution unique, soit (0, 3).

b)

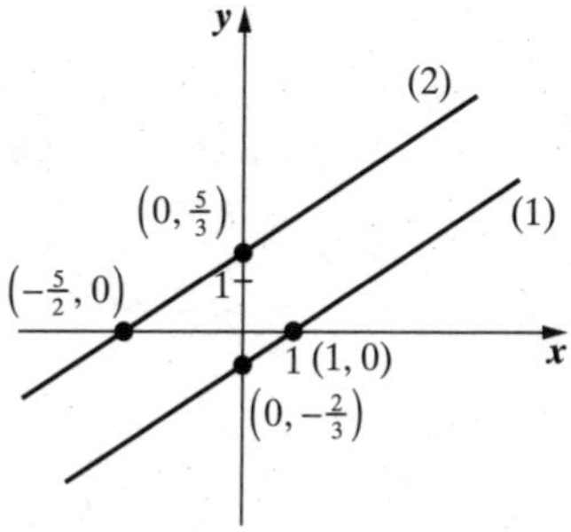

Le système n'a aucune solution.

c)

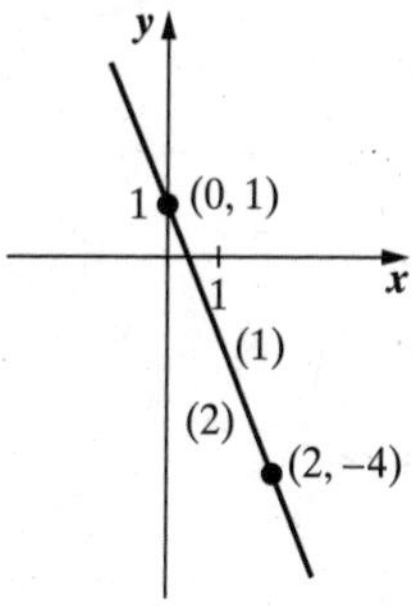

Le système a une infinité de solutions.

Problème 81

Solution et réponse

On établit les tables de valeurs des deux équations.

(1)

x	0	-7	1
y	$\frac{7}{4}$	0	2

(2)

x	0	$-\frac{12}{5}$	-3
y	-4	0	1

Dans le même plan cartésien, on représente les deux équations et on trouve les coordonnées du couple solution, s'il existe.

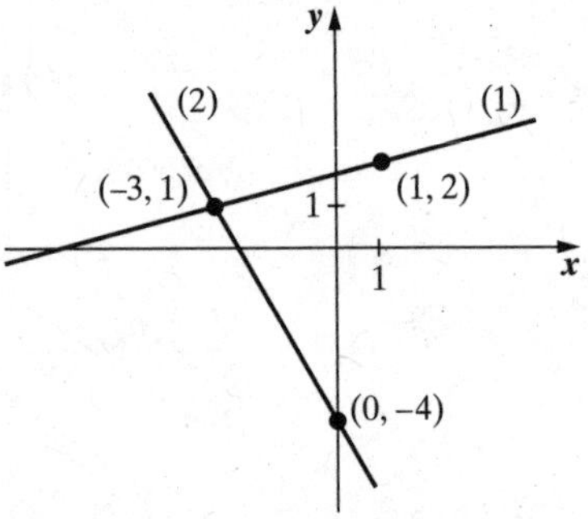

Exemple de solution par méthode algébrique (par comparaison).

1. On isole la variable x dans chaque équation.

   (1) $x = 4y - 7$

   (2) $x = \dfrac{-3y - 12}{5}$

2. On égalise les deux expressions.

$$4y - 7 = \frac{-3y - 12}{5}$$

3. On cherche la solution de l'équation ainsi obtenue.

$$4y - 7 = \frac{-3y - 12}{5} \Leftrightarrow \frac{4y - 7}{1} = \frac{-3y - 12}{5}$$
$$\Leftrightarrow 5(4y - 7) = 1(-3y - 12)$$
$$\Leftrightarrow 20y - 35 = -3y - 12$$
$$\Leftrightarrow y = 1$$

4. On substitue la valeur $y = 1$ dans une des équations du système, par exemple dans (1), pour trouver la valeur de la variable x.

$$x - 4(1) = -7 \Leftrightarrow x = -3$$

Le couple (–3, 1) est la solution unique du système.

Problème 82

1) x : la mesure de la base ;
y : la mesure du côté du triangle isocèle.

2. L'énoncé « La mesure de la base d'un triangle isocèle est le quart de la mesure de l'un de ses côtés congrus » se traduit par l'équation

$$x = \frac{1}{4}y.$$

L'énoncé « ... le périmètre de ce triangle est de 32,4 cm » se traduit par l'équation

$$x + 2y = 32{,}4.$$

3. On peut résoudre ce système par la méthode de substitution. Le couple (3,6 ; 14,4) est la solution unique de ce système.

4. Pour $x = 3{,}6$ et $y = 14{,}4$ on obtient

$$3{,}6 = \tfrac{1}{4}(14{,}4) \text{ et } (3{,}6) + 2(14{,}4) = 32{,}4$$

qui sont des égalités vraies.

5. On calcule l'aire d'un triangle par la formule $A = \dfrac{b \times h}{2}$, où b est la mesure de la base et h, la mesure de la hauteur. La mesure de la hauteur d'un triangle isocèle étant

$$h = \sqrt{c^2 - \left(\frac{b}{2}\right)^2}$$

où c est la mesure d'un des côtés congrus, on obtient alors

$$A = \frac{3{,}6 \times \sqrt{14{,}4^2 - \left(\frac{3{,}6}{2}\right)^2}}{2} = \frac{3{,}6 \times \sqrt{204{,}12}}{2} \approx 25{,}72 \text{ cm}^2.$$

Réponse L'aire de ce triangle est d'environ 25,72 cm^2.

Problème 83

1) x : le nombre de chandails vendus ;
y : le nombre d'épinglettes vendues.

2. L'énoncé « Les élèves ont vendu 4 fois plus de chandails que d'épinglettes » se traduit par l'équation $x = 4\,y$.

L'énoncé « Les profits sont de 4,50 $ par chandail vendu et de 1,50 $ par épinglette vendue.... Au total, les profits ont été de 4 095 $ » se traduit par l'équation

$$4{,}50x + 1{,}50y = 4\ 095.$$

Réponse A.

Problème 86

Solution et réponses

a)

x	0	1	2	3	4	5	6
$y = -4x + 8$	8	4	0	–4	–8	–12	–16
$y = -4x^2 + 24x - 32$	–32	–12	0	4	0	–12	–32

Les couples (2, 0) et (5, –12) apparaissent simultanément dans les deux tables de valeurs. Le système admet donc deux solutions (un système composé d'une équation linéaire et d'une équation quadratique possède au plus deux solutions).

b) L'équation (1) est représentée par une droite et l'équation (2) par une parabole. Pour tracer cette parabole, on écrit sa règle de correspondance sous forme canonique.

$$\begin{aligned} y &= -4x^2 + 24x - 32 \\ &= -4(x^2 - 6x + 8) \\ &= -4(x^2 - 6x + 9 - 9 + 8) \\ &= -4(x - 3)^2 + 4 \end{aligned}$$

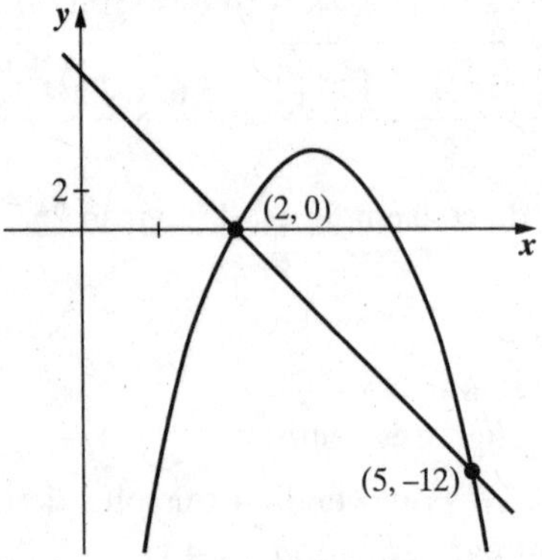

La droite coupe la parabole en deux points. Le système a donc deux solutions, soit (2, 0) et (5, –12).

c) On peut utiliser la méthode de comparaison pour résoudre ce système.

1. La variable y est déjà isolée dans les deux équations.

   (1) $y = -4x + 8$

   (2) $y = -4x^2 + 24x - 32$

2. On égalise les deux expressions algébriques qui expriment la variable y.

$$-4x + 8 = -4x^2 + 24x - 32$$

3. On cherche la solution de l'équation à une variable.

$$\begin{aligned} -4x + 8 = -4x^2 + 24x - 32 &\Leftrightarrow 4x^2 - 28x + 40 = 0 \\ &\Leftrightarrow 4(x - 2)(x - 5) = 0 \\ &\Leftrightarrow x = 2 \text{ ou } x = 5 \end{aligned}$$

4. On substitue chacune de ces valeurs dans l'équation (1) du système pour calculer la valeur de la variable y.

   Si $x = 2$, alors $y = -4(2) + 8 = 0$.

   Si $x = 5$, alors $y = -4(5) + 8 = -12$.

   Le système a donc deux couples solutions, soit (2, 0) et (5, –12).

Problème 87

Exemple de solution

On représente les deux équations de chacun des systèmes par leur graphique cartésien.

A)

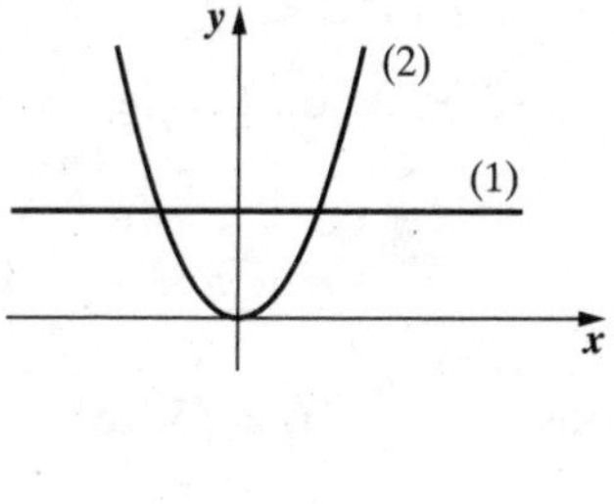

B)

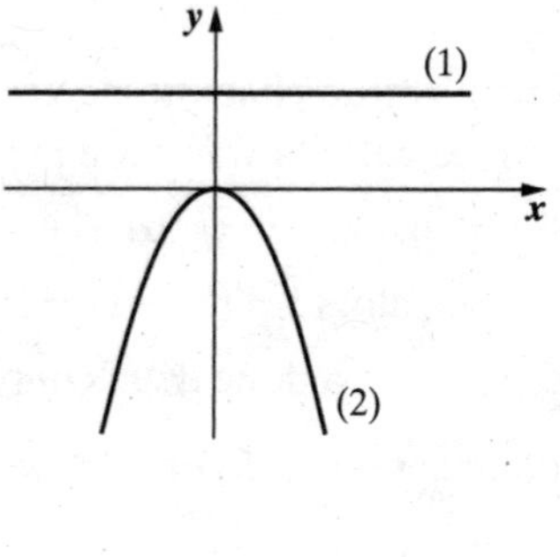

C)

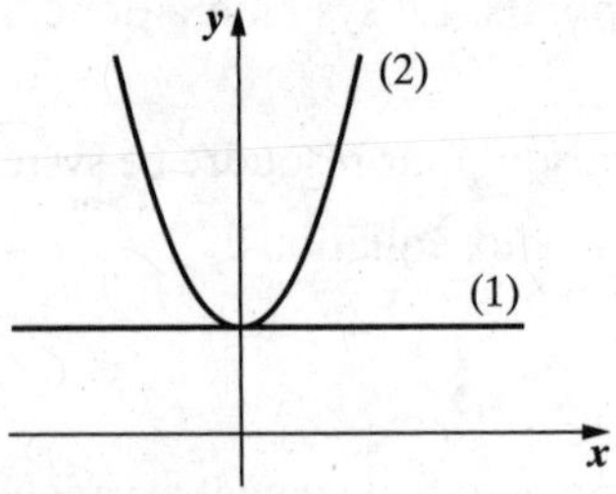

D)

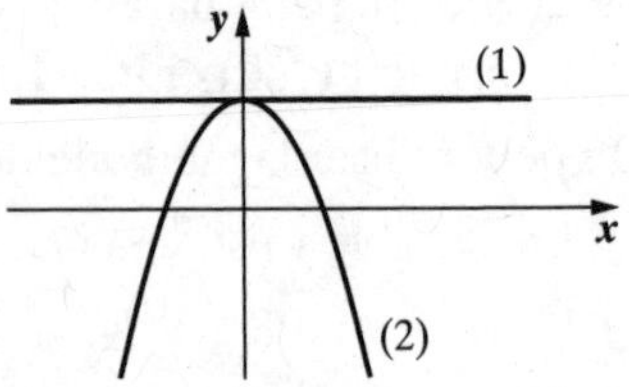

Réponse B.

Problème 88

On peut résoudre ce système d'équations semi-linéaires par la méthode de comparaison.

(1) $x - y + 11 = 0$

(2) $y = x^2 + 2x - 19$

1. On isole la variable y dans deux équations.

   (1) $y = x + 11$

   (2) $y = x^2 + 2x - 19$

2. On égalise les deux expressions algébriques qui expriment la variable y.

$$x + 11 = x^2 + 2x - 19$$

3. On cherche la solution de l'équation à une variable.

$$x + 11 = x^2 + 2x - 19 \Leftrightarrow x^2 + x - 30 = 0$$
$$\Leftrightarrow (x + 6)(x - 5) = 0$$
$$\Leftrightarrow x = -6 \text{ ou } x = 5$$

4. On substitue chacune de ces valeurs dans l'équation (1) du système pour calculer la valeur de la variable y.

   Si $x = -6$, alors $y = (-6) + 11 = 5$.

   Si $x = 5$, alors $y = (5) + 11 = 16$.

   Le système a donc deux couples solutions, soit (–6, 5) et (5, 16).

Réponse P(–6, 5) et Q(5, 16).

Problème 91

A) Faux. Le point situé aux $\frac{3}{5}$ du segment MN à partir de M a les coordonnées (59,6; 18).

B) Faux. Le point situé aux $\frac{3}{8}$ du segment MN à partir de M a les coordonnées (38, 27).

C) Vrai.

D) Faux. Le point qui partage le segment MN dans le rapport 8:3 a les coordonnées (71,82; 12,91).

Réponse C.

Problème 92

a) Le segment BM étant une médiane, le point M est le point milieu du côté $\overline{AC}$. Ces coordonnées sont donc

$$x = \frac{2 + (-6)}{2} = -2 \text{ et } y = \frac{0 + 3}{2} = 1{,}5.$$

b) Les coordonnées du point qui partage le segment MB dans le rapport 2:1 à partir de B sont

$$x = 4 + \frac{2}{2+1}(-2 - 4) = 0 \quad \text{et} \quad y = -3 + \frac{2}{2+1}(1{,}5 - (-3)) = 0.$$

Réponses

a) (–2; 1,5)

b) *Voir* solution.

Problème 95

a) $3x - 4y - 16{=}0 \Leftrightarrow \frac{3x - 4y}{16} = \frac{16}{16} \Leftrightarrow \frac{x}{\frac{16}{3}} + \frac{y}{-4} = 1$

b) $-\frac{x}{3} + \frac{2y}{5} = 2 \Leftrightarrow y = \frac{5}{6}x + 5$

c) **Conseil**

On peut lire directement certaines caractéristiques d'une droite dans son équation. Pour ce faire, il faut connaître l'interprétation géométrique des paramètres dans les différentes formes d'équation d'une droite.

Lorsque l'équation de la droite est écrite sous sa forme fonctionnelle, $y = px + b$, p et b représentent respectivement la pente et l'ordonnée à l'origine. Lorsque l'équation est écrite sous sa forme symétrique $\frac{x}{a} + \frac{y}{b} = 1$, a et b représentent respectivement l'abscisse et l'ordonnée à l'origine.

Droite	Forme fonctionnelle	Forme symétrique	Pente	Abscisse à l'origine	L'ordonnée à l'origine
d_1	$y = \frac{3}{4}x - 4$	$\frac{x}{\frac{16}{3}} + \frac{y}{-4} = 1$	$\frac{3}{4}$	$\frac{16}{3}$	–4
d_2	$y = \frac{5}{6}x + 5$	$\frac{x}{-6} + \frac{y}{5} = 1$	$\frac{5}{6}$	–6	5
d_3	$y = 0{,}75x + 5$	$\frac{x}{-\frac{20}{3}} + \frac{y}{5} = 1$	0,75	$-\frac{20}{3}$	5
d_4	$y = -\frac{6}{5}x + 4$	$\frac{x}{\frac{10}{3}} + \frac{y}{4} = 1$	$-\frac{6}{5}$	$\frac{10}{3}$	4

d) Les droites d_1 et d_3 ayant des pentes égales, elles sont parallèles.

e) Les droites d_2 et d_4 ont des pentes inverses et opposées.

Réponses

a) $\frac{x}{\frac{16}{3}} + \frac{y}{-4} = 1$

b) $y = \frac{5}{6}x + 5$

c) $p_1 = \frac{3}{4}, p_2 = \frac{5}{6}, p_3 = 0{,}75, p_4 = -\frac{6}{5}$;

$a_1 = \frac{16}{3}, a_2 = -6, a_3 = -\frac{20}{3}, a_4 = \frac{10}{3}$;

$b_1 = -4, b_2 = 5, b_3 = 5, b_4 = 4.$

d) Droites d_1 et d_3.

e) Droites d_2 et d_4.

Problème 96

1re étape: On cherche l'équation de la droite supportant le côté $\overline{CD}$.

C'est la droite passant par le point $C(6, 5)$ et perpendiculaire à la droite supportant le côté $\overline{BC}$.

On a

$$p_{BC} = \frac{5-13}{6-2} = -2 \text{ et } p_{BC} \times p_{CD} = -1$$

d'où

$$p_{CD} = -\frac{1}{p_{BC}} = -\frac{1}{-2} = \frac{1}{2}.$$

L'équation de la droite CD, transformée sous sa forme fonctionnelle, est

$$\frac{1}{2} = \frac{y-5}{x-6} \Leftrightarrow 2(y-5) = 1(x-6) \Leftrightarrow y = \frac{1}{2}x + 2.$$

2e étape : On trouve les coordonnées du point D.

Le point D est situé sur l'axe des ordonnées. Ses coordonnées sont donc $D(0, 2)$.

3e étape : On calcule la longueur de l'hypoténuse.

La longueur de l'hypoténuse étant la longueur du segment BD, on a $m\overline{BD} = d_{BD} = \sqrt{(2-0)^2 + (13-2)^2} = \sqrt{125} \approx 11{,}18$ arrondie au centième près.

Réponse 11,18

Problème 97

a)

Rappel

Les deux droites représentées par leurs équations fonctionnelles

$$d_1 : y = p_1 x + b_1 \text{ et } d_2 : y = p_2 x + b_2$$

sont :

- sécantes si $p_1 \neq p_2$;
- sécantes et perpendiculaires si $p_1 \times p_2 = -1$;
- parallèles et distinctes si $p_1 = p_2$ et $b_1 \neq b_2$;
- parallèles et confondues si $p_1 = p_2$ et $b_1 = b_2$.

On écrit les deux équations sous leur forme fonctionnelle.

$$d_1 : y = -5x + 6 \quad \text{et} \quad d_2 : y = -5x + 12$$

Puisque $p_1 = p_2$ et $b_1 \neq b_2$, les droites sont parallèles et distinctes.

b) Les droites étant parallèles, leur distance correspond à la distance d'un point quelconque d'une de ces droites à l'autre.

1re étape : On choisit un point quelconque appartenant à une des droites.

$$P(0, 6) \in d_1$$

2e étape : On calcule la distance $d(P, d_2)$.

On a

$$d(P, d_2) = \frac{|-5(0) - (6) + 12|}{\sqrt{(-5)^2 + 1}} = \frac{6}{\sqrt{26}}.$$

Réponses

a) Parallèles et distinctes.

b) $d(P, d_2) = 1{,}177$ (arrondie au millième près)

Problème 100

Solution et réponses

On trace un triangle dans le plan cartésien de façon à représenter ses trois sommets à l'aide d'un minimum de paramètres, ici trois.

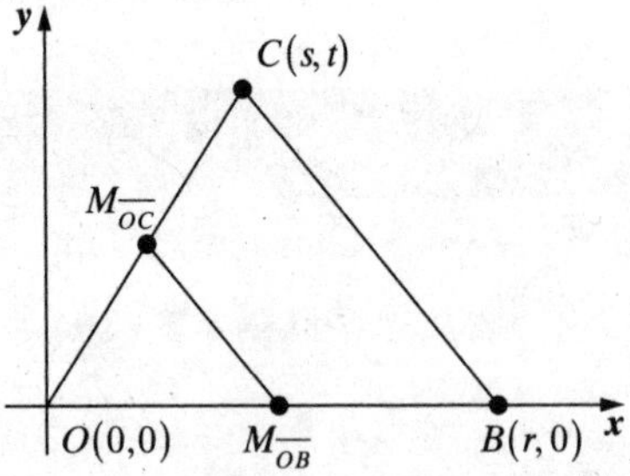

a) **1re étape :** On calcule les coordonnées des points milieux de deux côtés.

$$M_{\overline{OC}}\left(\frac{0+s}{2}, \frac{0+t}{2}\right) \quad \text{et} \quad M_{\overline{OB}}\left(\frac{0+r}{2}, \frac{0+0}{2}\right)$$

2e étape : On compare la pente p_1 de la droite CB avec la pente p_2 de la droite $M_{\overline{OC}}M_{\overline{OB}}$.

$$p_1=\frac{0-t}{r-s}=\frac{-t}{r-s} \quad \text{et} \quad p_2=\frac{0-\frac{t}{2}}{\frac{r}{2}-\frac{s}{2}}=\frac{-t}{r-s}$$

Les pentes étant les mêmes, les droites sont parallèles.

b) Ici, il faut montrer que

$$\mathrm{m}\overline{M_{\overline{OC}}M_{\overline{OB}}}=\frac{1}{2}\mathrm{m}\overline{BC}.$$

On a

$$\begin{aligned}\mathrm{m}\overline{BC}&=\sqrt{(r-s)^2+(0-t)^2}\\&=\sqrt{(r-s)^2+t^2}\end{aligned}$$

$$\begin{aligned}\mathrm{m}\overline{M_{\overline{OC}}M_{\overline{OB}}}&=\sqrt{\left(\tfrac{r}{2}-\tfrac{s}{2}\right)^2+\left(0-\tfrac{t}{2}\right)^2}\\&=\sqrt{\tfrac{(r-s)^2+t^2}{4}}\\&=\frac{\sqrt{(r-s)^2+t^2}}{2}\\&=\frac{1}{2}\mathrm{m}\overline{BC}.\end{aligned}$$

VÉRIFIEZ VOS ACQUIS

1.

	a)	b)	c)	d)	e)
Domaine	[–3,+∞	ℝ	]–2, 6]	ℝ	ℝ
Codomaine	[0,+∞	ℝ	]–2, 3]	ℝ	[2, +∞
Intervalle de croissance	[–3,+∞	ℝ	[2, 6]	ℝ	[2, +∞
Intervalle de décroissance	Aucun	Aucun	]–2, 2]	Aucun	–∞, 2]
Zéros	–3	0	0 et 4	1	Aucun
Valeur initiale	2	0	0	1	4
Maximums	Aucun	Aucun	3	Aucun	Aucun
Minimums	0	Aucun	–2	Aucun	2
Intervalles où *f* est positive	[–3,+∞	[0,∞	]–2, 0] et [4,6]	[1,+∞	ℝ
Intervalles où *f* est négative	{–3}	–∞,0]	[0, 4]	–∞,1]	Aucun

2. B.

3. a) Translation : $(x, y) \mapsto (x + 2, y + 1)$.

   b) $(1, 1) \mapsto (3, 2)$ et $(-1, -1) \mapsto (1, 0)$.

   c)

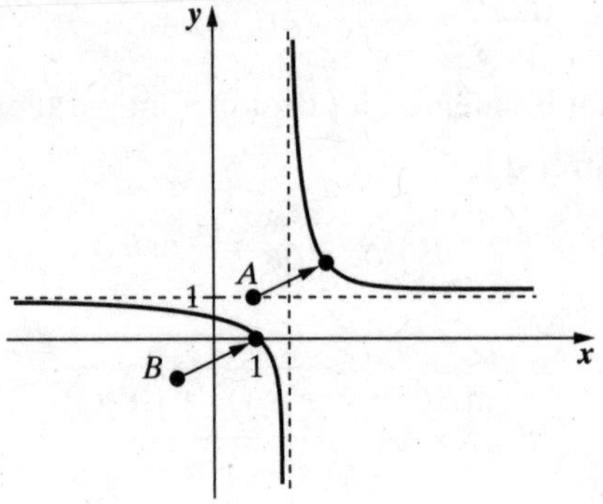

4. A.
5. a) $C(x) = 2x^3 - 2x^2 + 2x - 2$

   b) $P = 10x + 8$

   $A = 2x^3 + \frac{10}{3}x^2 - 6x - 10$

   c) $h(x) = x - 1$

   d) $A_t = 17\,x^2 + 2x - 2$
6. $12x^2 - 20x + 7$
7. B.
8. Longueur $= x - 1$.
   Largeur $= 2x - 3$.
9. C.
10. $x - 8$
11. $3a$
12. $\frac{5}{9}$
13. $f(x) = 5x^2 - 80x + 240$
14. B.
15. 1,65 m
16. 40 m
17. 84 cm^2
18. A.
19. A.
20. B.
21. (22, 6)
22. 25 cm
23. (9, 5)
24. 132 cm^2
25. B.
26. 8
27. (10, 5)
28. [0, 10 576]

MODULE II

Problème 4

La composée qui transforme le triangle ABC en triangle DFE est une symétrie glissée. En effet, l'orientation des points dans le plan n'est pas conservée et les traces des sommets ne sont pas parallèles.

Les choix A, C et D sont des symétries glissées. On trouve que le triangle DEF est l'image du triangle ABC par la composée décrite en C. Voir la figure ci-dessous.

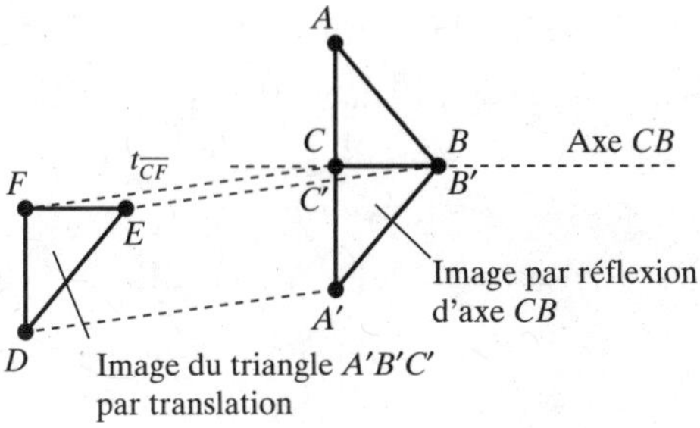

Réponse C.

Problème 5

La transformation géométrique qui transforme le triangle ABC en triangle CDA conserve l'orientation des points sur le plan ; toutefois, les traces des sommets ne sont pas parallèles. On en déduit donc que c'est une rotation. D'après le tableau des composées, on trouve, par exemple, la composée de deux réflexions.

Exemple de réponse :

On transforme le triangle ABC en faisant une réflexion d'axe s_1, médiatrice du côté $\overline{AB}$. Ensuite, on transforme le triangle-image $A'B'C'$ par une réflexion d'axe s_2, médiatrice du côté $\overline{B'C'}$.

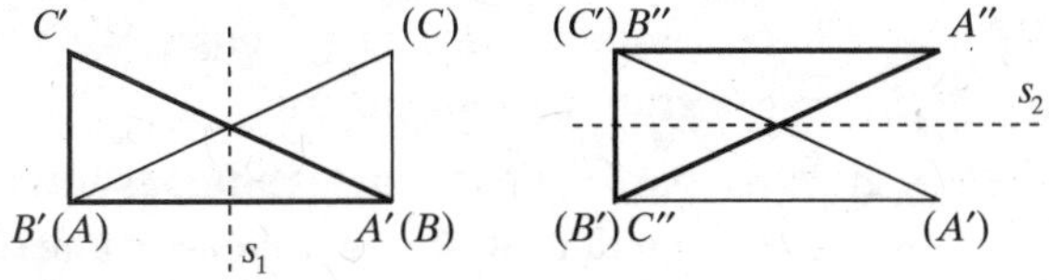

Le triangle CDA est donc l'image du triangle ABC par la composée de deux réflexions, ce qui est une transformation isométrique.

Les deux triangles sont donc isométriques.

Problème 6

L'isométrie qui transforme le quadrilatère $ABCD$ en $A'B'C'D'$ ne conserve ni l'orientation des points ni le parallélisme des traces des sommets. Il s'agit donc d'une symétrie glissée.

À l'aide du tableau des composées, on rejette le choix C, la composée de deux réflexions étant une translation ou une rotation, ainsi que le choix D, la composée d'une rotation et d'une translation étant une rotation.

Le choix A est aussi à rejeter, car l'image du point $A(7, 6)$ par la composée décrite en A n'est pas le point $A'(7, 0)$. En effet,

$$(-7, 6) \overset{s_{x=0}}{\mapsto} (7, 6) \overset{t_{(0,6)}}{\mapsto} (7, 12).$$

Réponse B.

Problème 10

La situation décrite en C satisfait aux conditions du cas A-C-A. En effet, le côté de 5 cm est compris entre les sommets mesurant 35° et 70° dans les deux triangles.

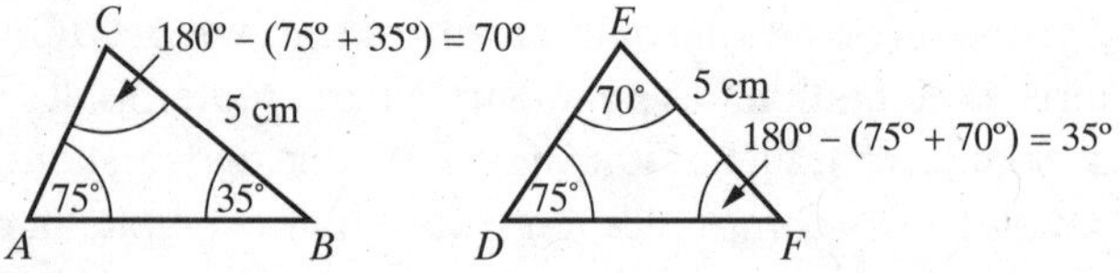

Réponse C.

Problème 11

Réponse

Étape 2: $\angle DAB \cong \angle BCD$ parce que **les angles opposés d'un parallélogramme sont congrus**.

Étape 3: $\angle ABD \cong \angle CDB$ parce que **les angles alternes-internes formés par deux droites parallèles et une sécante sont congrus**.

Problème 13

Les figures F_1 et F_3 ont des formes différentes de celle de la figure $ABCDEF$, elles ne sont donc pas obtenues par une similitude. Les figures F_2, F_4 et F_5 ont la même forme que la figure initiale. Elles ont aussi toutes les trois les angles homologues congrus et les côtés homologues proportionnels. Les côtés des figures F_2, F_4 et F_5 sont respectivement deux fois, une fois et trois fois plus grands que ceux de la figure initiale.

Réponse F_2, F_4 et F_5

Problème 14

a) Les figures F_1 et F_2 ayant la même orientation des points dans le plan et les sommets de deux angles homologues (angles droits) étant déjà sur le même point, on passe directement à l'étape 3, c'est-à-dire qu'on effectue une rotation pour faire se superposer les deux côtés des deux angles homologues.

Étape 3: rotation.

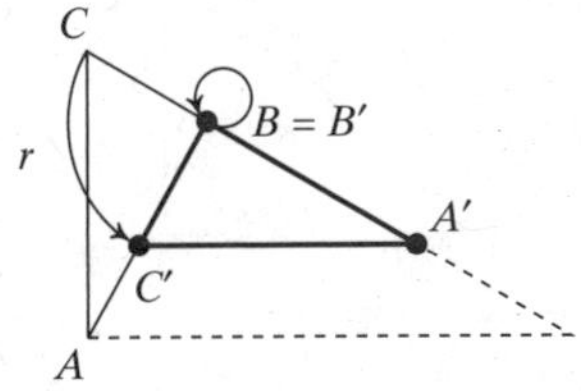

Étape 4: homothétie.

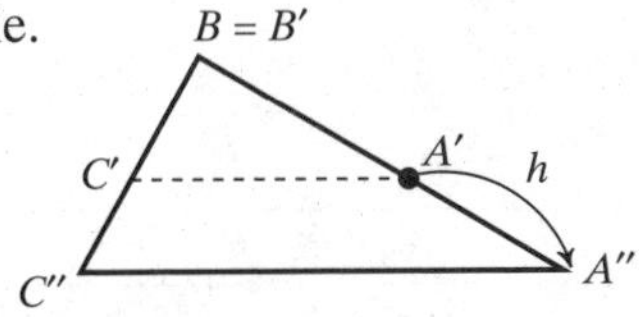

La similitude qui associe la figure F_2 à la figure F_1 est la composée d'une rotation et d'une homothétie, c'est-à-dire que

$$F_2 = (h \circ r)\ (F_1)$$

b) Les figures n'ont pas la même forme, elles ne sont donc pas semblables.

Réponses

a) Les figures F_1 et F_2 sont semblables. La similitude qui associe la figure F_2 à la figure F_1 est la composée d'une rotation et d'une homothétie.

b) Les figures F_1 et F_2 ne sont pas semblables.

Problème 18

Réponses

a) Les triangles ABC et CDE sont semblables (par cas de similitude $C_{(p)}$–A–$C_{(p)}$).

Justification:

Étape 1: $\frac{m\overline{AC}}{m\overline{DC}} = \frac{m\overline{BC}}{m\overline{EC}}$ Car $\frac{2}{3} = \frac{2}{3}$.

Étape 2: $\angle ACB \cong \angle DCE$ Les angles opposés par le sommet sont congrus.

Étape 3: $\Delta ABC \sim \Delta DEC$ Cas de similitude $C_{(p)}$–A–$C_{(p)}$.

d) Les triangles ABC et ECD ne sont pas semblables.

Justification:

Les angles compris entre des côtés de mesures proportionnelles ne sont pas congrus ($m\angle BCA \neq m\angle CDE$).

Problème 19

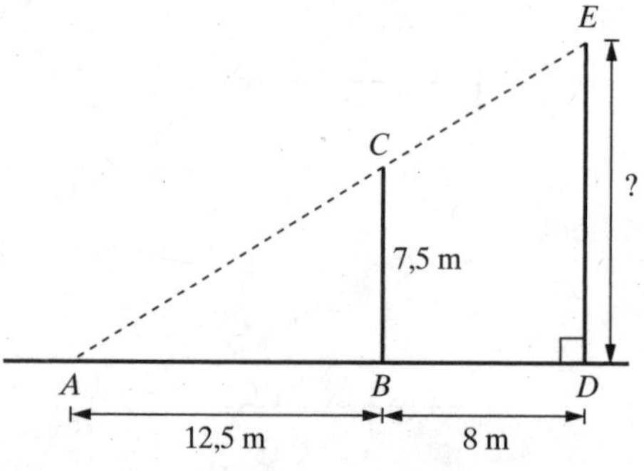

Les triangles ABC et ADE sont semblables (cas de similitude A-A). En effet, les deux triangles ont deux paires d'angles homologues congrus, un angle de 90° ($m\angle ABC = m\angle ADE = 90°$ par hypothèse) et un angle commun ($\angle BAC \cong \angle DAE$).

On a alors

$$\frac{m\overline{DE}}{m\overline{BC}} = \frac{m\overline{AD}}{m\overline{AB}} \Leftrightarrow \frac{m\overline{DE}}{7,5\text{ m}} = \frac{20,5\text{ m}}{12,5\text{ m}}$$

d'où $m\overline{DE} = 12,3$ m.

Réponse 12,3 m

Problème 20

a) Faux. Deux triangles équilatéraux sont semblables (cas A-A).

Remarque

Deux triangles semblables ne sont pas nécessairement isométriques.

b) Faux. Les triangles suivants peuvent servir de contre-exemples.

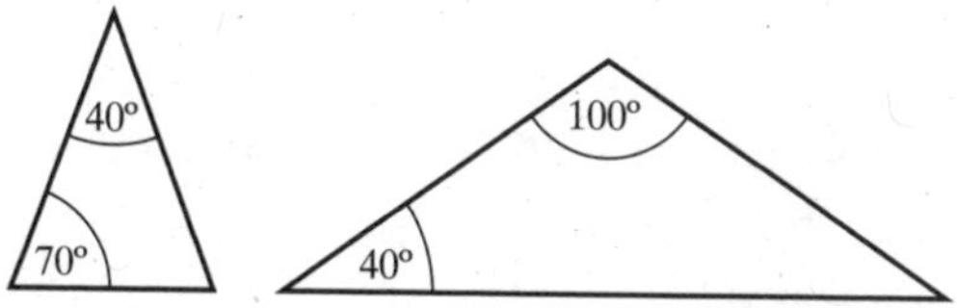

Remarque

Deux triangles isocèles sont semblables si les angles homologues compris entre deux côtés isométriques sont congrus.

c) Vrai. Les deux triangles sont aussi isométriques.

Remarque

Les triangles isométriques sont semblables, le rapport de similitude étant 1.

d) Faux.

Réponses

a) Faux. b) Faux. c) Vrai. d) Faux.

Problème 24

Le rapport de similitude $k = 3$, car le rapport des aires (9) est le carré de celui-ci. Les mesures des côtés obliques et de la grande base du petit trapèze sont donc

$$90 \text{ cm} \div 3 = 30 \text{ cm}$$
$$60 \text{ cm} \div 3 = 20 \text{ cm}$$
$$120 \text{ cm} \div 3 = 40 \text{ cm}$$

et son périmètre sera alors

$$P = 40 \text{ cm} + 20 \text{ cm} + 10 \text{ cm} + 30 \text{ cm} = 100 \text{ cm}.$$

Réponse C.

Problème 25

Étape 1

On calcule l'aire du triangle *AHB*.

1. $m\overline{BH} = 28$ cm par le théorème de Pythagore.
2. $A_{\Delta AHB} = \dfrac{m\overline{AH} \times m\overline{BH}}{2} = \dfrac{63 \text{ cm} \times 28 \text{ cm}}{2} = 882 \text{ cm}^2$

Étape 2

On montre que les triangles *ABC* et *AHB* sont semblables (cas A-A).

1. $\angle ABC \cong \angle AHB$ ($m\angle ABC = 90°$ par hypotèse et $m\angle AHC = 90°$, car $\overline{BH}$ est la hauteur relative à $\overline{AC}$)
2. $\angle BAC \cong \angle HAB$ (angle commun)

Étape 3

On calcule le rapport de similitude.

$$k = \frac{m\overline{AB}}{m\overline{AH}} = \frac{69}{63}$$

Étape 4

On calcule l'aire du triangle *ABC*.

$$\frac{A_{\Delta ABC}}{A_{\Delta AHB}} = \left(\frac{69}{63}\right)^2 \Rightarrow A_{\Delta ABC} = 1\,058 \text{ cm}^2$$

Réponse $1\,058 \text{ cm}^2$

Problème 26

Le plus grand bâton, c'est la diagonale de la section qui est le rectangle formé par le diamètre de la base et la hauteur du cylindre.

Étape 1

On cherche la mesure de cette diagonale dans le petit cylindre.

1. $V_{\text{petit}} = \pi r^2 h \Leftrightarrow 500 \text{ cm}^3 = 3{,}14 \times r^2 \times 10 \text{ cm} \Rightarrow r = 3{,}99 \text{ cm}$
2. $(D_{\text{petit}})^2 = (10 \text{ cm})^2 + (2 \times 3{,}99 \text{ cm})^2 \Rightarrow D_{\text{petit}} = 12{,}79 \text{ cm}$

Étape 2

On cherche le rapport de similitude.

$$k^3 = \frac{V_{grand}}{V_{petit}} = \frac{13\,500 \text{ cm}^3}{500 \text{ cm}^3} = 27 \Rightarrow k = 3$$

Étape 3

On trouve la mesure de la diagonale du grand cylindre.

$$\frac{D_{grand}}{D_{petit}} = 3 \Rightarrow D_{grand} = 3 \times 12{,}79 \text{ cm} = 38 \text{ cm}$$ (arrondie au centimètre près)

Réponse 38 cm

Problème 30

Les mesures des côtés homologues de deux triangles semblables sont proportionnelles. L'énoncé A est donc vrai.

L'hypoténuse étant le côté le plus long d'un triangle, le sinus et le cosinus prennent des valeurs inférieures à 1. Dans le rapport qui définit la tangente, le numérateur peut prendre une valeur inférieure ou supérieure au dénominateur.

L'énoncé B est donc vrai et l'énoncé C est faux.

Le côté opposé à l'angle aigu d'un triangle rectangle est aussi le côté adjacent à l'autre angle aigu de ce triangle. De plus, les deux angles aigus d'un triangle rectangle sont complémentaires. L'énoncé D est donc vrai.

Réponse A, B et D.

Problème 31

a) Dans le triangle ADC, rectangle en D, on a

$$\tan 30° = \frac{m\overline{DC}}{5},$$

d'où

$$m\overline{DC} = 5 \times \tan 30° \approx 2{,}89.$$

Le triangle DBC a deux angles congrus (90° – 45° = 45°), il est donc isocèle. On a alors

$$m\overline{DB} = m\overline{DC} \approx 2{,}89.$$

b) Dans le triangle DBC, rectangle en B, on a

$$\tan 30° = \frac{3}{m\overline{BC}}$$

d'où

$$m\overline{BC} = \frac{3}{\tan 30°} \approx 5{,}2.$$

Dans le triangle ABC, rectangle en B, on a

$$\cos \angle ACB = \frac{\mathrm{m}\overline{BC}}{\mathrm{m}\overline{AC}} \Leftrightarrow \cos(x + 30°) = \frac{5{,}2}{12} \Rightarrow x + 30° \approx 64{,}43°$$

d'où $x = 34°$ (arrondi au degré près).

Réponses

a) 2,89 u, arrondi au centième près.

b) 34°, arrondi au degré près.

Problème 32

La distance parcourue par la boule est

$$d = \mathrm{m}\overline{BC} + \mathrm{m}\overline{CS}.$$

Étape 1

On calcule la mesure du côté BC et du côté BQ.

Dans le triangle BQC, rectangle en Q, on a :

$$\sin 36° = \frac{0{,}69}{\mathrm{m}\overline{BC}} \Rightarrow \mathrm{m}\overline{BC} = \frac{0{,}69}{\sin 36°} = 1{,}17.$$

$$\tan 36° = \frac{0{,}69}{\mathrm{m}\overline{BQ}} \Rightarrow \mathrm{m}\overline{BQ} = \frac{0{,}69}{\tan 36°} = 0{,}95.$$

Étape 2

On calcule la mesure du côté SR.

$$\mathrm{m}\overline{SR} = \mathrm{m}\overline{PQ} = \mathrm{m}\overline{PB} + \mathrm{m}\overline{BQ} = 0{,}55 + 0{,}95 = 1{,}5$$

Étape 3

On calcule la mesure du côté CS.

Dans le triangle SRC, rectangle en R, on a

$$\sin 33° = \frac{\mathrm{m}\overline{SR}}{\mathrm{m}\overline{CS}} \Rightarrow \mathrm{m}\overline{CS} = \frac{1{,}5}{\sin 33°} \approx 2{,}75 \text{ m}.$$

Étape 4

$$d = 1{,}17 + 2{,}75 = 3{,}92$$

Réponse 3,9 m (arrondie au dixième de mètre près)

Problème 35

Les triangles PSR et PTQ sont semblables (cas A-A). En effet, ils ont chacun un angle de 120° et l'angle au sommet P leur est commun.

Les rapports des côtés homologues sont donc égaux.

$$\frac{\mathrm{m}\overline{PS}}{\mathrm{m}\overline{PT}} = \frac{\mathrm{m}\overline{PR}}{\mathrm{m}\overline{PQ}} = \frac{\mathrm{m}\overline{SR}}{\mathrm{m}\overline{TQ}}$$

En substituant les mesures données, on obtient

$$\frac{20}{\mathrm{m}\overline{PT}} = \frac{27}{x} = \frac{\mathrm{m}\overline{SR}}{6}$$

Pour trouver la mesure x du côté PR, on utilise le rapport comportant ce côté et un autre rapport dans lequel on connaît la valeur des deux côtés, ce qui est impossible ici.

Il faut d'abord trouver la mesure du côté SR.

Dans le triangle PSR, on connaît

$$\mathrm{m}\overline{PS} = 20 \text{ cm}, \mathrm{m}\overline{PR} = 27 \text{ cm} \text{ et m } \angle PSR = 120°.$$

On applique la loi des sinus.

$$\frac{s}{\sin S} = \frac{r}{\sin R} = \frac{p}{\sin P}$$

où $s = \mathrm{m}\overline{PR} = 27 \text{ cm}$, $\mathrm{m}\ \angle S = 120°$, $r = \mathrm{m}\overline{PS} = 20 \text{ cm}$.

On a alors

$$\frac{27}{\sin 120°} = \frac{20}{\sin R} = \frac{p}{\sin P}.$$

En premier lieu, on cherche la mesure de l'angle R.

$$\frac{27}{\sin 120°} = \frac{20}{\sin R} \Rightarrow \sin R = \frac{20 \times \sin 120°}{27} \approx 0{,}6415 \Rightarrow \mathrm{m}\angle R = 40°$$

Ensuite, on cherche la mesure de l'angle P et la mesure p du côté SR.

On obtient

$$\mathrm{m}\angle P = 180° - (120° + 40°) = 20°$$

$$\frac{27}{\sin 120°} = \frac{p}{\sin 20°} \Rightarrow p = \frac{27 \times \sin 20°}{\sin 120°} \approx 10{,}66.$$

Finalement, on peut trouver la mesure x du côté PQ. On a

$$\frac{20}{\mathrm{m}\overline{PT}} = \frac{27}{x} = \frac{\mathrm{m}\overline{SR}}{6} \text{ où } \mathrm{m}\overline{SR} = 10{,}66 \text{ cm}.$$

$$\frac{20}{10{,}71} = \frac{27}{x} \Rightarrow x = \frac{10{,}66 \times 27}{20} = 14{,}4 \text{ (arrondi au dixième près).}$$

Réponse 14,4 cm

Problème 36

Données : m$\overline{CA}$ = 865 m, m $\angle C = 77°$ et m $\angle A = 59°$.

On applique la loi des sinus.

Effectivement, en connaissant la mesure de deux angles d'un triangle, on peut calculer la mesure du troisième angle. On connaît donc la mesure de l'angle opposé au côté CA.

On a m $\angle B = 180° - (77° + 59°) = 44°$.

En substituant les données dans l'énoncé de la loi des sinus, on trouve la mesure c du côté BA.

$$\frac{865}{\sin 44°} = \frac{c}{\sin 77°} \Rightarrow c = \frac{865 \times \sin 77°}{\sin 44°} = 1\,213 \text{ (arrondi à l'unité)}$$

Réponse 1 213 m

Problème 37

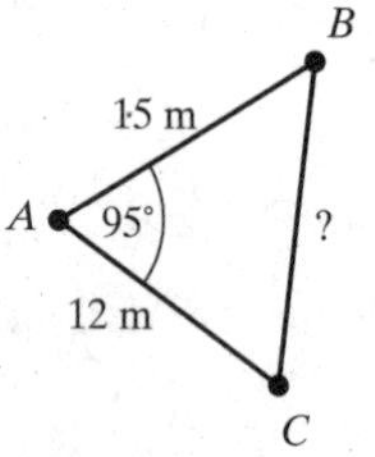

Données : b = m$\overline{AC}$ = 12 m, c = m$\overline{AB}$ = 15 m et m $\angle A = 95°$.

On applique la loi des cosinus.

On choisit la forme de la loi qui se rapporte à l'angle dont on connaît la mesure, soit

$$a^2 = b^2 + c^2 - 2bc \cos A.$$

On obtient

$a^2 = 12^2 + 15^2 - 2 \times 12 \times 15 \times \cos 95° \approx 400{,}38 \Rightarrow a = 20$ (arrondi à l'unité près)

Réponse 20 m

VÉRIFIEZ VOS ACQUIS

1. B
2. D
3. B
4. **Étape 2**

   Parce que **les angles alternes-internes formés par deux droites parallèles et une sécante sont isométriques.**

   Étape 4

   Parce que **les rapports des mesures des côtés homologues de deux triangles semblables sont égaux**.
5. 52 cm
6. 375 cm^2
7. 75 cm^2
8. 27 440 cm^3
9. (50, 32)
10. $\frac{5}{3}$
11. 56°
12. 45 cm
13. 77°
14. 278 m
15. 272 mm

MODULE III

Pour travailler seul

Problème 5

Réponses

a) Sondage. Pierre visite **quelques** garagistes.

b) Recensement. Pierre téléphone **à tous les garagistes**.

c) Enquête. La compagnie consulte des **spécialistes**.

d) Sondage. Un journaliste visite **quelques** écoles.

Problème 6

Solution

Les choix A et B sont à rejeter, car dans un sondage on interroge plusieurs éléments de la population générale et non une seule personne, qu'il s'agisse d'un guide ou d'un douanier.

Le choix C est également à rejeter, car il fait appel à un recensement.

Réponse D.

Problème 7

Solution

Le sondage vise des élèves de 5e secondaire, on choisit donc uniquement des représentants de ce niveau pour former l'échantillon.

Réponse C

Problème 10

La population est hétérogène. On choisit un échantillon par la méthode stratifiée.

Le rapport des femmes âgées de 30 à 45 ans dans la population étant $\frac{2\,600}{13\,000} = \frac{13}{65}$, on trouve

$$\frac{x}{390} = \frac{13}{65} \Rightarrow x = 78.$$

Réponse 78 femmes.

Problème 11

Solution et réponse

Les sources de biais peuvent être les suivantes :

1re – On a interrogé les résidents d'un seul centre.

Il faudrait choisir au hasard quelques centres du Québec.

2e – On a interrogé les habitants d'une même ville.

Les centres où on fait le sondage devraient provenir de différentes régions du Québec.

3e – On a interrogé des personnes âgées de 75 à 89 ans.

Il faudrait interroger des personnes de tous les groupes d'âge (en commençant à 60 ans).

Problème 15

A est faux. Le diagramme des quartiles est basé sur la médiane et non sur la moyenne.

B est faux. Le salaire de 20 000 $ ne figure pas sur le diagramme.

C est vrai. D'après le diagramme, la moitié des 146 employés, soit 73 employés, ont un salaire supérieur ou égal à 30 000 $.

D est faux. Les quatre quartiles partagent l'ensemble de données en quatre sous-ensembles de même taille.

Réponse C.

Problème 16

Dans chaque rang cinquième, il y a environ 25 résultats. On a donc

$$\underbrace{100,\ldots,85}_{1^{er}\text{ rang }5^e},\underbrace{83,\ldots,71}_{2^e\text{ rang }5^e},\underbrace{70,\ldots,65}_{3^e\text{ rang }5^e},\underbrace{64,\ldots,57}_{4^e\text{ rang }5^e},\underbrace{56,\ldots,40}_{5^e\text{ rang }5^e}.$$

Les énoncés B, C et D sont donc faux.

Réponse A.

Problème 17

On applique la formule

$$R_{100}(80) \approx 100 \times \frac{N(80) + \frac{1}{2}E(80)}{198} \quad \text{où } N(80) = 163 \text{ et } E(80) = 1.$$

On obtient

$$R_{100}(80) \approx 100 \times \frac{163 + \frac{1}{2} \times 1}{198} = 83 \text{ (arrondi à l'unité supérieure).}$$

Réponse

83e rang centile.

Problème 19

a) La médiane de la classe A est $Md = \dfrac{72 + 73}{2} = 72{,}5$.

La médiane de la classe B est $Md = \dfrac{72 + 73}{2} = 72{,}5$.

b) La moyenne de la classe A est $\bar{x} = 70{,}8$.

La moyenne de la classe B est $\bar{x} = 76{,}875$.

c) Le diagramme des quartiles des résultats de la classe A est le suivant:

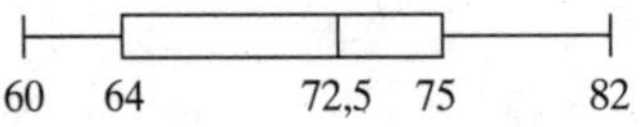

Le diagramme des quartiles des résultats de la classe B

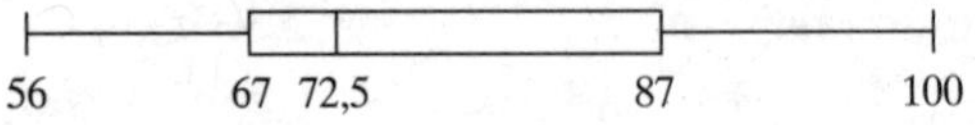

Réponses

a) Les deux médianes étant identiques, les résultats des deux classes ne peuvent être comparés.

b) Si l'on compare les moyennes, les résultats des élèves de la classe B sont meilleurs.

c) La classe A est homogène, alors que les résultats des élèves de la classe B sont très dispersés.

VÉRIFIEZ VOS ACQUIS

1. B.
2. C.
3. 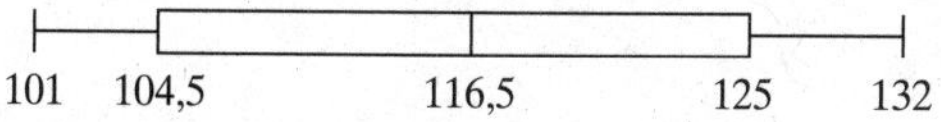

4. Exemple de réponse : 9, 10, 15, 17, 19, 20, 21, 23, 30, 34, 37, 40, 42.
5. $R_{100}(475) = 69$
6. $R_{100}(85) = 31$

Cet ouvrage a été composé en Times Ten 10/13
et achevé d'imprimer en mars 2008 sur les presses de
Quebecor World Saint-Romuald, Canada.

Imprimé sur du papier 100 % postconsommation,
traité sans chlore, accrédité Éco-Logo et fait à partir de biogaz.

certifié

procédé sans chlore

100 % post-consommation

archives permanentes

BIO GAZ ÉNERGIE

énergie biogaz